国家骨干高等职业院校优质核心课程系列教材

# 普通地质

谢文伟　张永忠　主编

地质出版社

·北　京·

## 内 容 提 要

本书是根据《江西应用技术职业学院国家骨干高职院校建设项目——国土资源调查专业建设方案》要求而编写的系列校本教材之一。全书共分4个学习情境19项学习任务，扼要地介绍了地质学的基本理论，侧重于地质工作特点及方法的介绍，系统介绍了地球的基本特征；突出了内、外力地质作用过程及地质现象的识别。

本书可作为高职高专国土资源调查专业和区域地质调查与矿产普查专业教材使用，也可供从事区域地质调查、矿产勘查和矿山地质工作的技术人员参考。

**图书在版编目（CIP）数据**

普通地质／谢文伟，张永忠主编．—北京：地质出版社，2013.9

ISBN 978－7－116－08534－3

Ⅰ.①普…　Ⅱ.①谢…　②张…　Ⅲ.①地质学　Ⅳ.①P5

中国版本图书馆CIP数据核字（2013）第233050号

Putong Dizhi

责任编辑：李凯明
责任校对：王洪强
出版发行：地质出版社
社址邮编：北京海淀区学院路31号，100083
咨询电话：(010)82324508（邮购部）；(010)82324509（编辑室）
网　　址：http://www.gph.com.cn
传　　真：(010)82324340
印　　刷：北京纪元彩艺印刷有限公司
开　　本：787mm×1092mm 1/16
印　　张：16.75
字　　数：400千字
印　　数：1—2000册
版　　次：2013年9月北京第1版
印　　次：2013年9月北京第1次印刷
定　　价：28.00元
书　　号：ISBN 978－7－116－08534－3

# 前　言

为了更好地配合高等职业教育资源勘查类专业的教学改革，根据《关于全面提高高等职业教育教学质量的若干意见》（教高［2006］16号）和《江西应用技术职业学院国家骨干高职院校建设项目——国土资源调查专业建设方案》的要求，开展工学结合教学资源的开发，为高职高专资源勘查类专业技能型人才提供优质教材支持，提高资源勘查类专业人才培养质量，江西应用技术职业学院组织编写了资源勘查类专业“工学结合”系列校本教材，本书是其中之一。

本书以区域地质调查工作活动为主线进行课程设计，借鉴德国“学习领域”课程开发思想，把“工作过程导向”特征设计成若干个学习情境，构建“理实一体化”的教学素材框架；力图实现课程体系创新和内容优化，突出地球特征、地质作用过程及地质现象等识别能力的培养，针对高职高专应用型人才培养目标，在教学体系上做了较大调整，重点突出了以下几个方面：

1. 针对新入学的高职学生，首先介绍他们将来所要从事的地质调查有关内容：地质工作的任务、内容、特点、方法及行业发展概况。

2. 从地球的一般特征、地壳的物质组成、地球的运动、地球的历史、人地关系等五个方面系统介绍了地球的基本特征。比以往教材更具有连贯性，有助于学生认识和掌握地球的基本特征。

3. 突出了内、外力地质作用过程及地质现象的识别。反复强调地质作用与地质现象的因果关系，强化观察认识、描述记录各种地质现象，分析每种地质现象是由何种地质作用形成的，总结恢复地质构造演化史等野外地质调查工作基本技能的培养。

本教材由江西应用技术职业学院谢文伟、刘素楠、游水凤、陈希泉、庞新龙、王小琳，江西省地矿局赣南地质调查大队张永忠、张凤荣、李松柏，江西省赣州市西坑银矿鄢薇等共同编写。其中学习情境1（地质工作的任务、内容和方法），由谢文伟、游水凤编写；学习情境2（地球特征的识别），由谢文伟、游水凤、陈希泉、李松柏、刘素楠、庞新龙编写；学习情境3（外力地质作用及其产物的识别），由谢文伟、张永忠、刘素楠、张凤荣、陈希泉、王小琳编写；学习情境4（内力地质作用及其产物的识别），由谢文伟、张永忠、李松柏、鄢薇、游水凤编写；实习课内容提要由游水凤、王小琳编写；全书由谢文伟教授统编定稿。

编写过程中，各位编者都奉献了多年教学和生产实践经验，参阅了大量前人编写的论著和相关教材。2013 年 4 月由江西应用技术职业学院组织了 7 名行业专家进行了审阅，提出了不少具体修改意见。编写过程中还得到编者所在单位的领导、同事以及地质出版社的支持和帮助，在此一并表示感谢。

需要说明的是，本书编写大量引用了 2007 年谢文伟等主编《普通地质学》中的内容。在此，本书编者谨向参与 2007 年出版的《普通地质学》编写工作的其他作者表示由衷的感谢，他们是：黄体兰、周仁元、王嵩莉、丁勇、徐有华、蔡汝青、李卫东。

尽管各位编者做出了很大努力，但地质学内容涉及面广，资料繁多，更新速度较快，限于编者水平，肯定存在不妥与错漏之处，敬请使用本教材的师生及读者批评指正。

编　者

2013 年 6 月

# 目　录

# 学习情境 1

# 地质工作的任务、内容和方法

**【情境描述】** 介绍地质工作的任务、内容及行业发展概况，地质工作的特点和基本方法，本课程的定位及目标。

**【学习目标】** 明确地质工作的任务、内容、相关知识分科，了解行业发展概况，树立为国家地质事业建功立业的理想；重点掌握地质学的特点和地质工作的基本方法；明确本课程的定位及目标，建立三维时空概念，调整学习思考方法，提高分析和解决问题的能力。

**【知识点】** 地质工作的任务、内容、相关知识分科，地质学的特点和地质工作的基本方法，本课程的定位及目标。

# 一、了解地质工作的任务、内容

人类生活在地球上，一切生活资料和生产资料都取之于地球，地球孕育了人类。人类在开发和利用自然资源过程中，不断地认识地球、了解地球，这样就逐渐形成了一门学科——地质学，同时也形成了一个专门从事地质工作的行业——地质行业。地质调查工作是地质工作中最重要、最基础的工作。

地质学是研究地球及其演变的一门自然科学。最初，地质学研究的对象是大陆，工作范围仅仅是大陆地壳。随着科学技术的迅速发展和相关学科交叉研究的推进，如空间探测、航空航天遥感、深钻技术、海洋探测、高温高压实验、电子显微镜、计算机、地震层析成像技术、地球物理、地球化学等新技术、新手段的不断应用，地质学的研究范围也在不断扩大，从地球表层向深部发展，从大陆向海洋发展，从地球向外层空间发展。在当前阶段，地质工作主要的对象是固体地球的最外层，即岩石圈。

## （一）地质工作的任务

地质工作的任务就是通过各种地质调查和研究：一是查明和研究地球的形成、演化发展过程及其规律；二是提供地质资源和地质资料，以满足社会经济发展的需要；三是协调人与自然的关系，评价全球变化对人类造成的影响。

21 世纪的地质科学不仅要研究地球的演化过程，即地球上已经发生过的各种地质作用过程，还要研究正在发生和将来可能发生的各种事件和过程。由以往的“供给驱动型”向“需求驱动型”转变，通过新技术的运用，不断拓宽地质工作领域，建立新一代地球系统科学体系，使地质科学为保证人类社会经济可持续发展提供新的支撑体系。这是 21 世纪地质学大发展的新起点和新任务。

## （二）地质工作的内容与相关知识分科

地质工作的内容十分广泛。根据不同的工作任务要求，大致可以划分出以下既相互联系又各自独立的工作内容。

**1. 基础地质调查研究工作**

◎ 查明地球的结构、物质组成。相关知识有地球物理学、地球化学、结晶学、矿物学、岩石学等。

◎ 查明地球的发展历史。相关知识有古生物学、地史学、同位素地质学、岩相古地理学、第四纪地质学等。

◎ 查明地球的构造及运动规律。相关知识有构造地质学、区域地质学、大地构造学等。

**2. 应用地质调查研究工作**

◎ 查明矿产的形成及找寻和勘探方法。相关知识有矿床学、固体矿产勘查技术、探矿工程学、地球物理探矿学、地球化学探矿学等。

◎ 查明地下水的形成、运动和分布规律。相关知识有水文地质学等。

◎ 查明地质条件与工程建筑之间关系。相关知识有工程地质学等。

◎ 查明地质环境与人类相互关系。相关知识有环境地质学、地质灾害调查与防治、地震地质学、火山地质学等。

**3. 专门地质调查研究工作**

◎ 海洋、石油、煤炭、月球、行星地质调查研究。相关知识有海洋地质学、石油地质学、煤田地质学、月球地质学、行星地质学等。

**4. 综合性地质调查研究工作**

◎ 相关学科有遥感地质学、数学地质学、信息地质学、实验地质学等。

## 二、了解地质学及行业的发展概况

地质学是最古老的自然科学分支之一，和其他科学一样，是人类在长期的生产实践中发展起来的。地质行业也随着人类的发展在不断壮大。

### （一）原始积累阶段

人类的发展与进步，是与劳动工具的制造以及矿产资源的开发利用分不开的。人类历史上几个重要的发展阶段——石器时代、青铜器时代、铁器时代、工业化时代，都与矿产资源的发现和利用有极大的关系。

石器时代（距今约170万年至距今约6000年），石器是人类最早使用的矿物、岩石材料。这种材料被人类使用了100多万年，我们的祖先在穴居时代，就利用石英、燧石作为劳动工具。人类在制造和使用石器的过程中，开始积累了对于各类矿物、岩石的知识。石器时代后期，开始出现用黏土制造的陶器。制陶不但要寻找适用的黏土矿物材料，还要寻找各类矿物作颜料，特别是学会了用火烧制，从而促进了冶炼技术的发展，使人类得以进入青铜器、铁器等阶段。

青铜器时代、铁器时代（公元前3000～公元前2000年），埃及、两河流域和印度都经历过青铜器时代。中国大约从夏代就开始使用青铜器，到殷商（公元前1766～公元前1122年）达到鼎盛时期，创造了我国灿烂的青铜文化。春秋时期（公元前770～公元前475年）我国就有了炼铁术，铁器开始成为新的工具；到战国时期（公元前475～公元前221年），铁器的使用更为广泛；从西汉（公元前206～公元8年）开始，铁器得到普遍使用，煤已用作炼铁的燃料，石油、天然气也在东汉时作为燃料了；在促进生产力飞跃发展的同时，也扩大了各类矿物、岩石的利用范围。为了满足对各类矿石的需求，出现了一定规模的找矿活动，同时，人类也积累了相当丰富的关于矿物岩石的性质、矿石的分布规律和产出状态等地质知识。

远古时期，古人对洪水、火山喷发和地震等不能理解，常具有恐惧心理，将其神化，形成自然崇拜和图腾崇拜，并把发生过的地质作用，以神话的形式流传记录了下来。古希腊文明的出现，促进了地质概念的初始形成，有一些学者提出了关于地球的具体概念。公元前6世纪，古希腊的毕达哥拉斯就提出了地球球形说。有人甚至认识到了地球内部存在火-流体物质，这些物质造成了火山喷发和热泉。古希腊学者亚里士多德认识到地球在不断地演化，注意到流水和地下水在改变地貌方面的作用，并做了对矿物和岩石进行分类的初步尝试。公元2世纪，托勒密除了提出著名的“天球”概念外，还运用圆锥、球面、圆筒等投影方法绘制地图。公元6~15世纪，欧洲在封建社会的宗教势力严酷统治下，科学文化以及人们的思想受到强力的压制和摧残，地质思想的发展处于停滞状态。

16世纪欧洲处于“文艺复兴”时代，是具有进步思想的学者向黑暗的宗教统治挑战和进行激烈斗争的时代。如波兰天文学家哥白尼（Nicolaus Copernicus，1473~1543年）及其继承者布鲁诺（Giordano Bruno，1548~1600年），论证了地球围绕太阳旋转的“太阳中心说”。这对当时的科学起了极大的推动作用，教会却认为是大逆不道，将布鲁诺活活烧死，但人们并未放弃建立正确自然观的努力。意大利学者达·芬奇（Leonardo Da Vinci，1452~1519年）在领导开凿运河工程时，发现岩层中含有海生贝壳化石，由此推断该地曾是海洋，海陆轮廓是逐渐改变的。与此同时，矿物学已形成雏形，德国学者阿格里科拉（Georgius Agricola，1494~1555年）根据矿物的物理性质对其进行分类，并对矿物和金属矿床的形成做了论述，成为系统阐述矿物学原理的先驱。

## （二）形成与发展阶段

在17~18世纪的欧洲，自然科学得到极大的发展，地质学研究的许多问题，得到其他自然科学的论证。欧洲资本主义生产发展和产业革命的推动，促进了矿冶业的兴起。人们从大量的地质调查和矿产开采生产实践中，获得了丰富的实际资料，并进行了系统的研究和总结，逐渐形成了一些地质基础学科，地质学遂成为一门独立的学科。

在地质学的各分科中，最早出现的是矿物学，接着出现的是地层古生物学和地质制图学，随后，岩石学、构造地质学以及矿床学、大地构造学等也诞生了。18世纪末19世纪初，地质学的几个主要分科已初步形成。德国矿物学家维尔纳（A. G. Werner，1749~1817年）首次将地质学系统化，并于1775年在德国弗赖堡矿业学院开设了“地质学”。1830~1833年，英国地质学家莱伊尔（C. Lyell，1797~1875年）出版了三卷本的《地质学原理》，奠定了现代地质学的基础。

20世纪是科学技术飞速发展、空前辉煌的时代，人类创造了历史上最为巨大的科学成就和物质财富。地质学的发展历程大体上可以分为：第二次世界大战之前的前半叶，主要是进一步深化19世纪形成的分支学科，同时出现了地球物理学、地球化学等新兴交叉学科；第二次世界大战后的30年间，新技术广泛应用于地球科学研究，扩大了地质学的研究视野，特别是对新领域的探索，上天（空间探测、航空航天遥感）、入地（大陆科学深钻、地震层析成像技术、深部找矿）、下海（大规模海洋观测、深潜、海洋钻探）、探极（南、北极与青藏高原科学考察），促进了海洋调查、对地观测大发展和地球科学各分支学科全球化研究的趋势；20世纪80年代以来，由于地球科学各分支学科的日益成熟和全球环境问题的日益突出，人们意识到地球各圈层相互作用以及人类活动营力的重要性，地球科学的发展开始进入地球系统科学研究的新时代。

20世纪地质学在成矿规律和资源探查上取得了重大进展，特别是最后30年，在地球内部结构、板块构造理论、大陆的演化与矿产资源、能源、生物演化过程中的突发事件和全球地质年代表建立、地理地带性规律与地域分异理论、深海热液活动和深部生物圈的发现以及全球变化等方面的研究都取得了重大成就。3S技术即遥感（RS）、地理信息系统（GIS）和全球卫星定位（GPS）技术的普及，空间数据基础设施的建设以及“数字地球”战略的实施，在地球信息社会经济中发挥了重要的作用，并促进了地球系统科学的蓬勃发展。

21世纪的今天，人类面临着资源开发、环境保护、减灾防灾等严峻挑战，地质学的发展趋势也由“资源开发型”逐渐拓展为“环境保护型”，即从原来的勘探和开发资源拓宽到全球规模和区域范围内的环境及社会问题研究；逐步建立和发展了地球系统科学，关注全球变化与地球各圈层相互作用及其变化的研究，以及人类活动引发的重大环境变化研究；不断加强地质学与其他学科的交叉融合以及高新技术的应用。

## （三）中国的地质行业发展概况

我国在矿产利用和地质知识积累的许多方面也有着卓越的成就。2000多年前的《禹贡》、《山海经》记述了近百种矿物岩石，并对山脉、河流、海陆变迁以及自然地理等方面进行了描述和记载。在2000多年前就已知道运用磁铁矿的磁性，发明了世界上最早的“司南”（指南针）。在1800多年前，张衡发明了世界上第一个测量地震的候风地动仪。唐代书法家颜真卿（公元709~785年）在《麻姑山仙坛记》中就提到“高山犹有螺蚌壳，或以为桑田所变”，对化石已有一定的认识，并根据化石而论证了某些沉积岩的形成环境，这比欧洲第一个认识化石的达·芬奇要早700多年。北宋的沈括（1031~1095年）能使用水平尺、罗盘进行地形测量，制作表示地形的立体模型，称为木图；提出了海陆变迁、流水侵蚀地形原理；揭示了化石的形成，并用化石推断古气候；发现了磁偏角现象，指出“方家以磁石磨针锋，则能指南，然常偏东，不全南也”；还考证了公元前131年~公元1072年的黄河淤积厚度达10m；在《梦溪笔谈》中提出了“石油”一词。南宋的哲学家朱熹（1130~1200年）也认识到“尝见高山有螺蚌壳……此事思之至深，有可验者”，认为这是因为世界发生了“震荡无垠，海宇变动，山勃川湮”的巨变所引起的，得出了地面升降的结论。明代药物学家李时珍（1518~1593年）在《本草纲目》中，对200多种药用矿物和岩石的物理性质做了比较详细的描述。明代末年的旅行家、地理学家徐霞客（1586~1641年）在《徐霞客游记》中，记述了石灰岩及岩溶地貌的形成，这是世界上最早论及石灰岩岩溶地貌的著作。这些都是我国古文化的重要组成部分，对地质学的初始形成做出了重要贡献。

从18世纪初叶开始，我国进入了一个“闭关锁国”的时代，造成了我国近代自然科学的发展长期停滞不前。直到19世纪末，我国还没有自己的地质人员，也没有建立地质机构，只有几个外国人做了一些地质工作。最早是美国人庞培莱（R. Pumpelly）于1862~1865年在中国和日本做过一些地质调查。德国人李希霍芬（Ferdinand von Richthofen）在19世纪60~70年代曾两次来中国考察，并有许多著作，对我国地质研究起了先导的作用。

到了1898年，矿务铁路学堂才设有地质学、矿物学课程。1912年1月辛亥革命之后，在实业部矿务司下设置了地质科，由章鸿钊主持。1913年地质科改为地质调查所，又设立了地质研究所，并举办了培训班，开始自己培养地质人才。1918年北京大学、清华大学、中山大学等相继成立地质系，许多省也相继建立了地方的地质调查所，开展我国的地质调查和研究工作。新中国成立之前，我国只有200多名地质人员和14台破旧钻机，仅对18种矿产进行过粗略勘查。

新中国成立后，我国的地质事业和地质科学得到蓬勃发展。目前已建立起一支学科门类齐全、专业工种配套的地质勘查队伍。几十年来，探明了一大批矿产资源，基本保证了经济建设的需要。我国已成为世界上拥有矿种比较齐全、储量比较丰富的少数国家之一。2012年，经国务院批准，国土资源部、国家发改委、科技部、财政部联合部署找矿突破战略行动。该行动明确2011～2020年找矿突破的目标任务是，用3年时间实现地质找矿重大进展，5年实现地质找矿重大突破，8～10年重塑矿产勘查开发格局。地质调查行业又迎来了一次大发展的机遇。

50多年来，我国开展了大规模的基础地质调查和大量水文地质、工程地质和环境地质调查，大幅度地提高了中国的地质研究程度；不少学科已接近世界先进水平，有些学科已居世界前列。但是，我们与发达国家相比还有一定的差距。随着新技术及新方法的应用和相关学科交叉研究的深入，我国地质科学的研究领域越来越宽，研究能力、研究水平在不断提高。

## 三、掌握地质学的特点和地质工作的基本方法

地质学的研究对象主要是固体地球，属于地球科学（简称地学）的范畴，也是六大基础自然科学（天、地、生、数、理、化）的一个组成部分。地质学与其他基础自然科学相比，极少有世界通用的定律或固定模式，区域性特色极为明显，因而具有它自己的特点和研究方法。

### （一）地质学的特点

（1）地质学是以时间和空间的宏观研究与地质现象的微观研究相结合。地质学研究的时空尺度通常是大跨度的。地球自形成以来已经有约46亿年的历史，时间通常以距今多少百万年（Ma）为单位；空间范围几乎涉及整个地球。在这样漫长的时间和广大的空间里，地球曾发生过沧海桑田、翻天覆地的变化，而其中任何一个变化和事件，都可能引起矿物、岩石的形成和演化，以及形成构造形变等地质现象，包括显微尺度的地质现象，如晶体结构、显微构造。这些变化和事件，往往要经历数百万年甚至数千万年的周期。人们不能像研究人类历史那样，可以借助于文字和文物；也不能像研究物理那样，可以单纯依靠在实验室中做实验。而必须靠野外实地调查工作，取得地球发展过程中遗留下来的各种物质记录（矿物、岩石、古生物、构造变动等），研究地球时空上的发展变化规律。

（2）地质学具有多因素互相制约的复杂性。地质学所研究的问题大部分是反演问题，通常是以现在所能见到的地质现象（物质记录）的观测结果，去推断地质历史中曾经发生过的地质作用（事件），因此，常表现出问题的多解性和结论的不确定性。

（3）地质学是来源于实践而又服务于实践的科学。地质学是以地球为实验室，必须通过野外调查研究和室内实验模拟，掌握积累大量实际资料，经过资料的综合、归

纳和推理，得出初步结论，然后用以指导生产实践，并不断修正补充和丰富已有的结论。

## （二）地质工作的基本方法

地质学的特点决定了地质工作的方法主要是在野外调查的基础上，进行推理论证。地质工作过程一般包括以下步骤。

**1. 野外地质调查**

地球是一个复杂系统，具有明显的地域性特征。因此，除了收集和研究前人资料外，必须进行野外实地调查研究，观察识别各种地质现象，取得大量实际资料，是地质工作的基础。野外地质调查的主要任务有四项：①初步确定地质体的物质组成（矿物、岩石肉眼鉴定、描述等）；②确定地质体之间的空间关系（地层、岩石、构造识别，调绘、编制各种地质图等）；③确定地质事件发生的时间关系（地质剖面测制、古生物化石鉴定、接触关系识别等）；④采集各类样品和标本（矿物、岩石、古生物化石、地球化学样、同位素年龄样、矿石样等）。

**2. 运用分析、实验、模拟手段**

室内分析、实验是进行地质调查研究的重要手段。在野外采集的各种样品都要进行室内实验、分析和鉴定。矿物、岩石样品要进行岩矿鉴定、岩石定量分析等；地层古生物样品还要进行化石鉴定、同位素年龄测定等。有时还利用已知岩矿的各种参数及物理、化学过程，进行模拟实验。如目前可以制造出人工红宝石、水晶、金刚石等，既有实用价值，又有助于了解自然界矿物、岩石、矿床的形成和分布规律。对于构造环境的研究，常在室内进行模拟实验，如地质力学模拟实验，可以得出各种构造型式的形成条件和展布情况。随着计算机技术的发展，地质过程的模拟实验正越来越多地被采用。

**3. 理论研究，提交成果（报告）**

在取得丰富的野外地质资料（地质现象观察结果）和实验分析数据的基础上，运用地质学知识和原理综合分析、归纳各种地质作用的特点和规律，由感性认识上升到理性认识，得出结论。再通过“实践、认识、再实践、再认识”循环往复的形式，得出反映客观事物本质的结论，即推理论证方法。推理的基本方法是演绎和归纳。演绎是由一般原理推出关于特殊情况下的结论。例如，凡是岩石都是地壳发展历史的产物，花岗岩是一种岩石，所以花岗岩是地壳发展历史的产物。归纳是由一系列具体的事实概括出一般原理。例如，在高山上，发现成层的岩石，岩层中含有海生动物化石，说明高山的前身是海洋，这里曾经发生过海陆的变化。在地质学研究中，这两种推理方法都要用到，但归纳式的逻辑推理是最基本的方法。常用的具体方法有：

（1）“将今论古”的方法（现实类比法）

著名英国地质学家莱伊尔在19世纪提出“将今论古”的现实主义研究方法，其要点就是：“现在是认识过去的钥匙”。他认为根据现在正在进行着的各种地质作用过程和方式，可以推断过去的地质作用过程和方式，所不同的只是量的差别。例如，现在的河流将大量的泥沙带到海盆中沉积下来并形成一定特征的沉积物，因而过去的河流也应有类似的作用，形成特点类似的岩石。现在干旱地区内陆盐湖里有各种盐类矿物正在沉淀并形成盐层，所以古代岩石中见到的盐层也是在干旱气候条件下的产物，说明当时该地区处在干旱气候环境下。

莱伊尔强调地球的演变过程是渐变或均变的过程，即均变论，认为地球上的一切地质记录如巨厚的地层和高大的山脉等，并不是由剧烈的动力造成的，而是在漫长地质时代里不为人察觉的缓慢地变化着，从而导致了地球上的巨变。均变论战胜了当时占统治地位的以法国古生物学家居维叶（G. L. Cuvier，1769～1832年）为代表的“灾变论”，灾变论者把地球演变历史归之为一系列不可知的突然事件。但是，莱伊尔只强调了缓慢变化的一面，未见到突变的一面；只谈量变，未谈质变；只认识古今的一致性，未认识到古今还有差异性。过去不会和今天完全一样，今天也不会是过去的重演，地球的历史绝不会是简单的重复。目前许多学者认为在地球漫长的发展过程中，不能排除曾经发生过若干次灾变或激变事件。例如，多次的生物“大爆发式”产生和“集群式”灭绝，大量陨石的撞击，地磁极的多次反转，地球历史上多次冰川时期的出现等，无疑都会影响地球发展的进程和各种平衡关系。

现代地质学接受了莱伊尔现实主义的合理部分，即将今论古的原理；同时也注意到地球发展的阶段性和不可逆性，以及在地球发展的不同阶段中自然条件的特殊性。例如，大气成分不同、海陆分布形势不同、生物状况不同、地壳运动的方式和强度不同等，因此各种地质作用的方式、速度也有差异。所以研究地球的历史，必须根据具体情况，用历史的、辩证的、综合的思想作指导，而不是简单地、机械地以今证古，这样才能得出正确的结论。这种方法就是历史比较法或现实类比法。研究地球的历史，重塑地史时期的古地理环境，经常使用这种方法。

(2)“以古论今、论未来”的方法

今天的地质作用只是地球发展过程中的一个片段，而过去的地质现象却记录了全部过程，人们通过对保留下来的某些地质作用结果（地质现象）的观测。例如，古地中海的消亡、喜马拉雅山脉的隆起，结合现代不连续或微弱的信息直接监测地球的动力演化，可能更能正确地认识某些地质作用过程；红海、东非大裂谷正在不断张裂形成未来的海洋。因此，只有尽可能深入地了解地球系统的历史，才有可能更正确地了解现在、预测未来。这种观点和莱伊尔的“将今论古”相反，而是“以古论今”。

古和今是一种辩证关系，将今可以证古，以古亦可论今、论未来，把两者很好地结合起来进行理论研究，才是我们应当采取的正确方法。

随着科学技术的发展，硬件条件的改善，“数字地球”战略的实施，地质学的研究手段和工作方法也在不断地丰富。这就要求我们能快速、全面、准确地掌握地球系统的各种宏观和微观信息，快速、形象、动态地处理这些信息，对所掌握的资料进行合理的综合分析，并得出正确的结论。

# 四、明确本课程的定位与目标

## （一）课程定位

| 课程性质 | 专业基础学习领域课程 |
| --- | --- |
| 课程功能 | 本课程是国土调查专业的入门课程。根据地质调查工作任务，明确地质调查职业的工作内容、任务、特点、方法；突出地球一般特征（形态、构造、物质组成、运动、历史、人地关系等），内、外力地质作用过程及其产物（矿物、岩石、构造、矿产等）的识别能力的培养，以及野外地质工作基本技能的培养。是学习后继专业课程的基础，对后续学习专业课起着重要作用 |
| 前导课程 | 中学文化基础课程 |
| 后续课程 | 矿物肉眼鉴定、岩石肉眼鉴定、古生物鉴定与地层划分、地质构造识别与制图、矿床成因类型识别等 |

## （二）课程目标

| 知识性目标 | 技能性目标 | 情感性目标 |
| --- | --- | --- |
| • 明确地质调查职业的工作内容、任务及行业概况；掌握地质工作的特点和基本方法<br>• 掌握地球的基本特征（形态、构造、物质组成、运动、历史、人地关系等）的识别<br>• 熟练掌握各种地质作用的形成过程和规律，以及与各种地质现象之间的因果关系 | • 具有识别地质作用与地质现象的能力<br>• 初步掌握矿物、岩石、地层、地质构造及矿产的鉴定、观察、描述方法<br>• 掌握野外地质内容的观察、记录方法和程序，培养规范的操作习惯，基本能够阅读常用的地质图件，具备初步的野外调查能力 | • 科学严谨、实事求是、守信敬业的态度<br>• 遵纪守法、吃苦耐劳的优良品质<br>• 团结协作的团队精神<br>• 培养交流、沟通的能力 |

本课程具有文理兼修、实践性很强的特性，既有大量的基本理论（概念、定义）需要理解、记忆，又有不少的基本方法和技能，要通过实验、实训观察认识掌握。学习时要善于领会、对比、综合、总结，做到融会贯通，以提高分析和解决问题的能力。

### 复习思考题

1. 何谓地质学？在当前阶段地质工作的对象是什么？
2. 地质工作的任务是什么？包括哪些主要工作内容？
3. 简述地质学的特点及地质工作的基本方法。
4. 野外地质调查工作的主要任务有哪些？

# 学习情境 2

## 地球特征的识别

**【情境描述】**要从事地质工作，首先要掌握地球的特征，这是地质工作最基本的知识。本学习情境主要学习地球的一般特征、地壳的物质组成、地球的运动、地球的历史、人地关系等。

**【学习目标】**基本掌握地球在宇宙中的位置；地球的形状、大小、地壳的物质组成、地球的历史、人地关系等；重点掌握地球的表面形态特征、主要物理性质、地球的圈层构造特征、地球的运动及其识别方法。熟记地质年代表。

# 学习任务1　地球一般特征的识别

**【任务描述】** 本学习任务主要学习地球的外观特征、地球的主要物理性质、内外部圈层构造特征。

涉及的地质工作任务：①利用地球表面形态特征知识，分析各种地质现象的成因以及地质作用过程，恢复工作区古地理环境；②利用地球的主要物理性质知识，开展地球物理方法调查，如磁法勘探、地热勘探、重力勘探、地震勘探等；③利用地球圈层构造特征知识，分析各种地质现象的成因以及地质作用过程，分析工作区大地构造背景，恢复工作区古地理、古气候环境，总结工作区域地质构造历史演化规律。

**【学习目标】** 基本掌握地球的形状、大小；重点掌握地球的表面形态特征、主要物理性质、地球圈层构造特征及其识别方法。

**【知识点】** 地球的形状、大小、表面形态；主要物理性质：密度、压力、重力、地磁、弹性及地热等特征；地球圈层构造：大气圈、水圈、生物圈、地壳、地幔、地核；均衡原理；不同圈层间的物质－能量交换。

**【技能点】** 地球的表面形态特征、地球圈层构造特征的识别方法。

## 一、地球的外观特征

### （一）地球的形状

地球的形状是指全球静止海面——大地水准面的形状。大地水准面既不考虑地球表面的海陆差异，也不考虑陆上、海底的地形起伏，它不但包括了现在的海面，也包括所有陆地底下的假想“海面”，它是计算地表高程的起算面。虽然地球的表面高低起伏，但这些地形的变化对于地球来讲是微不足道的，从人造卫星获得的地球照片可以看出，地球的边缘是近似光滑的（图2－1－1）。

图2－1－1　从人造卫星上看到的地球

精密的经纬度测量和重力测量表明，地球不是一个正球体，而是一个赤道半径长，极半径短的椭球体。这是由于地球自身旋转造成的，故又可视为旋转椭球体。由于大地水准球体与地球旋转椭球体相比，偏差很小，因此在大地测量中，就用旋转椭球体（或叫地球体）来代替大地水准球体进行计算。

根据人造卫星资料的分析，地球南极与标准旋转椭球体相比约缩进 30m，北极则凸出约 10m（图 2－1－2）。地球体的形态和地球固体表面的形态有比较大的差别（图 2－1－3），二者不能混为一谈。

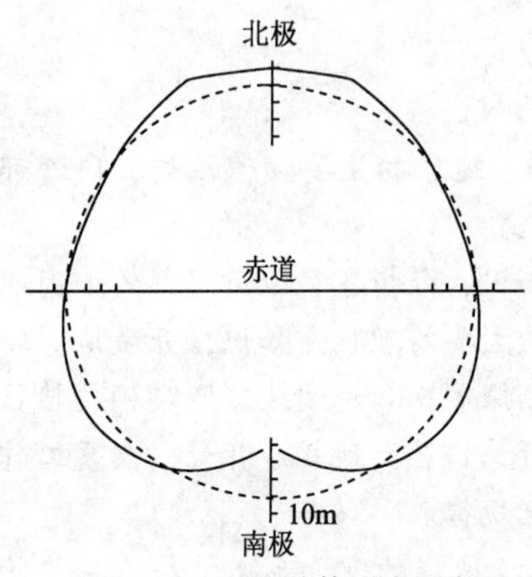

图 2－1－2　地球体形态示意

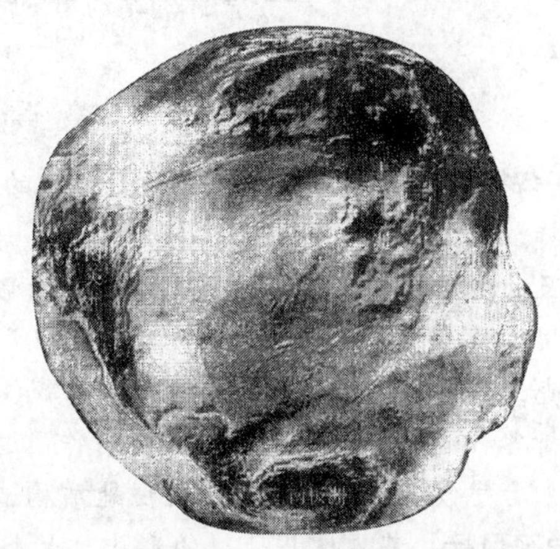
图 2－1－3　将固体表面高差扩大 5 倍的地球形态

## （二）地球的大小

地球大小的数值，在过去不同的时期，运用不同的方法，曾测得不同的数据。根据 1982 年自然地理统计资料，地球大小的有关数据如下：

| | | | |
|---|---|---|---|
| 赤道半径 | 6378.140km | 两极半径 | 6356.755km |
| 平均半径 | 6371.004km | 扁　率 | 1/298.257 |
| 表 面 积 | $5.1\times10^{8}km^{2}$ | 体　积 | $1.083\times10^{12}km^{3}$ |

## （三）地球的表面形态

地球的表面形态高差变化很大，基本上可以分为陆地与海洋两大部分。大陆约占地球表面的 29.2%，平均高度为 800m，最高点珠穆朗玛峰海拔为 8844.43m；大洋的面积约占地球表面的 70.8%，平均深度为 3900m，最深处在马里亚纳海沟，深度达 11034m。如果将地球表面抹平，则地球表面将位于海平面以下 2.44km 的深度。

地球上的陆地并不是一个整体，而是被海水分割成一些分离的陆块，其中大块的叫陆地，小块的叫岛屿。

### 1. 大陆表面的形态

**山地**：地形起伏较大，海拔 >500m，相对高差 >200m 的地带称山地。山地往往成群分布。由若干个组成条带状延伸的山地叫山岭，如秦岭；由若干个山岭组成平行排列线状延伸的山体叫山脉，如喜马拉雅山脉、安第斯山脉等。世界上高大的山脉多分布在构造活动特别强烈的地带。

**高原**：海拔一般 >1000m，面积较大，顶面起伏较小，周围为陡崖的高地称为高原，常以山地为边界。我国的青藏高原是地球上最高的高原，平均海拔为 4500m。

**丘陵**：地形起伏较小，相对高差<200m，海拔<500m的低矮山丘叫丘陵。如我国东南沿海的山丘即为丘陵。

**盆地**：四周为山岭或高原环绕，中间地势低平（平原或丘陵），外形似盆的地形叫盆地，如我国的塔里木盆地、四川盆地等。我国新疆的吐鲁番盆地是世界上最低的盆地，最低点在海平面以下154m，又称为洼地。

**平原**：地势宽广平坦，四周为山岳或山地与海洋之间的地区叫平原。海拔<200m的称低平原，海拔在200~600m的称高平原。大的平原都是地壳沉降和外力堆积作用的结果，如我国的松辽平原、黄淮海平原、长江中下游平原，印度的恒河平原等。地球上最大的平原是南美洲的亚马孙平原，面积约$5.6\times10^6km^2$。

**裂谷系**：延伸可达数千千米，宽仅30~50km的线形低洼谷地，两壁或一壁为断崖，如非洲裂谷系由一系列峡谷和湖泊组成，它是地壳上被拉张而裂开的地区。

**2. 海底表面形态**

地球表面被海水覆盖的广大地区也是起伏不平的，根据海水覆盖的深浅、地形起伏特征及与大陆的关系分为以下几种（图2-1-4）。

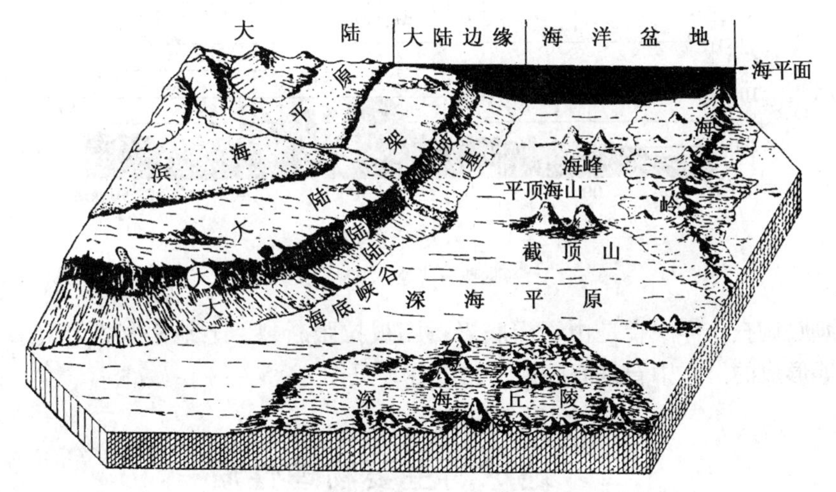


图2-1-4　大陆边缘地形单元示意图

（据徐成彦，1988）

（1）大陆边缘

**大陆架**：是大陆向海洋的自然延伸，属陆地的一部分。围绕大陆的浅水海底平台，表面平坦，坡度不超过1°，水深一般在200m以内，它的宽度为几十到几百千米，平均为75km。

**大陆坡**：为大陆架到大洋底的过渡区，坡度较大，一般为4°~7°，最大可达20°，海水深度为200~2500m。大陆坡上常为海底峡谷横切，峡谷两侧陡峭呈V字形，峡谷通向大洋盆地，多发育有水下巨大的冲积扇。一般认为海底峡谷是浊流侵蚀的结果。

**大陆基**：是大陆坡与大洋盆地间的平缓地带，平均深度达3700m，该地带多是浊流和滑塌作用带来的碎屑物质的主要堆积场所。

**海沟和岛弧**：太平洋的北部和西部分布着阿留申群岛、日本群岛、琉球群岛、菲律宾群岛等，无论这些岛的本身，还是将它们连接起来，都呈弧形，称为岛弧。岛弧靠大洋的一侧常发育有长条状巨型凹地，横切面呈不对称的V字形，深度在600m以上，称海沟。海沟与岛弧常平行排列构成海沟－岛弧系。太平洋东岸有海沟而无岛弧，但在大陆的西部有海岸山脉－安第斯山脉分布，构成海沟－山弧系。有海沟发育的地方大陆架很窄，没有大陆基。

（2）大洋盆地

大洋盆地是海洋的主体，水深主要在4000～5000m之间，也称深海盆地。在深海盆地中一些较开阔的隆起区，无火山活动，构造活动也相对比较平静，地面高差不大者称为海底高原，如太平洋中的马尼希基海底高原。海底范围不大，呈长条状的隆起区，通常称为海岭，一般无地震，又称为无震海岭。有的海岭是由链状火山构成的，其中突出海面的构成岛岭或群岛，如夏威夷群岛。

（3）洋中脊

洋中脊位于大洋中间，该区经常发生地震，为正在火山活动的中央巨大山脉，延伸于四大洋，连绵达65000km，在洋中脊的顶部发育有深达1000～3000m的巨大裂缝，称为洋脊裂谷（图2－1－5）。

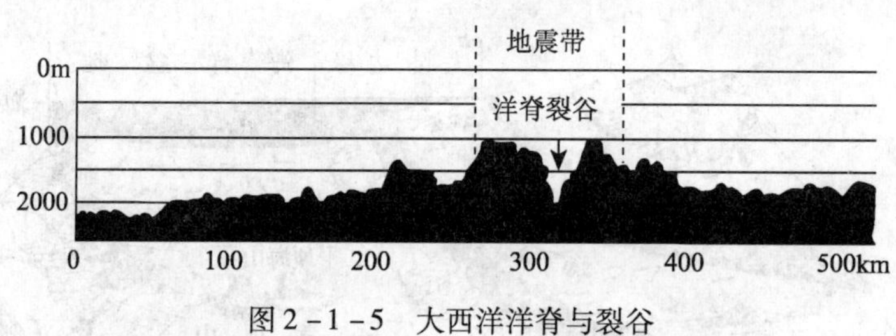


图2－1－5　大西洋洋脊与裂谷

（据柴东浩等，2000）

通过海底调查，洋中脊是由于洋底岩石圈被拉张断裂，上地幔基性和超基性岩浆上涌、喷出等形成的。洋中脊是海底扩张的中心（见图3－5－1）。

## 二、地球的主要物理性质

目前的技术水平，还不具备直接观察地球内部的手段，最深的钻孔也仅12km，因而对地球深处的了解，主要靠地球物理的工作成果。地球物理性质包括地球内部的密度、压力、重力、地磁、弹性及地热等。通过研究上述特性的变化规律，可推测地球内部的物质成分、温度、压力状态及其变化规律，并作为了解和划分地球内部圈层构造的依据。

### （一）地球的质量和密度

根据万有引力定律，可以算出地球的质量为$5.947\times10^{21}$t。据地球的形状参数，可以求得地球的体积为$1.083\times10^{12}km^3$。用体积除地球的质量，便可求得地球的平均密度为$5.516g/cm^3$。地表岩石的平均密度为$2.7\sim2.8g/cm^3$，海水的平均密度为$1.028g/cm^3$。据此可以肯定，地球内部必有密度更大的物质。

对地球内部物质密度的求得，目前还没有直接的测量方法。地内密度的变化情况是据地震波在地内的传播速度来推断的。地震波的传播速度是与地内物质密度的变化成正比关系。目前公认的地内密度变化模型是由澳大利亚学者布伦推导的：地壳表层的密度为 2.7g/cm³；地内 33km 处为 3.32g/cm³；2885km 处密度由 5.56g/cm³ 陡增至 9.98g/cm³；至 6371km 处达 12.51g/cm³。

## （二）地球的重力和压力

### 1. 重力及重力异常

地球上某处的**重力**是该处所受到的地心引力与地球自转而产生的惯性离心力的合力（图 2-1-6）。由地球自转产生的惯性离心力相对地心引力来说是相当微弱的，即使在惯性离心力最大的赤道地区，也不超过引力的 1/288（即 0.34%），因此重力方向仍大致指向地心。地球周围受重力影响的空间称为重力场。

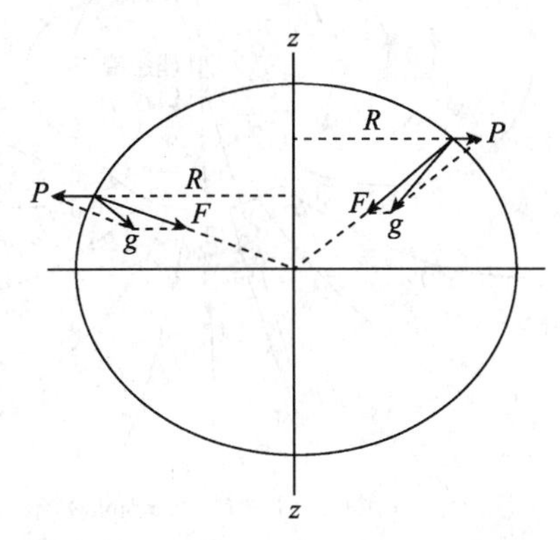


图 2-1-6　地球的重力

地表上某一点的重力场强度就相当于该点的重力加速度。地表的重力加速度随着纬度值的增大而增加，随着海拔高度的增大而减小；在地球内部的变化与地球的物质分布和深度密切相关，呈复杂的曲线。重力加速度在地表的数值约为 9.82m/s²，到下地幔的底部达到最大值 10.37m/s² 左右，从 2891km 处地核开始急剧减小，到外核底部约为 4.52m/s²，到 6000km 处约 1.26m/s²，到地心处重力加速度为零。

进行重力研究时，将地球视作一个圆滑的均匀球体，以其大地水准面为基准，计算得出的重力值称作理论重力值。对均匀球体而言，地表的理论重力值应该只与地理纬度有关。实际上，地球的地面起伏甚大，内部的物质密度分布也极不均匀，在结构上还存在着显著差异，这些都使得实测的重力值与理论值之间有明显的偏离，在地学上称之为**重力异常**。对某地的实测重力值，通过高程及地形校正后，再减去理论重力值，差值称作重力异常值。如为正值，称正异常；如为负值，则称为负异常。前者反映该区地下的物质密度偏大，后者则说明该区地下物质密度偏小。利用重力测量来寻找矿产和研究地质构造的方法，称为**重力勘探法**。

大陆部分的布格重力异常大都低于正常重力值，海洋部分多为正异常。这说明地球表层的大陆部分物质密度较小，海洋部分物质密度较大。

### 2. 地球的压力

由于地球形成的时间很长，其内部所受的压力主要为上覆岩石的重力产生的静压力，其数值为深度与该深度以上岩石的平均密度和平均重力加速度的连乘积，单位为帕［斯卡］（Pa，1MPa = $10^6$Pa，表 2-1-1）。

表 2-1-1　地球内部的压力

| 深度/km | 40 | 100 | 400 | 1000 | 2900 | 5000 | 6000 |
|---|---|---|---|---|---|---|---|
| 压力/MPa | $1\times10^3$ | $30.1\times10^3$ | $1.4\times10^4$ | $3.5\times10^4$ | $1.37\times10^5$ | $3.12\times10^5$ | $3.61\times10^5$ |

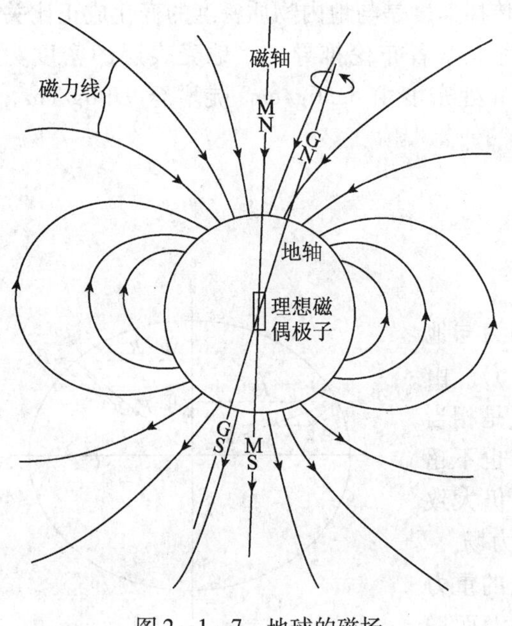


图2－1－7　地球的磁场
（据W. K. 汉布林，1980）

## （三）地球的磁性

地球周围空间存在着磁场，称为**地磁场**（图2－1－7）。地磁场近似于磁偶极子的磁场，它有两个磁极，磁北极为磁偶极子的S极，磁南极为磁偶极子的N极。磁南、北极与地理两极的位置相近，但并不重合，而且地磁极位置仍在不停地移动变化着。目前地磁极与地理南北极的夹角为11°44′。

由于磁南北极和地理南北极有一个交角，因此磁子午线与地理子午线之间也存在一个夹角称为**磁偏角**（***D***）。磁偏角位于地理子午线以东称东偏；磁偏角位于地理子午线以西称西偏。在实际工作中，以罗盘指针与地理子午线的夹角作为磁偏角的，因此必须根据所在地理位置校正罗盘的刻度盘。地球表面的磁力线与水平面也存在一定的交角，称为**磁倾角**（***I***）。磁倾角的大小因地而异，在赤道为0°，向南北两极逐渐增大，在磁南北极为90°，此时罗盘的磁针就会竖起来。因此罗盘必须因地而制加以校正。地磁场以代号***F***表示，强度单位为A/m。地磁场强度是一个矢量，可以分解为水平分量***H***和垂直分量***Z***。地磁场的状态则用磁场强度、磁偏角、磁倾角这三个地磁要素来确定（图2－1－8）。

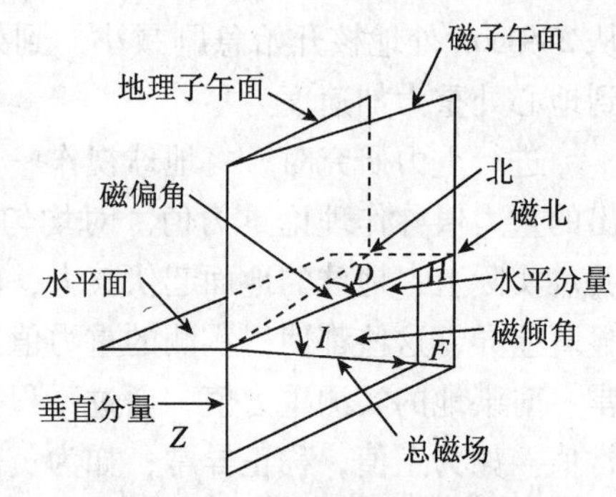


图2－1－8　地磁要素示意图

实际观测发现，地磁场随时间的变化有日变化、年变化、长期性变化和突然性变化。日变化的磁偏角变化幅度为几分；年变化可能与电离层及太阳活动的变化有关；突然性的变化表现为几天或几小时内磁场强度的大幅度变化（可达几安培/米），这种突然性变化称为**磁暴**，它与太阳黑子、空间电流等现象有关。如果把短期变化、磁暴等的影响清除，便可恢复地磁场的原来面貌。

通过设在各地的地磁台所测的地磁要素数据，经校正并消除了地磁的短期和局部变化等的影响，便得到地磁场的“正常值”或称背景值。如果在实际测定时，发现所测的地磁要素数值与“正常值”偏离，称为地磁异常。地磁异常是地壳中具磁性的矿物和岩石所引起的局部磁场叠加在正常磁场上的表现。利用岩石或矿物的磁性，来寻找具磁性的矿床和了解深部地质构造情况是地球物理勘测的有效方法之一，称为**磁法勘探**。这一方法不仅用于地面，还可用于飞机、卫星上。

地磁场的存在，会导致岩石在其形成过程中发生磁化，这些受磁化的岩石在磁场发生改变后，仍可将原来磁化的性质部分地保留下来，形成所谓“剩余磁性”。测量岩石中的剩余磁性有助于了解地质历史时期的地磁场情况。依据岩石剩余磁性来研究地史时期地磁场的状态、磁极变化的学科称为**古地磁学**。大量的研究发现，在地史时期特别是中生代以来，地磁场曾经发生过许多次重大的改变，甚至地磁场方向（极性）曾发生过多次的倒转，即反向的磁场方向和正向磁场方向刚好相差180°左右。它对于地学研究有着重要的理论意义和实践意义。

## （四）地球的温度（地热）

火山喷发、温泉涌出等自然现象均表明，地球内部储存有很大的热能，可以说地球是一个巨大的热库。

### 1. 地球温度的分布

从地面向地下深处，地热增温的现象随着深度的改变是不均匀的。地面以下温度变化的特征可分为以下几种。

**变温层（外温层）**：该层温度主要受太阳光辐射热的影响，其温度随季节、昼夜变化而变化。日变化造成的影响深度较小，一般仅1～1.5m，年变化的影响范围可达地下20～30m。

**常温层**：该层地温与该地区的年平均温度大致相当，常年基本保持不变，深度大约为20～40m。一般在中纬度地区较深，在两极和赤道地区较浅；在内陆地区较深，在滨海地区较浅。

**增温层**：在常温层以下，地下温度开始随深度增大而逐渐增加。大陆地区常温层以下至约30km深处，大致每深30m，增温1℃。大洋底至约15km深处，大致每深15m增温1℃。

通常将深度每增加100m时所增加的温度称**地温梯度**，单位为℃/100m。地球的平均地温梯度为3℃/100m。由于各地岩石的密度、导热率、离热源的距离及所处的地质构造条件不同，地温梯度也不尽相同。如我国华北平原为2～3℃/100m，大庆油田可达5℃/100m，某些地热异常区的地热随深度增加很快。例如，西藏羊八井地热田，据钻孔资料，在离地表65m深处温度可达165℃。

地温梯度是据浅层地壳实测值计算的平均值，并不适于推算整个地球内部的温度变化。如果按地温梯度平均值3℃/100m计算，至地壳底部（平均深33km）温度将达900℃以上。深度为100km的地幔上部温度将高达3000℃。该温度足以使该深度岩石全部熔融，但地震波的特征已经确认，该深度的岩石仍为固态。

在地下深处，由于受到压力和密度增大等因素的影响，随着深度的增加，地内温度趋于均匀化，地温梯度逐渐降低。据地球物理数据及固体物理学理论推测：在地下30km深度（地壳底部）地温大约为400～1000℃；300km深度约为1800～3000℃；2885km深度（地幔与地核边界）温度为2850～4000℃，地心的温度估计在4000～6000℃之间（图2－1－9）。

利用地温测量、温度测井等，来寻找地热资源和了解深部地质构造情况的方法，称为**地热勘探**。

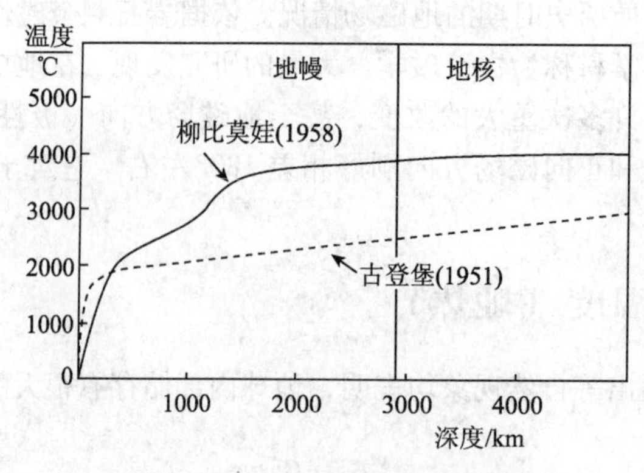


图 2-1-9　地内温度变化曲线

（据 B. 古登堡，1951；E. A. 柳比莫娃，1958）

**2. 地热流的基本特征**

地球内部的热可以通过热传导、热辐射、物质运动（地下热泉、火山活动、岩浆活动及地幔对流）等几种方式传导到地球表面。

**大陆热流**：一部分来自地壳岩石中的放射性元素衰变产生的热能，另一部分来自深部地幔。地质学家推测，上升的热对流柱位于盆地和年轻山脉之下，这里有热异常，地壳比较薄，发生频繁的火山活动及地震等释放能量的构造运动。通常古老的稳定区热流值低，年轻的活动区热流值高。

**洋底热流**：也和大陆一样，与地质特征关系密切。在近 5Ma 年内形成的大洋中脊热流值最高，大于 50~100Ma 年龄的海底洋盆热流值。洋底热流值随年龄增加而减少，说明海底岩石圈的冷却过程。

地表热能量大的地区（通常表现为热泉）或地热增温率明显大于平均地热增温率（3℃/100m）的地区称地热异常区，若能引出可供发电以及工农业和生活用的热水，就成为人类可以利用的能源。据估计，目前能开采利用的（地下 3km 以内的）地热，约相当于 $2.9\times10^{12}$t 煤炭所产生的热能。因而利用地热问题已引起世界各国的重视，目前我国已在西藏羊八井、广东丰顺等地利用地热能建立了发电站。

## （五）地球的弹塑性

地震波能在地球内部传播，表明地球具有弹性。在野外常可见到某些坚硬岩石可发生复杂的弯曲，却未破碎或发生断裂，显然是塑性变形的产物（图 2-1-10）。地球自转的惯性离心力能使赤道半径加大而成椭球体，也表明看似刚体的地球是具有弹塑性的，这正是地内物质能发生变形、运动和位移的重要原因。

地震波在地球内部的传播方式主要有三种：纵波、横波和面波。当地震波在不同的介质中传播时，波速便会发生变化。可以通过测定人工地震产生的地震波在地下传播速度的变化情况，探测了解地球内部结构、地质构造以及寻找有用矿产。这就是地球物理勘探中的**地震测量法**。

图2-1-10　岩石塑性变形——窗棂构造

## 三、地球的圈层构造

地球不是一个均质体，而是具有明显的圈层结构。地球每个圈层的成分、密度、温度等各不相同。研究地球内部结构对于了解地球的运动、起源和演化，探讨其他行星的结构，以致整个太阳系的起源和演化问题，都具有十分重要的意义。

### （一）地球的外部圈层构造

地球的外部圈层有大气圈、水圈和生物圈。

**1. 大气圈**

（1）大气圈

大气圈是地球最外面的一个圈层，它位于星际空间和地面之间，由包围在固体地球外面的各种气体构成。据调查，在地面以下的土壤和一定深度（一般不超过3km）的岩石中也含有少量空气。

大气的主要成分有氮、氧、氩、二氧化碳及水蒸气，这几种气体占空气体积的99%以上，其他气体的含量极少。此外，大气中还含有少量尘埃微粒等。

大气的总质量为$5.61\times10^{21}$g，它主要集中在100km高度以下的范围内，其中的一半以上又集中在10km以下的空间。因受地球引力的影响，大气的密度和压力是随高度增高而趋于稀薄和降低的。

大气的温度和密度随高度不同而变化，因而具有沿垂直地面方向的分层现象。按国际气象组织的规定，自下而上可分为对流层、平流层、中层（中间层）、电离层（暖层）和扩散层（散逸层）（图2-1-11），其中以对流层和平流层对地面影响较大。

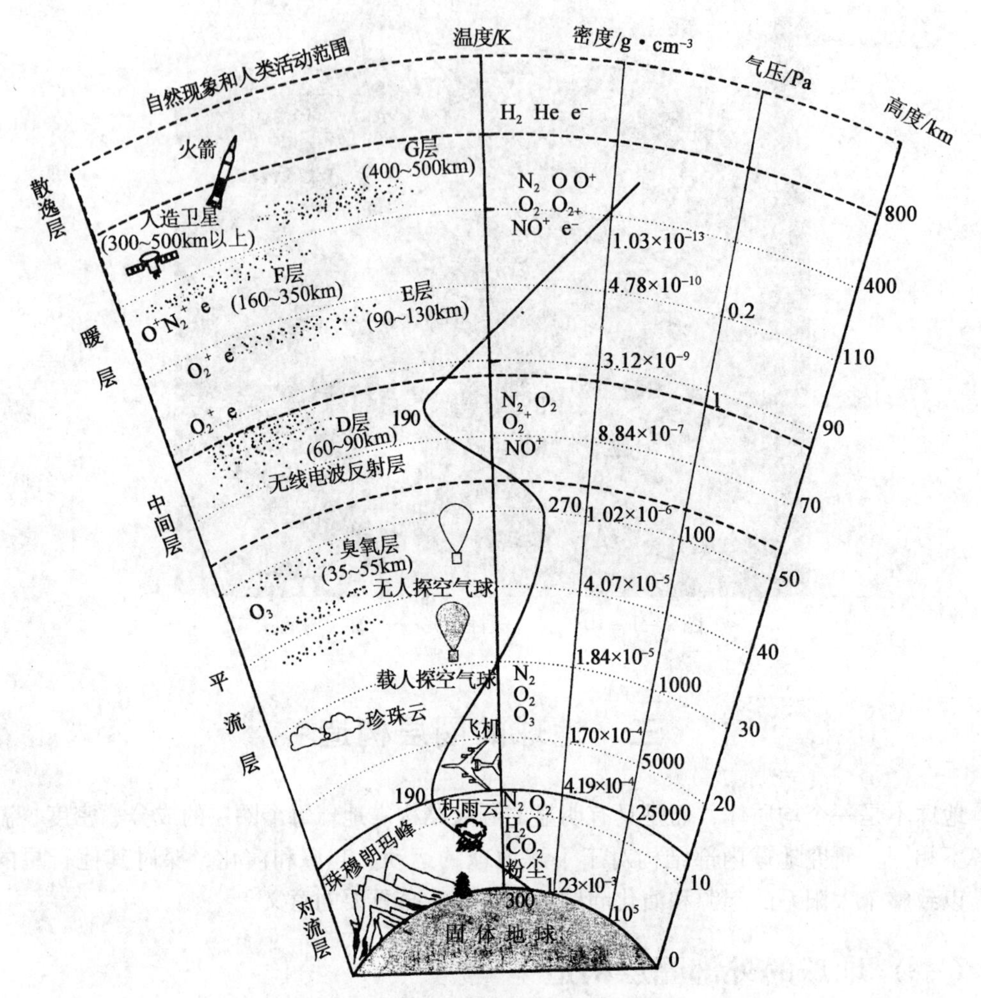


图2-1-11　地球大气层结构示意图

**对流层：**是大气圈的底层，受地面影响最大，具有显著的对流现象。大气的流动称为风，是一种重要的地质营力。大气厚度、气温、气压和密度在不同高度、不同纬度具有一定差异，因而形成空气的对流。这是引起风、雨、雪、云等各种气象过程的重要原因。

**平流层：**是自对流层顶至35～55km高空的大气层。平流层的厚度在赤道小于在两极。气流运动以水平方向运动为主。气温已不受地面热辐射的影响，且在30～55km高空范围内有一含臭氧（$O_3$）较多的层带。臭氧具有吸收紫外线的能力，是地球生物免遭太阳辐射伤害的重要保护层。平流层的气候现象较少。

(2) 气候带

气候因素与全球气压带的分布密切相关，具相似气候因素的气候带有随纬度分布的明显特点。由于采用的气候因素指标不同，而有不同的气候带的划分方案。地质研究中惯用降水量、气温和湿度等要素进行划分，按这些要素可把全球气候分为潮湿气候带、干旱气候及半干旱气候带和寒冷（冰冻）气候带。现将各气候带的分布及其特点列表说明，见表2-1-2。

**表2-1-2　气候带的分布及其主要特点**

| 位置 | 气温带 | 气压带 | 风带 | 雨量带 | 气候带 |
|---|---|---|---|---|---|
| 极地附近 | 寒带 | 极地高压带 | 下降气流 | 高纬少雨带 | 冰冻气候带（半潮湿气候带） |
| | | | 极地东风带 | | |
| 南北纬40°~60°附近 | 温带 | 中纬度低压带 | 上升气流 | 中纬多雨带 | 半潮湿气候带 |
| | | | 西风带 | | （半干旱气候带） |
| 南北纬30°附近 | | 亚热带高压带 | 下降气流亚热带静风带 | 干旱带 | 干旱（半干旱）气候带 |
| 南北纬10°~25° | 热带 | | 信风（贸易风）带 | 干季与湿季交替带 | 半潮湿（半干旱）气候带或称热带干湿气候带 |
| 赤道附近 | | 赤道低压带 | 上升气流赤道无风带 | 赤道多雨带 | 潮湿气候带 |

①潮湿气候带的降雨量充沛，地面流水发育，湖泊众多，地下水源充足，植被及各种生物繁茂，我国东南各省属此类地区。②干旱气候带蒸发量常超过降雨量，雨量少，多为雨季时形成的暂时性流水，湖泊则因蒸发量高而形成含盐量高的咸水湖。③干旱气候带的风力强，植被稀少，常形成干旱的沙漠，如我国西北地区就属干旱气候带。④寒冷（冰冻）气候带气温低，降水以雪为主，常为冰川盘踞。主要分布于两极地区，但在某些高山地区也有分布，如我国青藏高原的冰川。

由于构造运动引起的大陆移动、海陆变化以及极点的位移等原因，同一地区在不同的地质历史时期可以出现不同的气候，今日炎热的热带气候区，在地质历史上也可能是冰天雪地的寒冷地区，这一点可以从地壳上的沉积岩和生物化石等特征中得到证明。据魏格纳（A. L. Wegener）、柯本（W. Koppen）的研究结果，280Ma前的极地，在夏威夷岛附近。当时西欧和北美位于多雨和有茂密森林的赤道带，至230Ma前，西欧和北美已位于干旱气候带。相反，今日白雪皑皑的南极大陆，在280Ma前却是处于赤道地带的一个大陆。

**2. 水圈及水的循环**

水圈是由地球表层连续的水体组成。组成水圈的水体包括海洋、河流、湖泊、沼泽和地下水等。水圈的存在是地球与太阳系其他行星的主要区别之一。据估计，水圈的质量为$1.5\times10^{18}$t，仅占地球质量的0.024%，但其体积较大，可达$1.4\times10^{9}km^{3}$。近97%的水集中在海洋中，其次为极地的冰盖和高山上的冰川，约占总水量的1.9%，其余为地下水和分布在陆地上的河流、湖泊、沼泽等各种水体（表2-1-3）。

地球上的水在太阳辐射和重力的作用下时刻都在运动着。大气圈中的水蒸气在一定高度会冷凝成云，有些云被风吹向陆地聚集起来，并以雨、雪、雹等形式降落至大陆上，其中60%~80%的水以蒸发和叶面蒸腾等形式重返大气圈，余下的水则渗入地下（地下水）或形成各种地面水体（河流、冰川等），其中绝大部分又流回海洋。海水受太阳热辐射作用会部分蒸发，形成水蒸气又进入大气圈，从而构成了规模巨大的水圈循环（图2-1-12）。

水圈在不断循环的过程中，净化了环境、调节了气候、孕育了生命，促进了地表物质的迁移和地球各圈层的能量转换。不论过去或现在都具有极其重要的意义。

**表2－1－3　地球上各类型水量估计**

| 水的类型 | 水量/$10^4km^3$ | 占总量的百分比/% |
|---|---|---|
| 海洋水 | 133800 | 96.538 |
| 陆地水 | 4797.17 | 3.461 |
| 冰川 | (2406.41) | (1.736) |
| 地下水 | (2370.00) | (1.71) |
| 湖沼水 | (18.79) | (0.0135) |
| 土壤水 | (1.65) | (0.0012) |
| 河水 | (0.21) | (0.0002) |
| 生物水 | (0.11) | (0.0001) |
| 大气水 | 1.29 | 0.001 |
| 总计 | 138598.46 | 100.00 |

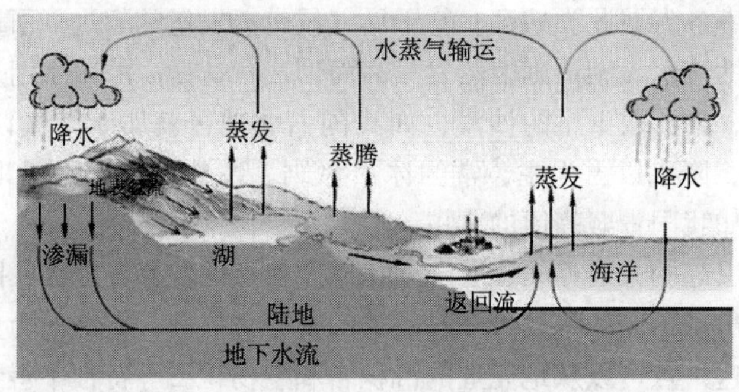


图2－1－12　水圈的循环

### 3. 生物圈

生物圈是由生物及其生命活动的地带所构成的连续圈层。由于地球存在大气圈、水圈及地表的风化层，在地球上合适的温度条件下，形成了适合于生物生存的自然环境。地球是迄今为止宇宙中唯一发现的适宜生物生存的地方，生物主要生活和分布在陆地的表面和水体层。但是，在地表以下的土壤、岩石裂缝内（一般深度<100m），某些深海底（通常海深<4000m）以及大气圈中（7～8km高度以内）都发现有生物存在的迹象。

据统计，在地质历史上曾生存过的生物约有5亿～10亿种之多。然而，在地球漫长的演化过程中，绝大部分已经灭绝。现有生存的动物约有110多万种，植物约有40多万种，微生物至少有10多万种。生物圈中的生物和有机体总量约$11.4\times10^{12}$t，为地壳总质量的$1/10^5$。生物数量虽少，但在促成地壳演变的地质作用中却起着重要的作用。例如，生物的新陈代谢可促使某些分散的元素或成分富集，并可在适当条件下沉积下来形成各种有用矿产（如铁、磷、煤、石油等）。生物还可对岩石进行风化和破坏，是改造地表面貌的重要动力之一。

## （二）地球的内部圈层构造

目前我们还不能用直接观察的方法来研究地球内部构造。通常采用地球物理方法，最主要是利用地震波的传播变化来研究地球内部构造情况。地震波分为纵波（P波）和横波

(S波)，以及表面波（L)。纵波可以通过固体和流体，速度较快；横波只能通过固体，速度较慢。表面波是由纵波和横波在地表相遇后激发产生的。地震波在不同密度和不同刚性程度的介质中传播的速度不一致，固体物质的密度越大，地震波的传播速度越快。地震波遇到两种不同物理性状介质的界面时，要产生反射与折射，能够被地震仪所接收，并供人们研究。

经过在全球多次的地震勘测研究发现，地球内部存在着地震波速度突变的若干界面。这些界面显示了地球内部物质成分的差异和物理性质的差异，具有明显的层圈状构造。

位于地表以下平均约30～40km深度，纵波速度由平均为6～7km/s，突然升到8.1km/s，这一突变具有全球性。此界面的深度在大陆高山区在50～75km之间，大陆平原区30～40km，在大洋区5～12km。这一界面是南斯拉夫学者莫霍洛维奇(A. Mohorovicic）于1909年首先发现的，被称为莫霍洛维奇面，简称**莫霍面**（Moho)。莫霍面以上部分称为**地壳**，以下部分称为**地幔**（图2-1-13)。

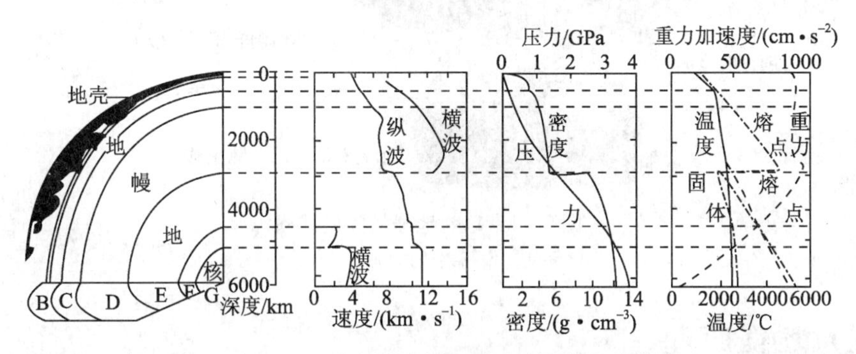


图2-1-13　地球内部的物理性质随深度变化曲线图

地震波到达50～400km深度之间有一个低速层，表明该层是一个塑性程度相对较高的圈层，称为**软流圈**。软流圈的位置各处不尽相同，大陆之下变化范围在80～250km之间，大洋之下在50～400km之间。软流圈以上的部分均为固态物质（岩石)，具有较强的刚性，称为**岩石圈**。它包括整个地壳及地幔最上部。

大概在670km的深度以后，地震波速发生明显的变化，纵波和横波的传播速度缓慢增快，曲线平滑。670km以上的部分称为上地幔，以下的部分称为下地幔。

到地下2900km深度，横波就消失了，纵波通过后其速度由原先逐渐加快的状态转变为突然减慢（由13.64km/s降为8.10km/s)。为纪念最早（1914年）研究这一界面的美国地球物理学家古登堡，将此界面称为**古登堡面**。它是高密度的固体地幔与具有液态的外核之间的幔核界面。

地球内部2900km深度以下的部分称为**地核**，在5157km处纵波又有一个突然变化，在界面处又有横波出现，表明物质的弹性特征又有了变化，显示出固态的特点。2900～5157km之间的部分称为外核，因为横波不能通过外核，所以外核是液态的。5157km以下到地球的中心称为内核。

地壳、地幔、地核只是地球内部圈层的大致划分（图2-1-14)，实际上地球内部还有一些波速特征表现非常复杂的过渡层，还有待于人们进一步深入地去研究。地球内部各层圈的物质成分及特征见表2-1-4。

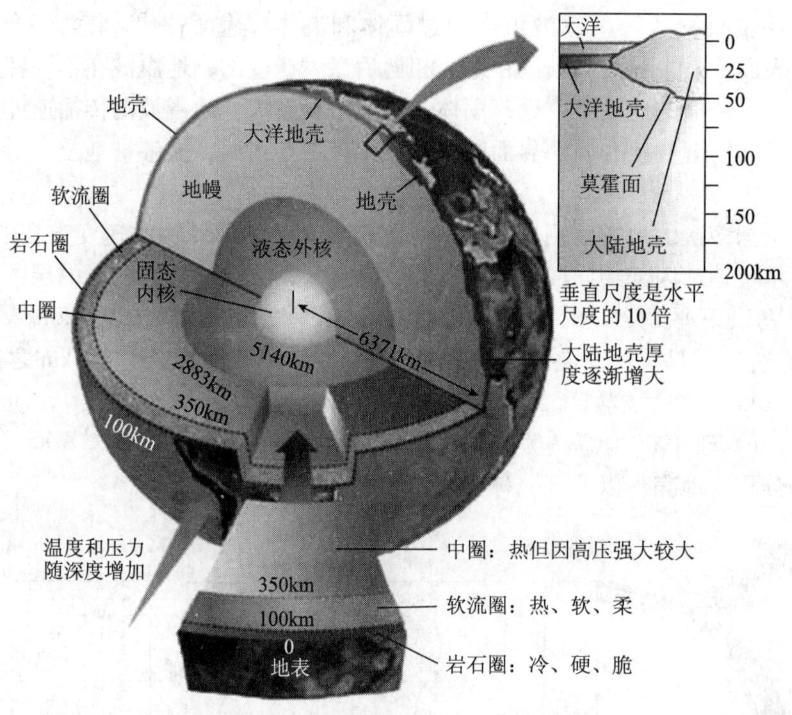


图2－1－14　地球的圈层结构

（据马宗晋，2007）

## （三）均衡原理

根据勘测研究发现，地壳厚度各处不一。不仅陆壳和洋壳厚度相差很大，而且不同地区陆壳的厚度也有明显区别。一般地势越高的地方，地壳越厚（莫霍面低）；地势越低的地方，地壳越薄（莫霍面高，图2－1－15）。

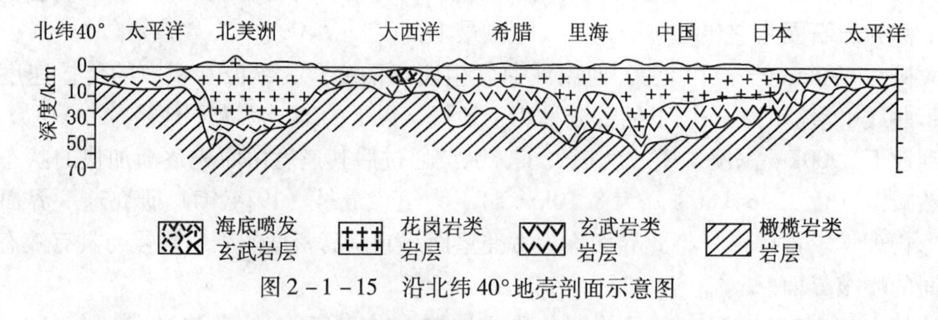


图2－1－15　沿北纬40°地壳剖面示意图

这一发现导致了对地壳均衡补偿理论的探索。英国学者普拉特（J. Pratt，1854）和艾利（G. B. Airy，1855）分别提出了两种截然不同的模型。

**普拉特模型（密度补偿模型）**：认为地壳下面存在一个均衡面，均衡面以下的物质密度是均一的，均衡面以上，物质的密度不均一，为了保持均衡面上物质的均衡，密度小的地方地势高，密度大的地方地势低。尤如把面积相同、质量相同，但密度不同的物体放在液体中，在重力作用下，物体的下界保持在同一水平面上，而上界却高低不平（图2－1－16A）。他认为这就是地壳在高山地区密度小于平原区密度的原因。

**表2-1-4　地球内部圈层及其特征**

| 圈层名称 | | | 特征 | |
|---|---|---|---|---|
| 地壳 | | 岩石圈 | 1. 是由岩石组成的地球外壳。上部花岗质层（硅铝层）平均密度为2.7g/cm³，下部玄武质层（硅镁层）平均密度为3.3g/cm³<br>2. 大陆地壳平均厚33km（最厚>70km），广泛分布有沉积岩、岩浆岩、变质岩，最老的岩石年龄为42亿年，具有硅铝层和硅镁层；大洋地壳平均厚8km（最薄<3km），主要为中生代（2.5亿年）以来的玄武岩类及沉积物（岩），只有硅镁层没有硅铝层<br>3. 是所有地质作用的场所，也是目前地质学研究的主要对象 | |
| | | | 平均30~40km　莫霍面 | |
| 地幔 | 上地幔 | 岩石圈 | 为坚硬岩石，与地壳共同构成地球外层 | 共同特征：超铁镁质岩石，平均密度：3.5g/cm³ |
| | | | 60km± | |
| | | 软流圈 | 地震横波传播速度明显降低，<10%的岩石处于熔融状态，其强度降低、塑性增加，物质发生蠕变，并缓慢流动，是岩浆的发源地，也是构造运动的动力源 | |
| | | | 250km± | |
| | | | 地震波速迅速增加，物质密度增大，由3.64g/cm³增至4.64g/cm³ | |
| | | | 670km | |
| | 下地幔 | | 地震波速平缓增加，密度为5.1g/cm³，化学成分与上地幔相似，铁的含量增加 | |
| | | | 2900km　古登堡面 | |
| 地核 | 外核 | | 平均密度10.5g/cm³，地震纵波速度急剧降低，横波消失，推测为液态，温度约3000℃，压力大于3×10¹¹Pa | |
| | | | 4642km | |
| | 过渡层 | | 纵波速度加快，推测其物质从液态过渡到固态 | |
| | | | 5157km | |
| | 内核 | | 纵波突然加速，并出现由纵波转换成横波，表明物质为固态，平均密度12.9g/cm³，与陨石相似，推测内核物质主要为铁、镍，故称为铁镍核 | |

**艾利模型（深度补偿模型）**：认为地球表层各处的物质组成是相同的，地壳和其下伏地幔的关系如同木块浮在水面上的关系那样：如果地表某处的高程比其他地区高出越多，它往下插的深度就会比其他地区大得越多；一般而言，如果某个地区的岩石块体显示出较高的地表高程，其地下的“根”也会比其他块体要向下扎得更深一些。这就是艾利提出的均衡说，又称山根说（图2-1-16B）。

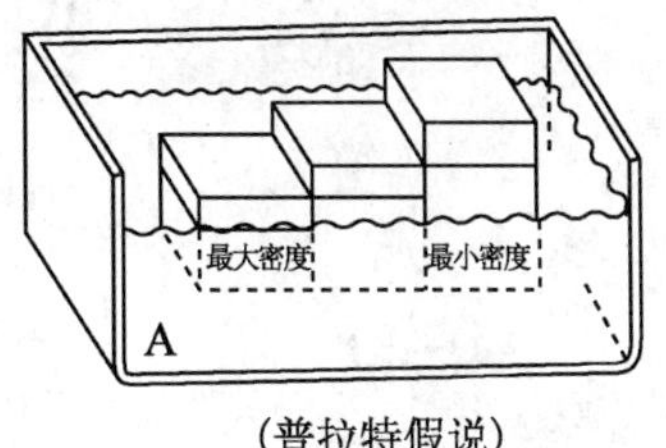

（普拉特假说）

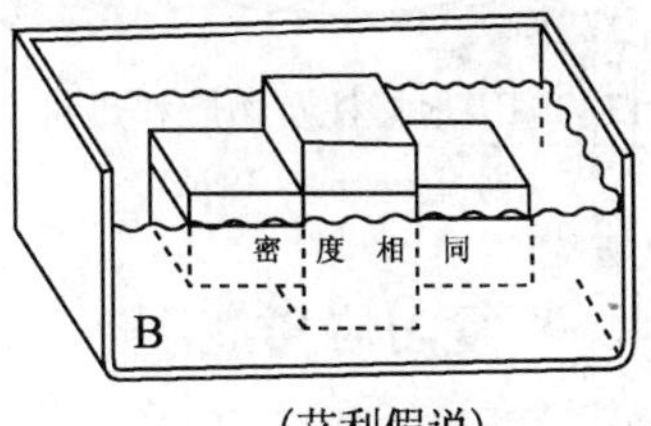

（艾利假说）

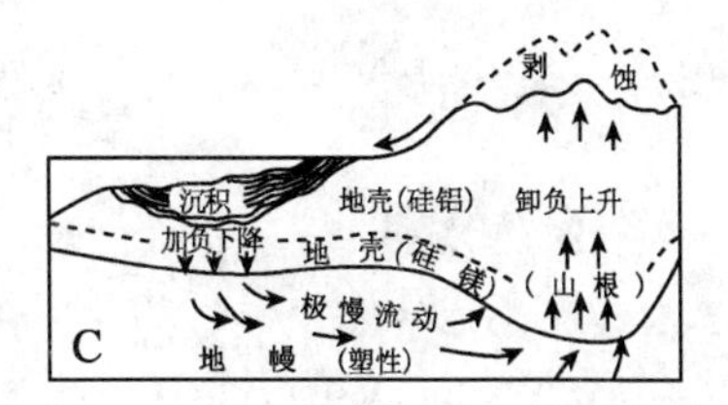


图2-1-16　地壳均衡补偿模型机制示意图
（据成都地质学院普通地质学教研室，1978）

现代研究表明，实际地壳均衡补偿过程比这两种理想模型都要复杂，应该是这两者按一定比例结合的结果。因为地壳确实存在着（如普拉特模型所指出的）横向物质分布的不均一性，但地表显示的陆洋地形高差，则部分是由密度补偿（约占37%），部分是由深部补偿（约占63%）的结果。

应该指出，虽然大陆与大洋在重力上是均衡的，山区与平原在重力上也是均衡的，但是这种均衡总是暂时的和相对的。因为大陆是剥蚀区，特别是山区，其剥蚀速度快，剥蚀强烈，岩石不断被破坏。破坏产物不断被搬运到低地或海洋之中堆积下来，增加这些地区的负荷，其结果是轻者上浮，重者下沉，原有的均衡被破坏，引起地壳的升降运动（图2－1－16C）。特别是构造运动、地热以及壳幔物质的交换等因素都会打破原有的地壳均衡，形成新的均衡。所以均衡原理对了解地球的动力作用是十分重要的。

## （四）不同圈层间的物质－能量交换

前已述及，地球各圈层之间的物质与能量状态存在着较大差异，必然会导致圈层相互作用和物质能量的迁移交换。例如，热量总是由高温区向低温区传导，高温体上升，低温体下沉。核－幔边界由于温度差积累的巨型热流体，形成跨越核－幔和壳－幔两大界面，行程近3000km上升的超级热幔柱，推动岩石圈板块离散性漂移，地幔物质上涌侵入地壳或喷出地表，改造了原有的地壳组构并使之垂向增生。另一方面向下俯冲的岩石圈冷物质下沉，挤压造山带地壳增厚诱发的重力失稳引起了**拆沉或去根作用**，在地幔被熔融，成为地幔物质重新加入地幔的对流循环（图2－1－17）。壳－幔－核之间物质－能量交换是地球岩石圈运动的动力，是当今地球动力学理论研究框架的核心（详见学习情境2中的学习任务3）。

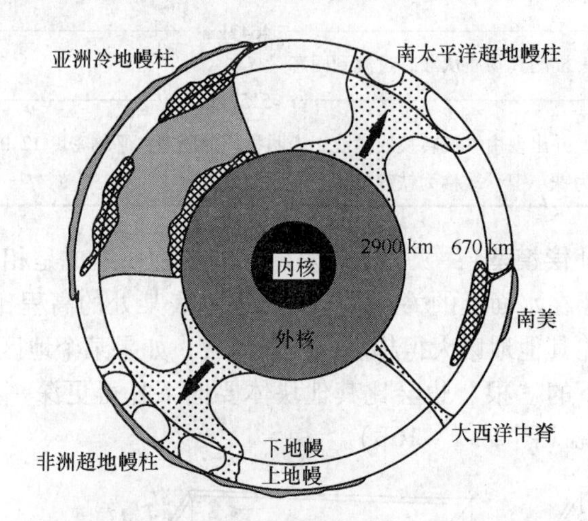


图2－1－17　超级地幔柱及物质和热对流示意图

（据Maruyama，1994）

## 复习思考题

1. 地球表面的主要形态有哪些？
2. 地球的主要物理性质有哪些？何谓磁法勘探、地热勘探、重力勘探、地震勘探？
3. 地球外部有哪些圈层？
4. 地球内部有哪些圈层？内部圈层主要是依据什么来划分的？
5. 何谓地壳、岩石圈、软流圈？陆壳与洋壳有何差别？
6. 简述造成地球各圈层之间的物质－能量交换的原因。

# 学习任务 2　地壳物质组成的识别

**【任务描述】** 地质工作最直接的工作对象是岩石圈，包括地壳和上地幔顶部。顾名思义，岩石圈是由岩石组成的，岩石是由矿物组成的，而矿物又是由各种元素组成的。所以要了解和认识地壳的物质组成首先必须从元素、矿物与岩石入手，矿物、岩石的识别是地质工作最基本的知识和技能，涉及地质工作任务的方方面面。

**【学习目标】** 了解地壳的物质组成，理解地壳中化学元素、矿物、岩石的关系；重点掌握组成地壳的矿物与岩石的概念及分类；初步掌握矿物的形态、主要物理性质及肉眼鉴定的一般方法。为后续课程矿物、岩石鉴定打下基础。

**【知识点】** 化学元素、克拉克值、矿物、岩石；矿物的形态、主要物理性质的识别特征。

**【技能点】** 矿物、岩石的识别方法；常见矿物的识别。

## 一、组成地壳的化学元素

化学元素周期表中有 112 种元素，其中 92 种元素以及 300 多种同位素在地壳中存在。但是，不同元素在地壳中的含量却不相同。有的元素含量很高，有的元素含量却微乎其微。目前已知，含量最高和含量最低的元素，其含量可以相差 $10^{18}$ 倍。美国学者克拉克（F. W. Clark）从 1882 年起，就对地壳中元素的含量进行了系统的计算。他和华盛顿（H. S. Washington）先后在对 5159 个岩石样品精确分析的基础上，于 1924 年最先给出了地壳 16km 厚度内 50 种元素的平均含量值。随着取样的全面性和具代表性，以及分析技术的提高，元素在地壳中的分布量计算日益精确。许多学者根据自己的研究，对该数据进行了补充和修正。为了纪念克拉克的功绩，国际上决定把各种元素在地壳中的质量分数称为**克拉克值**（一般含量 >1% 的元素称为常量元素，数值常用% 表示；微量元素的数值用 g/t 或 $10^{-6}$ 即百分之一表示，过去也记作 ppm）（表 2－2－1）。

表 2－2－1　地壳主要元素质量分数（$w_B$/%）

| 元素 | 代号 | 质量分数 | 元素 | 代号 | 质量分数 |
|---|---|---|---|---|---|
| 氧 | O | 46.30 | 钠 | Na | 2.36 |
| 硅 | Si | 28.15 | 钾 | K | 2.09 |
| 铝 | Al | 8.23 | 镁 | Mg | 2.33 |
| 铁 | Fe | 5.63 | 钛 | Ti | 0.57 |
| 钙 | Ca | 4.15 | 氢 | H | 0.15 |

（引自刘英俊等，1984）

上表可见，地壳中的各种化学元素分布是极不均匀的：O、Si、Al、Fe、Ca、Na、K、Mg、Ti、H 10种元素就占了地壳总量的99%，而其他元素的总和还不到总量的1%。

由于地质作用使某些元素发生分散或富集，所以在一些地区，某些元素的含量可高于克拉克值，在另一些地区则可能低于克拉克值。如果某些有用元素的含量远远高于克拉克值，并可被开采利用时就成为矿产。

地壳中的化学元素绝大部分是以矿物的形式存在的，再由矿物有规律地组合而成各种岩石。地质学就是通过对矿物、岩石的分析、鉴定来认识地壳的物质组成。

## 二、如何识别矿物

**矿物**是天然产出的元素的单质或化合物，具有一定的化学成分和物理性质，是组成岩石或矿石的基本单元。

所谓天然产出的，是指在地球中由各种地质作用形成。任何一种矿物，只稳定于一定的地质条件，当地质环境发生改变，矿物也将随着发生改变，从一种矿物变为另一种矿物，即原有矿物消失，新矿物形成。来自天体的陨石，其成分只能叫“陨石矿物”或“宇宙矿物”；实验室中合成的，只能叫“人造矿物”。

矿物具有一定的化学成分和物理性质，这是因为其内部的质点（原子、离子等）呈有规律地排列的结果。这种有规律排列的固体，称为**晶（质）体**。因此，矿物的成分可用化学式表示，如金刚石的化学式为C，石英为$SiO_2$，方解石为$CaCO_3$。有规律排列的质点，相互间的结合力就是化学键。化学键性不同构成不同的晶格类型。因此，化学成分、化学键和晶体结构就决定了矿物的形态及物理性质。不同的矿物形态和物理性质是识别和鉴定矿物的重要标志。

### （一）矿物形态的识别特征

天然矿物的晶体形态是多种多样的，是由原子、离子、分子等基本质点在空间按一定规律排列的结果，因而其外形具有多面体（图2－2－1A，B）。根据晶体形态可以区别一些矿物，如黄铁矿、石盐常呈六面体，云母呈六方片状、石英呈柱状等。由于生长条件不好，许多晶面发育不完整，从而形成不规则外形。矿物形态在空间的发育特征可归纳为：

一向延伸型：呈柱状或针状的晶形，如石英、辉锑矿、角闪石等（图2－2－1C）

二向延展型：呈片状或板状的晶形，如石膏和云母等（图2－2－1D）

三向等长型：呈粒状，如呈立方形的黄铁矿等

自然界的矿物很少以单独晶体出现，多以各种形式组合出现。当同种矿物由两个或多个晶体以一定对称规律连生在一起时，则形成**双晶**；若干个晶体在共同的基座上丛生在一起，称为**晶簇**（图2－2－1E）；另外还有粒状、纤维状、鳞片状等集合体（图2－2－1F）。由胶体凝聚而成的矿物常呈结核状、鲕状、豆状、肾状和钟乳状等形态。

### （二）矿物物理性质的识别特征

矿物的主要物理性质有光学性质、力学性质以及磁性、压电性，等等，这些性质是肉

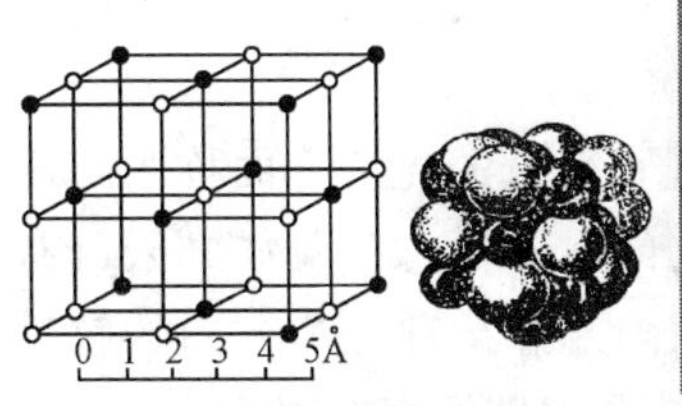


A. 石盐（NaCl）的结晶构造

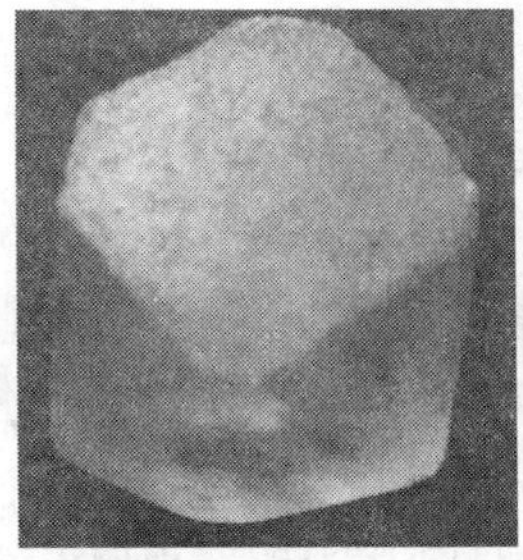

B. 石盐

C. 辉锑矿

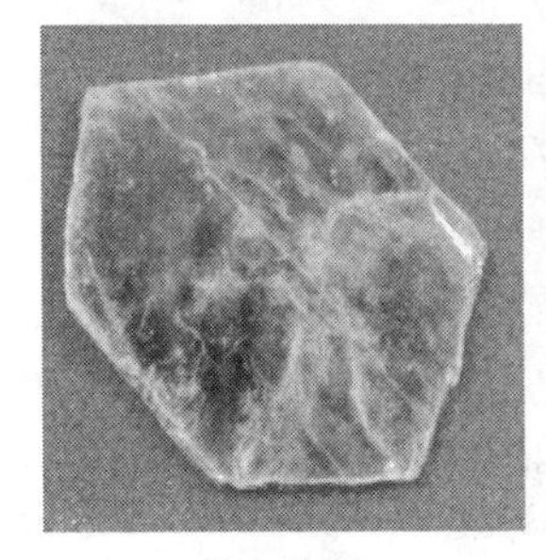

D. 云母

E. 石英晶簇

F. 石榴子石粒状集合体

图2-2-1　矿物的形态

（黄体兰提供）

眼鉴定矿物的主要依据。

**1. 矿物的光学性质**

矿物的光学性质有颜色、条痕、光泽和透明度等。它是矿物对可见光的吸收、反射和透射等的程度不同所致，与矿物的化学成分和晶体结构密切相关。

**颜色：**是矿物吸收可见光后所呈现的色调。如对各种波长可见光不同程度地均匀吸收，则显出白、灰、黑等颜色；如矿物选择性吸收某些波长的可见光，矿物则显示出红、橙、黄、绿等各种鲜艳的颜色。某些矿物由于外来原因而呈现出不固定的颜色，如透明矿物石英为无色，混有杂质后可出现红、黄、黑等各种颜色。

**条痕：**是矿物粉末的颜色，通常是用矿物在毛瓷板上刻划来观察。透明矿物的粉末因可见光已全反射而呈白色或无色，不透明的金属矿物的条痕色比较固定。条痕色与矿物颜色可以一致（如磁铁矿）也可以不一致（如黄铁矿），是鉴定矿物的重要依据之一。

**透明度：**是指光线透过矿物的程度（以0.03mm厚度为标准，通常在矿物碎片边缘观察）。可分为透明（如水晶）、半透明（如闪锌矿）和不透明（如黄铁矿）三个等级。

**光泽：**是矿物表面对可见光的反射能力。按光泽的强弱分为：

金属光泽：如方铅矿、黄铜矿

半金属光泽：如磁铁矿、黑钨矿

金刚光泽：如金刚石、闪锌矿

玻璃光泽：如石英、长石、方解石

金刚光泽和玻璃光泽等合称为非金属光泽，是透明矿物所具有的光泽。当它们受其他物理原因的影响时，能产生一些特殊形象的光泽，如石英断口的油脂光泽、云母解理面的珍珠光泽、纤维状矿物（石膏）的丝绢光泽等。

**2. 矿物的力学性质**

矿物的力学性质包括解理、断口、硬度等，它是矿物受外力作用后的反映，与矿物的晶体结构等有关。

**解理**：是矿物受力后沿着一定方向裂开的能力，称为解理。裂开的光滑平面称为解理面。不同矿物产生解理的能力不同，故解理的特征是识别矿物的重要标志。例如，云母有一个方向的极完全解理（一组），沿此方向极易分裂成为薄片；方解石有三个方向的解理（三组），故受力打击后极易沿该三个方向破裂成为菱形小块。按照解理发育的程度，分为：

极完全解理：云母（一组）

完全解理：萤石（四组）、方解石（三组）、方铅矿（三组）

中等解理：辉石（两组）、角闪石（两组）

不完全解理：磷灰石、绿柱石

极不完全解理（无解理）：石英、石榴子石

矿物受力后沿任意方向裂开成凹凸不平的断面称为断口。常见的有：

贝壳状断口：石英　　　　锯齿状断口：自然铜

参差不齐断口：黄铁矿　　土状断口：高岭土

一般解理发育的矿物无断口（图2-2-2）。

A. 云母极完全解理（一组）

B. 方解石完全解理（三组）

C. 萤石完全解理（四组）

D. 石英贝壳状断口

图2-2-2　几种矿物的解理

（黄体兰提供）

**硬度**：是矿物抵抗外力如刻划、压入或研磨的能力。测量矿物硬度的绝对值需要专用设备。为了应用方便，1824年奥地利矿物学家摩氏（Mohs），选择了十种常见的不同硬度的矿物，作为十个硬度级别的标准，用将要鉴定的矿物与其相互刻划进行比较，从而确定该矿物的相对硬度，称为摩氏硬度计（以下所指硬度均指摩氏硬度）。按硬度由小到大的排序，依次为：

1. 滑石，2. 石膏，3. 方解石，4. 萤石，5. 磷灰石
6. 长石，7. 石英，8. 黄玉，9. 刚玉，10. 金刚石

在实际工作中，常用随身工具进行比较确定：手指甲（硬度约为2.5）、小刀（约为5.5）、玻璃（约为6）。

**3. 矿物的相对密度**

指矿物的重量与4℃时同体积水的重量之比，习惯称为比重。在肉眼鉴定矿物时，一般凭经验用手掂量大致估计。分为三种：

轻矿物：相对密度2.5以下，如石盐、石膏
中等密度矿物：相对密度2.5~4，如正长石、角闪石
重矿物：相对密度4以上，如黄铁矿、方铅矿

**4. 矿物的其他物理性质**

矿物除力学、光学和密度性质外，还有其他物理特性。如某些矿物具有磁性（如磁铁矿等）、导电性、压电性（部分石英）、发光性、延展性、柔性、脆性、弹性、挠性，甚至利用味觉、嗅觉、触觉等都可以大致鉴定矿物。

## （三）常见矿物的识别特征

自然界目前已知的矿物有3000余种，常见的矿物仅200余种。按矿物的化学成分可分为五大类，即自然元素、硫化物及其类似化合物、氧化物和氢氧化物、含氧盐及卤化物。其中以含氧盐中的硅酸盐矿物（如斜长石、钾长石、辉石、角闪石、云母、橄榄石和黏土矿物等）及氧化物中的石英最多，约占矿物总量的91%，这些矿物是组成岩石的主要矿物，称为**造岩矿物**。当岩石中一些矿物富集（如磁铁矿），达到开采利用时，这些矿物称为有用矿物或矿石矿物。

**1. 自然元素矿物**

在自然界呈元素单质状态产出。已知的自然元素矿物约50多种，包括金、银、铜、铂等金属元素矿物以及砷、锑、铋、碲、硒等半金属元素矿物和硫、碳等非金属元素矿物。此类矿物较稀少，其中较重要的矿物有自然金（Au）、自然铂（Pt）、自然银（Ag）、金刚石（C）和石墨（C）等。

*石墨* C

常为鳞片状集合体，有时为块状或土状。颜色与条痕均为黑色，可污手。半金属光泽。有一组极完全解理，易劈开成薄片。硬度1~2，指甲可刻划。有滑感。相对密度为2.2。

**2. 硫化物矿物**

阴离子主要是硫，其阳离子一般是亲铜元素和过渡元素，如 Cu、Pb、Zn、Sn、Ag、Sb 等。已知的硫化物矿物约有 300 余种，估计占地壳质量的 0.25%。硫化物常富集形成有工业意义的矿床，是有色金属及部分稀有金属的主要矿物原料。

*黄铁矿*　$FeS_2$

晶体呈立方体或五角十二面体，大多呈块状集合体。立方体的晶面上常有三组互相垂直的、平行的细条纹。颜色为浅黄铜色，条痕为绿黑色。金属光泽。硬度 6～6.5。性脆，断口参差状。相对密度 5。

*黄铜矿*　$CuFeS_2$

常为致密块状或粒状集合体。颜色铜黄，条痕为绿黑色。金属光泽。硬度 3～4，小刀能刻动。性脆，相对密度 4.1～4.3。导电性好。黄铜矿以颜色较深且硬度小可与黄铁矿相区别。

*方铅矿*　PbS

单晶体常为立方体，通常成致密块状或粒状集合体。颜色铅灰，条痕为灰黑色。金属光泽。硬度 2～3。有三组互相垂直的解理，沿解理面易破裂成立方体。相对密度 7.4～7.6。

*闪锌矿*　ZnS

常为致密块状或粒状集合体。颜色自浅黄到棕黑色不等（因含 Fe 量增高而变深），条痕为白色到褐色。光泽自油脂光泽到半金属光泽。透明至半透明。硬度 3.5～4，解理完全，相对密度 3.9～4.1（随含铁量的增加而降低）。

**3. 氧化物和氢氧化物类矿物**

矿物的阴离子为 O 或（OH）；阳离子主要为亲氧元素 Al、Si、Mg 等，过渡元素 Fe、Mn、Ti、V 等以及亲铜元素 Cu、Zn、Sn 等。已知此类矿物约有 200 余种，其中以石英（$SiO_2$）最多，约占地壳质量的 12.6%；铁的氧化物约占 3%～4%。本类矿物是工业上黑色金属，轻金属及部分稀有、稀土元素的主要来源。一些氧化物可直接作为重要的工业原料和工艺原料。

*石英*　$SiO_2$

常发育成单晶并形成晶簇，或成致密块状或粒状集合体。纯净的石英无色透明，称为水晶（图 2-2-3A）。石英因含杂质可呈各种色调。例如含 $Fe^{3+}$ 呈紫色者，称为紫水晶；含有细小分散的气态或液态物质呈乳白色者，称为乳石英。石英晶面为玻璃光泽，断口为油脂光泽，无解理。贝壳状断口。硬度 7。相对密度 2.65。隐晶质的石英称为石髓（玉髓），常呈肾状、钟乳状及葡萄状等集合体。一般为浅灰色、淡黄色及乳白色，偶有红褐色及苹果绿色。微透明。具有多色环状条带的称**玛瑙**。

*赤铁矿*　$Fe_2O_3$

常为致密块状、鳞片状、片状、鲕状、豆状、肾状及土状集合体。显晶质的赤铁矿为铁黑色到钢灰色，隐晶质或肾状、鲕状者为暗红色（图 2-2-3B），条痕呈樱红色。金属、半金属到土状光泽。不透明。硬度 5～6，土状者硬度低。无解理。相对密度 4.0～5.3。

*磁铁矿*　$Fe_3O_4$

常为致密块状或粒状集合体，也常见八面体单晶。颜色为铁黑色，条痕为黑色。半金属光泽。不透明。硬度5.5～6.5。无解理。相对密度5。具强磁性。

*黑钨矿*　（Mn，Fe）$WO_4$

是由钨铁矿（$FeWO_4$）和钨锰矿（$MnWO_4$）组成的类质同象系列的中间产物，又名钨锰铁矿。常呈板状晶体，褐黑至黑色，条痕黄褐－暗褐色，金刚－半金属光泽，一组完全解理，硬度4～4.5。相对密度7.18～7.51，随Fe的含量增加，黑钨矿的颜色及条痕加深，硬度增高，相对密度增大，富含Fe者具弱磁性（图2－2－3C）。

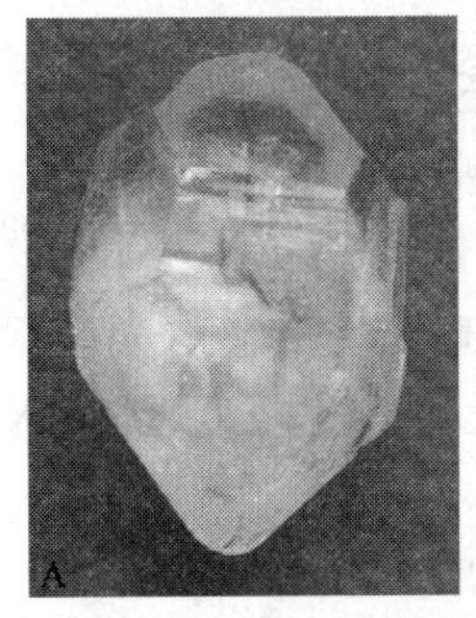

图2－2－3　石英晶体（A）、肾状赤铁矿（B）和板状黑钨矿（C）
（黄体兰提供）

*褐铁矿*

是多种矿物的混合物，主要成分是含水的氧化铁（$Fe_2O_3 \cdot nH_2O$），并含有泥质及$SiO_2$等。褐至褐黄色，条痕黄褐色。常呈土块状、葡萄状。硬度不一。

**4. 卤化物类矿物**

是卤族元素（F、Cl、Br、I）与K、Na、Ca、Mg等元素化合而成。其种类较少，在地壳物质组成中所占的地位较次要。常见矿物有石盐（NaCl）、钾盐（KCl）、光卤石（$MgCl \cdot KCl \cdot 6H_2O$）和萤石（$CaF_2$）等，它们都是工业上的重要矿物原料。

*萤石*　$CaF_2$

具立方体及八面体单晶形，常能形成块状及粒状集合体。颜色多样，有紫红、蓝、绿和无色等。透明。玻璃光泽。硬度4。四组完全解理，常沿解理面破裂成八面体小块。相对密度3.18。

**5. 含氧盐类矿物**

含氧盐是各种含氧酸根与金属阳离子的盐类化合物。它们约占已知矿物总数的2/3，是地壳中分布最广泛、最常见的一大类矿物。它包括有硅酸盐、碳酸盐、硫酸盐、磷酸盐等。通常为玻璃光泽，少数为金刚光泽、半金属光泽。不导电，导热性差。

（1）*硅酸盐矿物*

在自然界分布极为广泛，矿物种类最多，约占矿物总数的1/4，是三大类岩石的主要造岩矿物，同时也是工业所需的多种金属和非金属的矿物资源，还有不少是珍贵的宝石矿物。

本类矿物一般为透明矿物。具玻璃－金刚光泽。颜色取决于阳离子的种类，含Fe愈高颜色愈深，含 Cr、Ti、Mn、Ni 则使矿物显彩色。

*橄榄石*　$(Mg, Fe)_2[SiO_4]$

常为粒状集合体。浅黄绿到橄榄绿色，随含铁量增高而加深。玻璃光泽。解理不发育。硬度6~7。相对密度3.2~4.4，随含铁量增高而增大。

*石榴子石*　$X_3Y_2[SiO_4]_3$

常形成等轴状单晶体，集合体呈粒状和块状。浅黄白、深褐到黑色（一般随含铁量增高而加深）。玻璃光泽。硬度6~7.5。无解理。断口为贝壳状具树脂光泽。相对密度4左右。

*红柱石*　$Al_2[SiO_4]O$

单晶体呈柱状，横切面近于正方形，集合体呈放射状，俗称菊花石。常为灰白色及肉红色。玻璃光泽。硬度6.5~7.5。有平行柱面方向的解理发育。相对密度3.13~3.16。

*蓝晶石*　$Al_2[SiO_4]O$

单晶体常呈长板状或刀片状。常为蓝灰色或白色。玻璃光泽，解理面上有珍珠光泽。有平行板理的极完全解理。平行延长方向的硬度小于小刀，垂直延长方向的硬度大于小刀。相对密度3.53~3.65。

*绿帘石*　$Ca_2(Al, Fe)_3[SiO_4]O(OH)$

单晶体为短柱状，集合体为粒状或块状。绿色，色调随含铁量增加而变深。玻璃光泽。硬度6~6.5。有平行柱状方向的解理。相对密度3.38~3.49。

*透辉石*　$CaMg[Si_2O_6]$

单晶体为短柱状，横切面多近于正方形，集合体为粒状。无色，因含铁质可染成不同程度的绿色。玻璃光泽。硬度5.5~6。有平行柱状方向的两组中等解理发育，交角为87°。相对密度3.22~3.38。

*普通辉石*　$(Ca, Mg, Fe, Al)_2[(Si, Al)_2O_6]$

单晶体为短柱状，横切面呈近正八边形（图2-2-4A），集合体为粒状。绿黑色或黑色。玻璃光泽。硬度5.5~6.0。有平行柱状方向的两组解理，其交角为87°。相对密度3.2~3.4。

*透闪石*　$Ca_2Mg_5[Si_4O_{11}]_2(OH)_2$

单晶体为长柱状，集合体为纤维状及放射状。白色或灰白色，富含铁质者呈绿色，称为阳起石。硬度5~6。有平行柱状方向的两组中等到完全解理，其交角为56°。相对密度3.02~3.44，随含铁量增高而变大。

*普通角闪石*　$(Ca, Na)_{2-3}(Mg, Fe, Al)_5[Si_6(Si, Al)_2O_{22}](OH, F)_2$

单晶体较常见，为长柱状。横切面呈六边形，经常还以针状形式出现。绿黑色或黑色。玻璃光泽。硬度5~6。有平行柱状的两组解理，交角为56°（图2-2-4B）。相对密度3.02~3.45，随着含 Fe 量增高而加大。

*硅灰石*　$Ca_2[Si_2O_6]$

多为放射状及纤维状集合体。白到灰白色。玻璃光泽。硬度4.5~5。有平行长轴方向的完全解理。相对密度2.87~3.09。

*滑石*　$Mg_3[Si_4O_{10}](OH)_2$

单晶体为片状，通常为鳞片状、放射状、纤维状、块状等集合体。无色或白色。解理

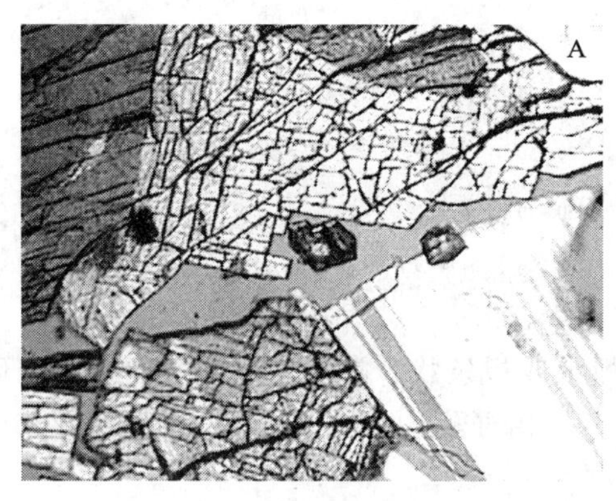

图2-2-4　辉石晶体（A）和角闪石晶体（B）的解理（显微镜下）
（黄体兰提供）

面上为珍珠光泽。硬度1。平行片状方向有极完全解理。有滑感。薄片具挠性。相对密度2.58～2.55。

*蛇纹石*　$Mg_6[Si_4O_{10}](OH)_8$

一般为细鳞片状、显微鳞片状以及致密块状集合体，呈纤维状集合体者称蛇纹石石棉。黄绿色，或深或浅。块状者常具油脂光泽，纤维状者为丝绢光泽。硬度2.5～3.5。相对密度2.83。

*高岭石*　$Al_4[Si_4O_{10}](OH)_8$

一般为土块或块状集合体。白色，常因含杂质而呈其他色调。土状者光泽暗淡，块状者具蜡状光泽。硬度2。相对密度2.61～2.68。具有可塑性。

*白云母*　$KAl_2[AlSi_3O_{10}](OH, F)_2$

单晶体为短柱状及板状，横切面常为六边形。集合体为鳞片状。其中晶体细微者称为绢云母。薄片为无色透明。具珍珠光泽。硬度2.5～3。有平行片状方向的极完全解理，易撕成薄片，具弹性。相对密度2.77～2.88。

*黑云母*　$K(Mg, Fe)_3[AiSi_3O_{10}](OH, F)_2$

单晶体为短柱状、板状，横切面常为六边形，集合体为鳞片状。棕褐色或黑色，随含Fe量增高而变暗。其他性质与白云母相似。相对密度2.7～3.3。

*绿泥石*　$(Mg, Al, Fe)_6[(Si, Al)_4O_{10}](OH)_8$

常呈鳞片状集合体。绿色，深浅随含铁量增减而不同。解理面上为珍珠光泽。有平行片状方向的解理。硬度2～3。相对密度2.6～3.3。薄片具挠性。

*长石*

长石是地壳中分布最广的一类矿物，约占地壳质量的50%。长石包括三个基本类型：

*钾长石*　$K[AlSi_3O_8]$　（代号Or）

*钠长石*　$Na[AlSi_3O_8]$　（代号Ab）

*钙长石*　$Ca[Al_2Si_2O_8]$　（代号An）

钾长石与钠长石因其中含有碱质元素Na与K，故称碱性长石。钠长石与钙长石常按不同比例混溶在一起，组成类质同象系列，统称为斜长石。

| | | |
|---|---|---|
| 钠长石 | $Ab_{100\sim90}An_{0\sim10}$ | 酸性斜长石 |
| 更长石 | $Ab_{90\sim70}An_{10\sim30}$ | |
| 中长石 | $Ab_{70\sim50}An_{30\sim50}$ | 中性斜长石 |
| 拉长石 | $Ab_{50\sim30}An_{50\sim70}$ | 基性斜长石 |
| 培长石 | $Ab_{30\sim10}An_{70\sim90}$ | |
| 钙长石 | $Ab_{10\sim0}An_{90\sim100}$ | |

斜长石有许多共同的特征。如单晶体为板状或板条状。常为白色或灰白色。玻璃光泽。硬度6 ~6.52。有两组解理，彼此近于正交。相对密度2.61 ~2.75，随钙长石成分增大而变大。

钾长石包含正长石、钾微斜长石、透长石及冰长石等变种，它们的化学成分相同，仅结构略有差别。其中常见的是正长石。晶体常为柱状或板柱状。常为肉红色、土黄色，有时为灰白色。玻璃光泽。硬度6。有两组相互垂直的解理。相对密度2.54 ~2.57。

(2) *碳酸盐类矿物*

本类矿物在自然界约有100余种，是主要的非金属矿物原料，亦是提取Fe、Mg、Mn、Zn、Cu等金属元素及放射性元素Th、U和稀土元素的主要矿物原料来源。分布最广的矿物为方解石和白云石，多数碳酸盐矿物为浅色，若含色素离子（Cu、Mn等）则显彩色，常具非金属光泽，硬度不大（ <4.5）。

*方解石*　$CaCO_3$

常发育成单晶，或晶簇、粒状、块状、纤维状及钟乳状等集合体。纯净的方解石无色透明，因杂质渗入而常呈白、灰、黄、浅红（含Co，Mn）、绿（含Cu）、蓝（含Cu）等色。玻璃光泽。硬度3。解理完全，易沿解理面裂成为菱面体。相对密度2.72。遇冷稀盐酸强烈起泡。

*白云石*　$(Ca,Mg)CO_3$

单晶为菱面体，通常为块状或粒状集合体。一般为白色，因含Fe常呈褐色。玻璃光泽。硬度3.5 ~4。解理好。相对密度2.86，含铁高者可达2.9 ~3.1。

白云石以在冷稀盐酸中反应微弱，以及硬度稍大而与方解石相区别。

*孔雀石*　$Cu_2CO_3(OH)_2$

常呈纤维状集合体及晶簇状、肾状、葡萄状、皮壳状、粉末状等，一般具深浅不同的绿色，条痕浅绿色。玻璃光泽，纤维状具丝绢光泽。硬度3.5 ~4。相对密度4 ~4.5。加盐酸起泡。

(3) *磷酸盐类矿物*

磷酸盐类矿物是络阴离子$[PO_4^{3-}]$。与Ca、Pb、Fe、Cu、Co、Ni等阳离子的化合物。一般呈浅色，玻璃光泽，硬度较大（ >4），密度中等，常见的矿物为磷灰石。

*磷灰石*　$Ca_5[PO_4]_3(F,Cl,OH)$

晶体为六方柱状，集合体为块状、粒状、结核状等。纯净磷灰石为无色或白色，但少见。一般呈黄绿色。可以出现蓝色、紫色及玫瑰红色等。玻璃光泽。硬度5。断口参差状。断面为油脂光泽。相对密度2.9 ~3.2。以结核状出现的磷灰石称磷质结核。用含钼酸铵的硝酸溶液滴在磷灰石上，有黄色沉淀（磷钼酸铵）析出，是鉴别磷灰石的重要方法。

（4）硫酸盐类矿物

硫酸盐类矿物在自然界约260种，是非金属矿物原料的主要来源。硫酸盐矿物多为灰白色或无色，含Cu、Fe则呈现彩色。多数为玻璃光泽，透明至半透明，一般硬度较低，密度不大，解理发育，多数矿物易溶于水。常见的硫酸盐矿物有石膏、重晶石（$BaSO_4$）等。

石膏　$CaSO_4 \cdot 2H_2O$

单晶体常为板状，集合体为块状、粒状及纤维状等。为无色或白色。有时透明。玻璃光泽，纤维状石膏为丝绢光泽。硬度2。一组极完全解理，易沿解理面劈开成薄片。薄片具挠性。相对密度2.30~2.37。

## 三、岩石的识别

**岩石**是天然形成的，由一种或多种矿物（包括火山玻璃、生物遗骸、胶体等）组成的固态集合体。

### （一）岩石的识别方法

岩石是地球发展到一定阶段、由各种地质作用形成的产物。不同的岩石具有不同的矿物成分、结构和构造，它们是识别岩石的主要依据。

**1. 矿物成分的识别**

组成岩石的矿物很少为单独一种矿物，大多为数种矿物组成。主要矿物有斜长石、钾长石、石英、辉石、角闪石、云母、橄榄石、方解石和黏土矿物等，占总量的90%以上，称为造岩矿物。不同岩石的矿物成分不同，每一种矿物含量不同。因此，在野外工作中首先要识别岩石中矿物的成分及其在岩石中的含量，是各种岩石分类命名的重要依据。

**2. 岩石结构、构造的识别**

**岩石的结构**：是指组成岩石的矿物所表现出的，以及矿物与矿物之间相互关系所反映出的各种特征。如等粒结构、斑状结构、非晶质结构等。

**岩石的构造**：是指矿物集合体之间以及矿物集合体与其他组分之间的排列、填充等所反映出的岩石外貌特征。如条带状构造、片状构造、气孔状构造等。

### （二）三大类岩石的初步识别

岩石是由一定地质作用形成的，按形成岩石的地质作用，可将岩石分为三大类：

**岩浆岩**：也称火成岩，是由地下深处的岩浆，上升侵入地壳或喷出地表，冷凝形成的岩石。

常见矿物：钾长石、斜长石、石英、黑云母、角闪石、辉石、橄榄石等。

常见结构：显晶质、等粒结构（粗粒结构、中粒结构、细粒结构）、不等粒结构（斑状结构、似斑状结构）、隐晶质结构、非晶质结构等。

常见构造：块状构造、流纹构造、气孔构造与杏仁构造等。

常见岩石：花岗岩、闪长岩、安山岩、玄武岩等。

**沉积岩**：已形成的岩石（母岩），在地表或近地表条件下，经风化、剥蚀、搬运、沉积等外力地质作用形成沉积物，或生物、火山作用形成的沉积物，再经固结成岩作用形成的层状岩石。

常见矿物：石英、白云母、黏土矿物、钾长石、钠长石、方解石、白云石、石膏、硬石膏、赤铁矿、褐铁矿、玉髓、蛋白石等。

常见结构：碎屑结构（砾状结构、砂状结构）、泥质结构、化学结构和生物结构等。

常见构造：层理构造（块层、厚层、中厚层、薄层、微层状构造）、层面构造（波痕、泥裂）等。

常见岩石：砾岩、砂岩、泥岩、石灰岩等。

**变质岩**：地壳中已经形成的岩石，由于地质环境、物理化学条件的改变，在基本保持固体状态下，发生成分、结构构造等变化，而形成的新的岩石。

常见矿物：在其他岩石中也存在的矿物，如石英、长石、云母、角闪石、辉石、方解石等。同时还具有某些特征性矿物，这些矿物只能由变质作用形成，称为变质矿物，如石榴子石、蓝晶石、蓝闪石、绢云母、绿泥石、红柱石、阳起石、透闪石、滑石、硅灰石、矽线石、蛇纹石、石墨等。

常见结构：变晶结构（粒状变晶结构、鳞片状变晶结构）、变余结构。

常见构造：变成构造（斑点状构造、板状构造、千枚状构造、片状构造、片麻状构造、块状构造、条带状构造）、变余构造等。

常见岩石：板岩、千枚岩、片岩、片麻岩、大理岩等。

各类岩石的识别特征及分类，将在以后有关学习情境、学习任务中介绍。

尽管地壳是由上述三大类岩石组成，然而它们在地壳中的分布，不论纵向上还是横向上都相差较悬殊。按地壳 16km 深度的范围内计算，岩浆岩和变质岩约占总体积的 95%，沉积岩仅占 5%；按在地壳表层分布的面积计算，岩浆岩和变质岩仅占面积的 25%，而沉积岩约占 75%。

岩石是一定地质作用的产物，它形成和稳定于一定的地质环境。地质环境改变了，岩石也将随之发生变化，原来的岩石被破坏和消失了，适应新环境的岩石产生了。地壳发展和演化过程的各种信息（古地理、古气候、古生物、变形、变位、含矿性等），或多或少地保留在岩石中，可以说地质工作研究的对象是岩石。

如果岩石中含有经济上有价值，技术上可利用的元素、化合物或矿物，即称为**矿石**。矿石中那些能被利用的矿物称为**矿石矿物**。

## 复习思考题

1. 克拉克值、矿物、岩石的各自概念是什么？
2. 矿物的主要物理性质有哪些？
3. 矿物是依据什么进行识别的？
4. 主要造岩矿物有哪几种？（写出名称及化学式）
5. 什么是岩石的结构、构造？
6. 岩浆岩、沉积岩、变质岩是怎样形成的？相互之间区别的要点是什么？

# 学习任务3　地球运动的识别

**【任务描述】** 地球运动是地球发生、发展变化的主导因素，调查和研究地球运动的特征、总结其运动模式和规律，恢复地球演化史，用于指导区域地质调查找矿工作，是地质工作的任务之一。

**【学习目标】** 了解地球运动的基本特征，初步掌握构造运动特征的识别方法；了解地球运动模式即大地构造学的研究方法，初步掌握各大地构造学说的主要观点及其在地质工作中的应用。为后续课程“构造地质”和“中国区域大地构造”打下良好基础。

**【知识点】** 地球运动即构造运动、构造运动的基本特征：方向性、速度、幅度和区域性、周期性及阶段性；大地构造学、各大地构造学说的主要观点及应用。

**【技能点】** 构造运动基本特征、大地构造图的识别方法。

## 一、地球运动的一般特征

### （一）概述

我们的祖先早已察觉到了地球是在不断运动的，从唐代的颜真卿（公元709～785年）到宋代的沈括（1031～1095年）、朱熹（1130～1200年），他们根据高山有海生螺蚌壳等实际材料，指出地壳曾经发生过沧海桑田的变迁。认为是地球发生了“震荡无垠，海宇变动，山勃川湮”的巨变所引起的。长期以来人们还注意到了很多类似的地球运动证据：如意大利那不勒斯湾塞拉比斯镇的地狱神庙的大理石圆柱上，清楚地记录了地球运动与海平面变化留下的痕迹（柱子中间2.7m长的一段，在地面沉降时被海水所淹没，其上布满了各种海生附着动物的贝壳）。研究表明，这些大理石柱的海平面记录是地壳升降运动的结果。又如我国广州七星岗、辽宁盖县、山东荣成、福建漳州等地都有许多古海滩（海蚀穴、海蚀阶地、海蚀崖），如今已远离海水，有的高出现代海平面40～80m。说明上述地区，因地球运动而抬升了。还有我们在野外常常可以看到倾斜的岩层或波状起伏、弯曲的岩层，以及错、断开的岩层，是地球运动使岩层产生变形、变位最直接的物质记录。这些都说明地球运动是普遍存在的，而且是长期不断的。

从当前地质工作和研究程度而言，地球运动主要研究岩石圈的运动，因此用构造运动来表述。**构造运动**是指由地球内力引起地壳乃至岩石圈变形、变位的机械运动。

### （二）构造运动的基本特征

#### 1. 构造运动的方向性

构造运动按其运动方向分为水平运动与垂直运动。

**水平运动**：是地壳或岩石圈物质平行于地表方向移动。表现为岩石受到水平方向的挤压或拉张，产生变形、变位，常形成巨大的褶皱山系、断裂和地堑、裂谷等，故又称为**造山运动**。

图 2－3－1　圣安德烈斯断层
（据 Holmes，1978）

现今的水平运动基本采用全球卫星定位技术进行大地测量，能够准确测定岩石圈块体水平运动的距离及速度。如美国西部圣安德烈斯断层（图 2－3－1），平均每年水平位移达 8.9cm，总的相对错动距离已达 480km。地史时期全球性块体的水平运动识别方法，通常根据地层古生物、古地理、古地磁等资料进行分析推断。如印度次大陆，根据地质、地层、古生物、古气候、古地磁等资料都证明它是从南半球向北水平漂移过来的。地史时期小规模的水平运动则是通过岩层的变形、变位（褶皱、断裂）等地质构造特征加以判别。

**垂直运动**：是地壳或岩石圈物质垂直于地表方向的运动，也称为升降运动。识别方法也是根据地层古生物、古地理、古气候、测量等资料进行分析推断。表现为大规模的缓慢上升或下降，使某些地区上升成为高地或山岭，另一些地区下降为盆地或平原，又称为造陆运动。“沧海桑田”是古人对地壳垂直运动的一种表述。前面所说的意大利那不勒斯地狱神庙的大理石圆柱，就是地壳升降运动的典型例子。根据大地水准测量，喜马拉雅山的北坡地区，以 3.3～12.7mm/a 的速度在不断上升。

构造运动的方向随着时间和空间的变化而变化，往往表现为水平运动与垂直运动兼而有之，只不过某一时期以水平运动为主，另一时期以垂直运动为主。水平运动可能引发垂直运动，垂直运动也可能引起水平运动。实际上各种性质的构造运动是相互联系的，不可截然分开的。

**2. 构造运动的速度、幅度和区域性**

**速度**：构造运动的速度有快有慢，快的如地震、断层，可在短暂时间内引起显著的变形、位移，但大多数构造运动是岩石圈的一种长期而缓慢的运动，其速度一般以每年几毫米或几厘米运动，是人们无法直接感觉到的。

**幅度**：构造运动虽然极其缓慢，但是经过漫长的地史时期，自然会使地球产生巨大的变化幅度。例如，喜马拉雅山在 4000 万年前还是一片汪洋大海（古地中海的一部分），长期处于缓慢下降接受沉积阶段，形成了海相沉积，现今可见约 3000m 厚的海相沉积岩（识别依据）。由于印度大陆（板块）向北运动，最终与欧亚大陆（板块）碰撞，使古地中海消失，喜马拉雅地区大约在 2500 万年前开始从海底升起，到 200 万年前初具山的规模，现在已成为世界最高大雄伟的山脉。虽然上升的速度很慢，平均每年只有 4mm，上升的幅度却相当大，珠穆朗玛峰的海拔标高为 8844.43m。

**区域性**：构造运动不可能使所有的地方同时升降，而是同一时期不同地区遭受不同的地质作用，活动性也有很大的不同，表现出强烈的区域性特征。即同一时期某些地区表现为大面积隆起，遭受风化剥蚀。识别依据：①侵蚀产物的存在。②缺失该时期沉积岩；另一些地区表现为大面积拗陷，接受沉积。识别依据：可见到该时期沉积岩（物），属于构造运动相对较稳定区；还有的地区表现为地层厚度巨大、岩层变形、岩浆活动、变质作用强烈，并形成高大的褶皱山系（识别依据），属于构造活动带。如新生代时我国喜马拉雅山褶皱上升七八千米，江汉平原则下降接受了近1000m的沉积。

**3. 构造运动的周期性和阶段性**

**周期性：**在地球演化历史中，构造运动表现为时而强烈、时而平静的周期性变化。在比较平静时期，运动速度和幅度都小，表现为大面积缓慢隆起或大面积缓慢拗陷接受沉积；在比较强烈时期，运动速度和幅度都大，形成构造活动带。构造运动从平静到强烈，叫作一次构造旋回。

**阶段性：**构造运动的周期性决定了地球发展历史的阶段性。一次大的构造旋回，周期长达数千万年至数亿年，影响范围遍及整个地球，导致全球性的海陆、气候、生物、环境的巨大变化，是划分地球发展历史阶段的重要依据。如加里东构造旋回（早古生代）、海西构造旋回（晚古生代）、印支构造旋回（中生代早期）、燕山构造旋回（中生代中晚期）和喜马拉雅构造旋回（新生代）等；同时，一次大的构造旋回还包括许多次一级的和更次一级的构造旋回，引起区域性的或局部性的生物、地理等的变化，是划分次一级地史阶段的重要依据。

## 二、地球运动模式

关于地球运动的起因、大地构造特征及其演变规律问题，是地质学界长期争论和探索的重大问题。近200年来，大量科学家创建了数十种地球运动理论和模式，并由此诞生了一门研究地壳乃至全球构造发生、发展、分布格局、演化规律的地质学分科——大地构造学。

在大地构造学的发展史中，曾出现过许多学说，如收缩说、膨胀说、均衡说、槽台说、大陆漂移说、对流说、海底扩张说、板块构造说、地球自转速率变化说、多旋回构造运动说、地洼说等。总的分为两大类：一是“固定论”，二是“活动论”。20世纪50年代以来，新技术的应用获得了突破性进展，海底地质、地球化学、地球物理及深部地质的深入研究，获得了大量的实际资料，由此引发了地球科学观的革命，“活动论”逐渐被广大学者接受。20世纪70年代以来，板块构造学说占据了主导地位。这里扼要介绍较重要的几种学说。

### （一）槽台说

槽台说属于传统的大地构造学的一个主流学派，最早由美国霍尔1859年提出来的，占主流地位近100年，是固定论的重要代表。直到板块理论的建立才逐渐衰退。但在大陆内部区域地质研究中仍然留下了较大的影响，只不过结合了板块构造等新的地球动力学理论做了较大改进。

槽台说是根据大陆地壳上不同地区地质构造特征及发展上的差别，将陆壳在空间上划分为活动的地槽区和稳定的地台区；时间上划分出不同的发展阶段及特征；从而研究分析各区域演化发展规律，恢复地球活动发展史。

**1. 地槽区**

地槽区是地壳上构造运动强烈活动的狭长地带，长可达数千千米，宽为几十至几百千米。其运动速度快、幅度大，沉积作用、岩浆作用、构造运动和变质作用都十分强烈和发育。如北美洲西部的科迪勒拉山脉、南美洲西部的安第斯山；亚欧之间的乌拉尔山脉、横贯欧亚大陆呈东西走向的阿尔卑斯山脉、喜马拉雅山脉，以及我国的天山、秦岭、祁连山等山脉，都是世界著名的地槽区。

地槽的形成与发展分为两个大的阶段：第一阶段以下降（拗陷）运动为主，接受巨厚沉积。并伴有一些基性、超基性岩浆活动；第二阶段以回返上升运动为主，岩层强烈褶皱、断裂、变质，并伴有大量酸性岩浆侵入，地槽区的各个部分先后隆起，形成错综复杂的褶皱山脉（图2－3－2）。

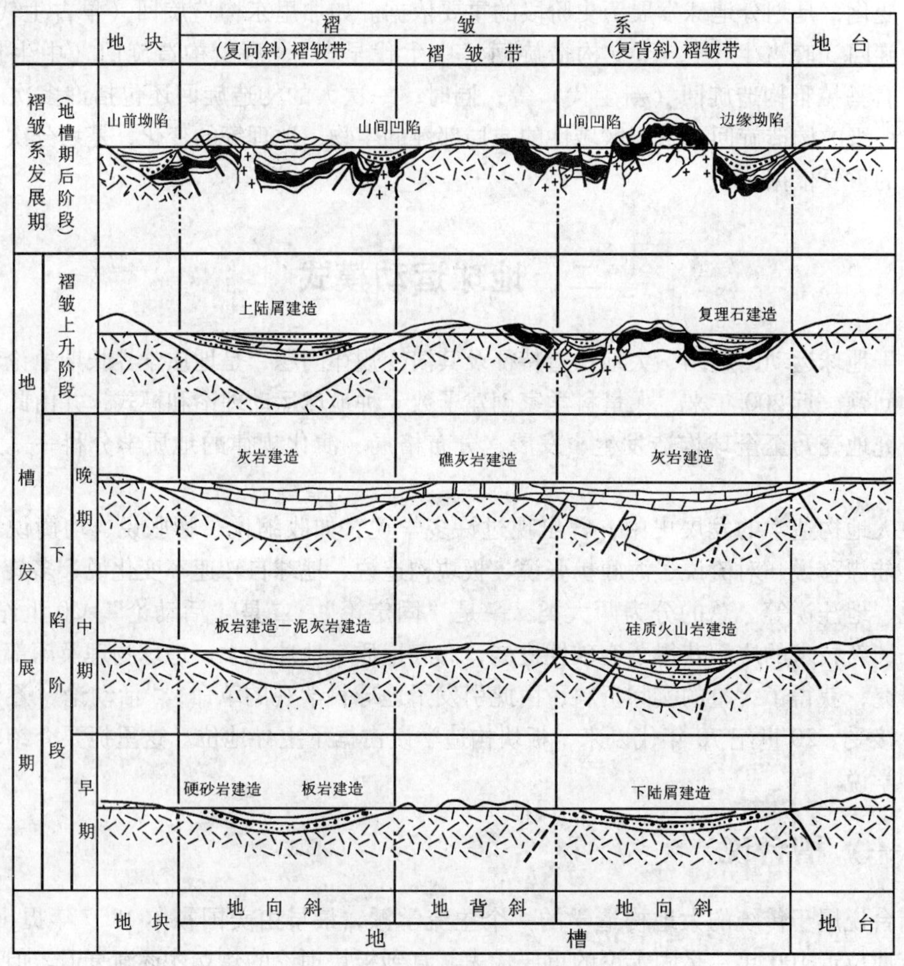


图2－3－2 地槽发展阶段示意图

（转引自黄邦强等，1984）

**2. 地台区**

地台区是地壳上面积宽广、构造活动微弱、相对稳定的地区。其运动速度缓慢、幅度小，沉积作用广泛而较均一，岩浆作用、构造运动和变质作用也都比较微弱。地台区的外形不太规则，直径可达数千千米。

地台具有明显的双层结构：①褶皱基底（结晶基底），由早期地槽形成的古老变质岩和岩浆岩组成。②沉积盖层，由未经变质的沉积岩构成（图2－3－3）。一般沉积厚度较小，多为几十至几百米，横向变化小，构造平缓，盖层和基底之间为角度不整合，如中朝地台、扬子地台、柴达木地台等。

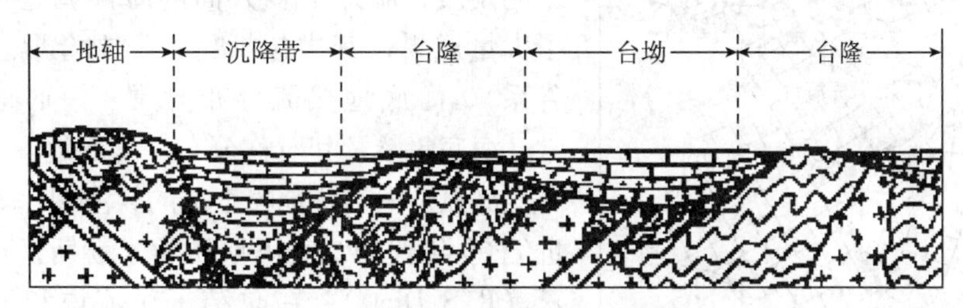


图2－3－3　地台结构及其次一级构造单元示意图

（转引自黄邦强等，1984）

## （二）板块构造学说

板块构造学说是关于全球构造的理论，是当今地球科学界普遍认同的学说。它的发展主要经历了大陆漂移学说、海底扩张学说和板块构造学说三个阶段。

### 1. 大陆漂移说

德国人魏格纳（A. Wegener，1880～1930年）于1912年提出了这个假说。他从南美大陆和非洲大陆边缘轮廓非常吻合，似乎是沿大西洋发生过裂开和漂移这一现象着手，收集了大量有关地质结构、古冰川、岩石和化石等资料，发现有许多相似性与可拼合性，大胆地提出了大陆漂移的设想，开创了大地构造学中的新潮流——活动论。他认为地球上所有的大陆，在大约3亿年前（石炭纪后期），曾经是一个庞大的联合古陆，称为“泛大陆”，海洋也只有一个围绕着它的“泛大洋”，后来在中生代时才逐渐分离、漂移，形成现在的状态（图2－3－4，图2－3－5）。

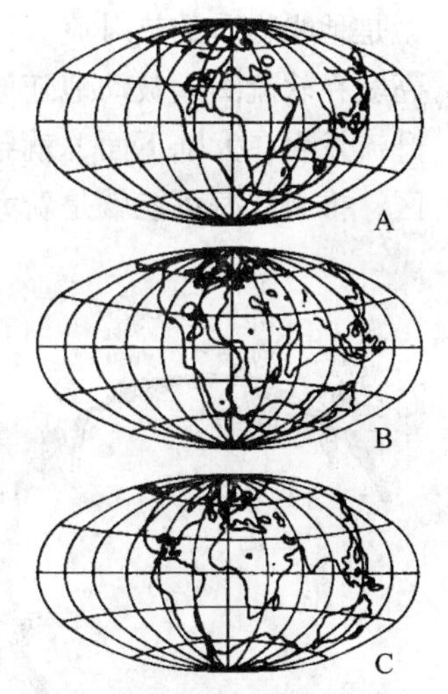


图2－3－4　大陆壳在漂移过程中几个时代的位置

（魏格纳，1912）

A—晚石炭世；B—始新世；C—早更新世

大陆漂移学说认为较轻的花岗岩质大陆壳，在较重的玄武岩质基底之上漂移。大陆漂移沿着两个方向：一个是大陆由东向西漂移，由潮汐摩擦阻力引起的；另一个是大陆由极地向赤道的离极运动，由地球自转产生的离心力所致。由于漂移速度不同，就分裂成各大洲，其间就形成了各大洋。大陆漂移前缘受基底阻碍处就挤压形成了褶皱山脉。

限于当时的科学水平，大陆漂移说未能正确说明大陆漂移的驱动力问题。因为刚性的花岗岩层不可能在刚性的玄武岩层上漂移；潮汐摩擦阻力与地球自转离心力太小，不足以引起大陆长距离漂移。所以，尽管有许多证据的支持，也曾深深震撼了地球科学界，但是

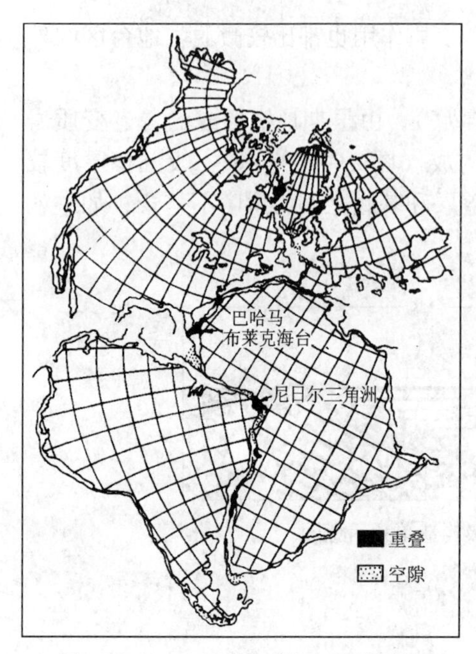


图2-3-5　大西洋两岸大陆的拼接
（据E. C. Bullard，1965）

仍未得到大部分地质工作者的接受，特别是受到固定论者（槽台说为代表）的坚决反对，到了20世纪30年代便逐渐消沉下去了。

**2. 海底扩张说**

第二次世界大战后，由于战略需要和科学技术的发展，展开了多方面的海洋调查工作，取得了大量成果，其中包括：大洋中脊形态（全球裂谷系）、海底地热流分布异常、海底地磁条带异常、海底年龄及其对称分布、海底地震带及震源分布、岛弧及海沟、地幔上部的软流圈，等等。到20世纪60年代初，美国地质学家赫斯（Hess）和迪茨（R. S. Dietz），在总结了对流说和大陆漂移说的基础上，对广泛的海底调查资料综合分析后，创立了一个崭新的学说——海底扩张说。

海底扩张说认为，新的洋底在洋脊裂谷带形成，并不断向两侧扩张，同时老的洋底在海沟处插入地下，返回软流圈，造成物质循环。洋底的扩张运动速度每年约一至几厘米，这就使洋底大约每三四亿年更新一次。洋底扩张的驱动力是地幔物质的热对流。洋脊轴部是对流圈的上升处，海沟是对流圈的下降处。刚性的洋壳驮在软流圈上被动地随地幔对流体的运动而运动（图2-3-6，图2-3-7）。如果上升流发生在大陆下面，就导致大陆的分裂和新大洋的形成，如在红海裂谷中见有高温卤水区，推断红海可能就是新大洋的雏形。

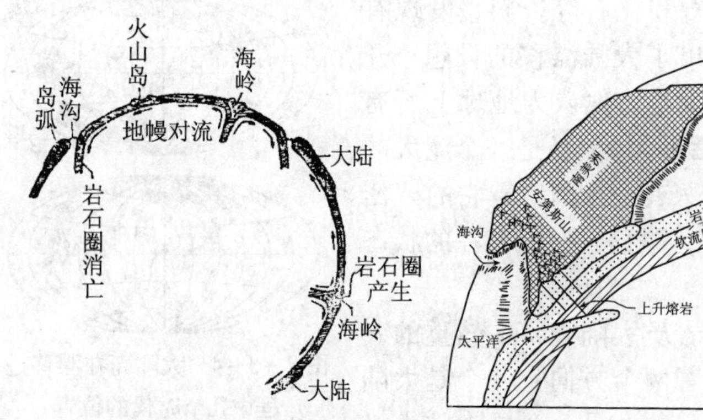


图2-3-6　海底扩张说示意图
（据柴东浩等，2000）

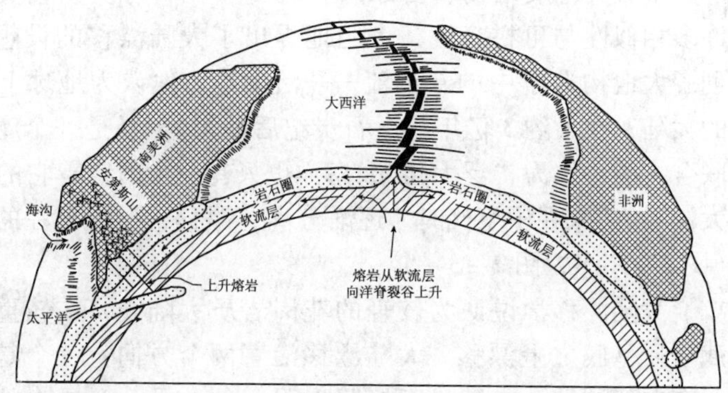


图2-3-7　由地幔对流引起岩石圈板块的移动（海底扩张）
（据P. J. 怀利，1980）

海底扩张说的主要证据绝大部分来自海洋地球物理的调查结果，对洋底形成和演化规律进行了系统地解释。虽然还存在很多疑问，却极大地激发了人们进一步探讨的欲望。

**3. 板块构造的概念**

在海底扩张说提出后短短几年时间，人们获得了大量新的研究成果，如地磁场转向年代表、海底地磁条带、深海钻探揭示的海底年龄、洋中脊潜水考察的发现、转换断层的发现、海洋的开闭（威尔逊）旋回等，证实了海底扩张的存在并导致了板块构造学的诞生。

1968年在一次学术交流会上，美国的摩根（W. J. Morgan）、法国的勒比雄（X. Le Pichon）、英国的麦肯齐（D. P. Mckenzie）等不约而同地提出了板块构造学说。把海底扩张说的基本原理扩大到整个岩石圈，并总结提高为对岩石圈运动和演化的总体规律的认识。它的研究所及已覆盖了地球上全部面积，所以称为全球构造理论。

板块构造的概念是：刚性的岩石圈分裂成为许多巨大块体——板块，它们驮在软流圈上作大规模水平运动，致使相邻板块互相作用，板块的边缘便成为地壳活动性强烈的地带。表现为强烈的岩浆活动、地震活动、构造变形、变质作用以及深海沉积作用。板块的相互作用，从根本上控制了各种内力地质作用以及沉积作用的进程。

**4. 板块边界类型**

板块边界有三种类型：离散型边界、汇聚型边界和转换断层。

**离散型边界（板块生长边界）：**主要以大洋中脊（或中隆、裂谷）为代表。沿此边界岩石圈分裂和扩张，地幔物质涌出，从而产生洋壳。这里有大量玄武岩浆喷发，频繁的浅源地震以及地堑型断裂活动，而且在这里新生的玄武岩因受洋脊高热流影响，广泛出现轻度的变质作用（玄武岩变成绿色片岩，超基性岩变成蛇纹岩等）。东非裂谷、红海裂谷均属于此类边界的早期阶段。

**汇聚型边界（板块消亡边界）：**也称为毕鸟夫带。主要以岛弧－海沟为代表。沿此边界两个相邻板块作相向运动，产生挤压，大洋板块向下俯冲潜没，引起强烈的地震、岩浆作用、变质作用和构造变形。

由于俯冲板块在深部被熔融而形成岩浆，引起岛弧（山弧）火山作用与侵入作用，常形成海沟、岛弧、弧后盆地的地貌组合，称为沟－弧－盆体系。环太平洋构造带是汇聚型边界的典型代表（图2－3－8）。

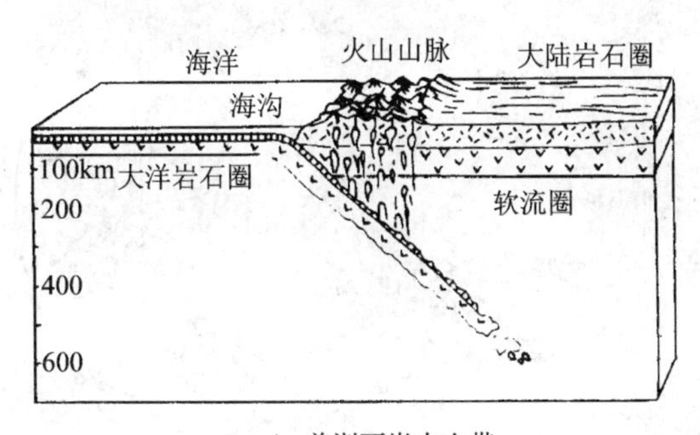


A. 美洲西岸火山带

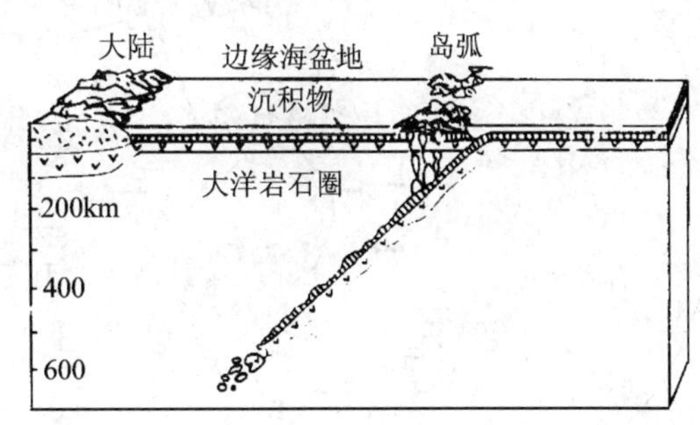


B. 西太平洋岛弧区

图2－3－8　由于消减作用引起岩浆活动与火山示意图

（据A. N. Strahler，1977）

另外，还有一种特殊的汇聚型边界——地缝合线，它是两个大陆之间的碰撞带。当大洋中脊的扩张速度减缓或大洋板块俯冲加速，即俯冲消减的速度大于增生的速度，导致洋壳面积不断减小，直至消亡，使原来位于大洋两侧的大陆板块发生碰撞和挤压，并最终“焊接”在一起，在板块的结合处形成一系列的山脉，并伴随着强烈的构造变形、岩浆活动以及区域变质作用。如喜马拉雅褶皱带就是由于印度板块与欧亚板块中间的特提斯洋壳消亡，使两个大陆板块碰撞而形成的。喜马拉雅山脉北面的雅鲁藏布江一带，就是地缝合线。

**转换断层**：是一种特殊类型的板块边界，沿此边界既无板块的增生，又无板块的消减，而是相邻两个板块作剪切错动，引起地震和构造变形。它常垂直错断大洋中脊，也可以同海沟、山脊在一起。著名的美国西部圣安德烈斯断层，就是一条错开太平洋中隆的转换断层。从表面看，转换断层非常像平推断层，但又有许多差异（图2－3－9）。

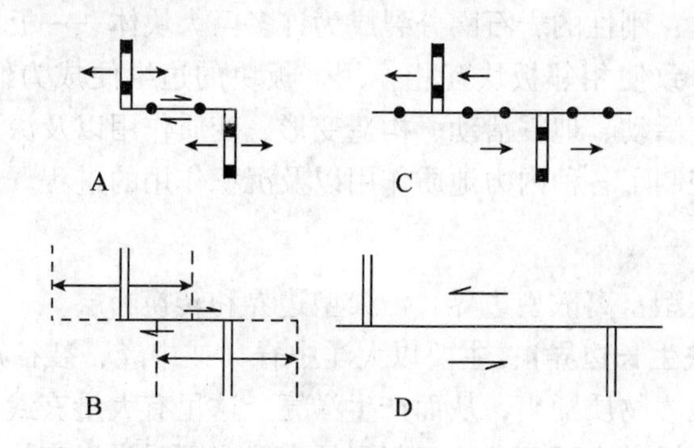


图2－3－9　转换断层与平推断层区别示意图

A，B—转换断层；C，D—平推断层。双线为洋脊，黑点为震源

### 5. 全球板块的划分

根据板块边界，可将全球板块划分为六大板块：太平洋板块、欧亚板块、澳大利亚－印度板块、非洲板块、美洲板块和南极洲板块（图2－3－10）。

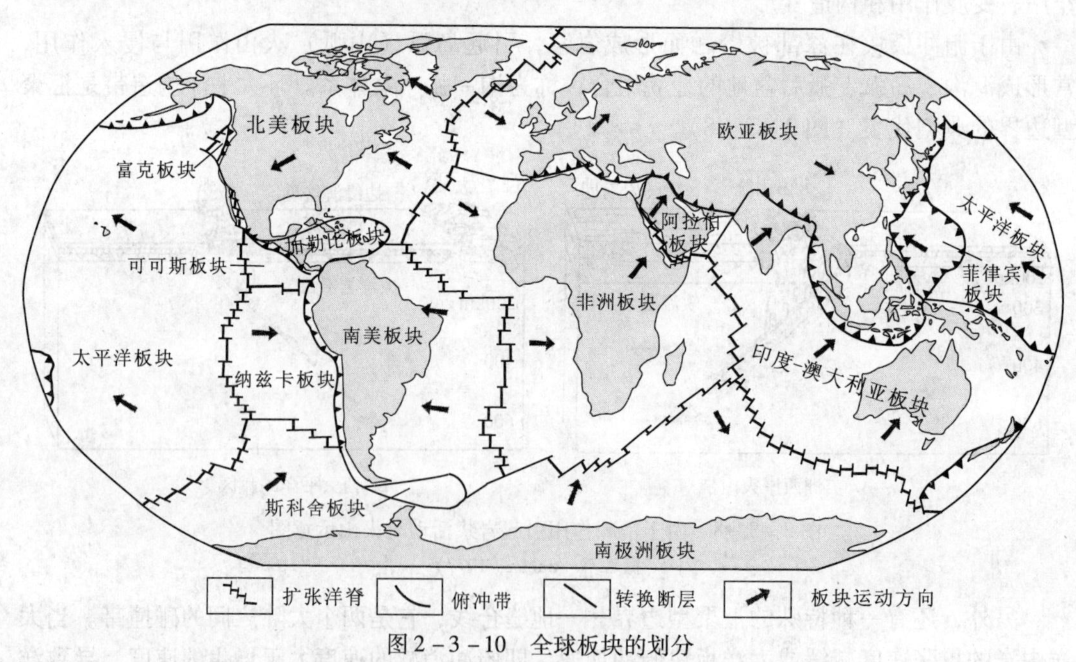


图2－3－10　全球板块的划分

以上是全球规模的板块，除太平洋板块几乎完全是洋壳外，其余五大板块均包括了洋壳与陆壳。

除以上六大板块以外，还有面积小于 $1.0\times10^7 km^2$ 的较小板块，包括：纳兹卡板块（南美洲西岸外）、可可斯板块（南、北美洲之间的西岸外）、加勒比板块（位于加勒比海及附近地区）、富克板块（北美西岸外）、菲律宾板块（位于菲律宾及其与马里亚纳群岛之间的地带）等。不同的学者对小板块的划分存在一定的差别。实际上大部分的小板块是古板块未完全被俯冲消减的残余部分，如太平洋东岸的几个小板块，可能是原东太平洋板块的组成部分。

板块构造理论认为，地槽就是大陆边缘，各地史时期的地槽都环绕着古代地块（地台）的边缘（图2－3－11），属于板块内部次级构造单元。

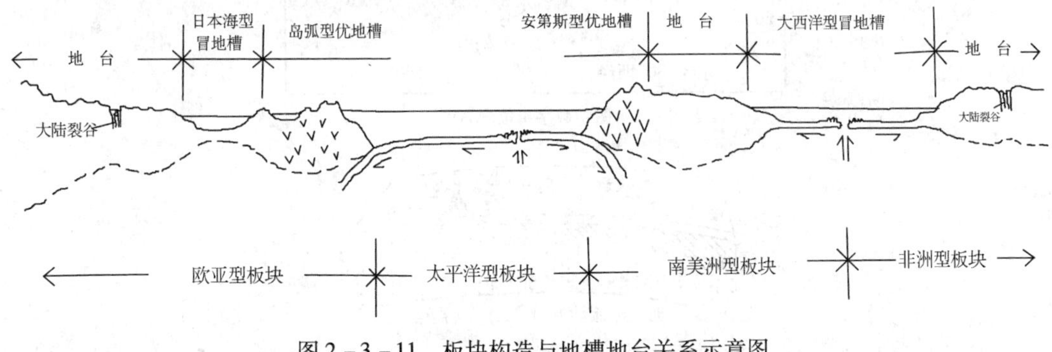


图2－3－11　板块构造与地槽地台关系示意图

**6. 板块的驱动机制**

虽然板块构造学说早已得到地质学界的认同，但是板块的驱动力问题仍未达成共识，这是因为大部分的板块驱动力理论都处于假设阶段，目前尚无法以实验或令人信服的方式予以论证。

目前，大多数地质学家认为板块是驮在地幔对流体上运动的，地幔对流是引起板块运动的根本原因。但是对于地幔对流的形式（涉及的深度）仍有不同的见解：即分层地幔对流模式和全地幔对流模式。

还有一部分学者认为，板块的驱动力主要来自俯冲板块相变所产生的重力拖曳力和洋脊扩张产生的侧向推挤力。这一观点曾在20世纪80年代占主流地位。

总之，板块构造理论是综合了许多学科的最新成果而建立起来的大地构造学说，它以地球整个岩石圈板块的活动方式为依据，建立了世界范围的构造运动模式，对一些全球构造问题给予了合理的解释。是当今最重要、最热门的地学理论。

## （三）地幔柱构造假说

1963年，威尔逊（Wilson）根据太平洋、大西洋和印度洋中一些火山岛屿和海山具有链状分布特征以及喷发年龄由老到新顺序变化的现象（图2－3－12），提出了热点假说。所谓热点是地幔中相对固定和长期的热物质活动中心，它们向活火山提供富集各种微量元素的岩浆。他认为这些热点相对静止，所以当岩石圈板块漂移经过这些热点时就形成了链状火山岛屿。

1972年，摩根（Morgan）为解释热点成因而正式提出了地幔柱假说，地幔柱是地幔深处，甚至核－幔边界上产生的圆柱状上升的热物质流。它携带地幔物质和热能直至地幔

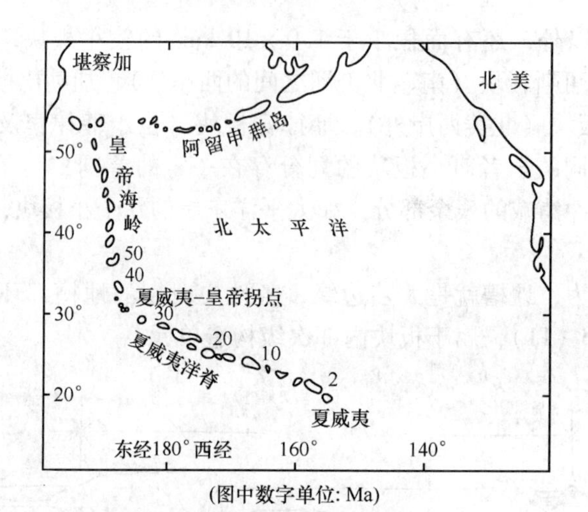


图2-3-12　夏威夷-皇帝海岭火山链形成图示

上层，并在岩石圈和软流圈分界处四散外流，激起软流圈中的水平运动，从而可将地幔柱当作板块运动的驱动机制。热点处的火山活动是地幔柱物质喷出地表的反映。

地幔柱假说提出以来，引起了广泛的重视。科学家们从地震层析成像、超高压实验、计算机模拟、地球的板块构造史和比较行星学等方面进行了大量的研究，取得了大量成果，逐步形成了有别于板块构造学说的一种新的大地构造和地球动力学假说。

世界上典型地幔柱/热点：①西伯利亚大陆溢流玄武岩，其覆盖面积达$2.5\times10^6km^2$，且主要在距今250±0.6Ma时期喷发。②最近识别出代表泛大陆在距今200Ma左右开始裂解的中大西洋火成岩活动省（CAMP），其覆盖面积更大，当初达$7\times10^6km^2$。③阿拉伯、印度德干高原等大陆溢流玄武岩。④中国目前较公认的地幔柱是二叠纪末形成的峨眉山玄武岩省，其面积大于$2.5\times10^5km^2$。另外，有很多地区的火山岩或镁铁-超镁铁质岩体被解释成地幔柱，如阿尔泰、天山、南海、祁连山、中国东部新生代玄武岩、华南新元古代岩浆岩，以及一些铜镍硫化物矿床等。

研究表明，地幔柱的产生要求地幔中存在一个高温、低黏度的热边界层，其温度要高出周围地幔物质的温度300~400℃，黏度要比周围地幔低几个数量级。一旦受到某种热扰动，就会在浮力作用下呈柱状上升。据估算，外核温度高达到3800K左右，而下地幔底部温度为3000K左右，二者之间存在800K左右的温度差。这样，地核会不断向地幔中释放热量，从而产生热扰动，产生地幔柱。

20世纪90年代初，Larson（1991）提出了超级地幔柱概念（图2-3-13）。丸山茂德（Maruyama，1994）根据Fukao et al.（1994）的P波层析成像结果，认为在南太平洋和非洲地区存在两大低波速异常带，它们与地幔的两个超上涌热流相对应，即南太平洋超地幔柱、非洲超地幔柱（图2-3-14）；在中亚和东亚地区下部的外核上面，存在高波速异常，它是由大洋板片聚集、滞留并最终塌落到外核上形成的，与地幔的超下降流相对应，即亚洲冷地幔柱。滞留板片下落到下地幔时，为了补偿其下落部分，必然会从下地幔向上地幔产生上升的地幔柱。即从全局来看，冷的滞留板片下落形成的冷地幔柱和热地幔柱上升必然是成对的现象。

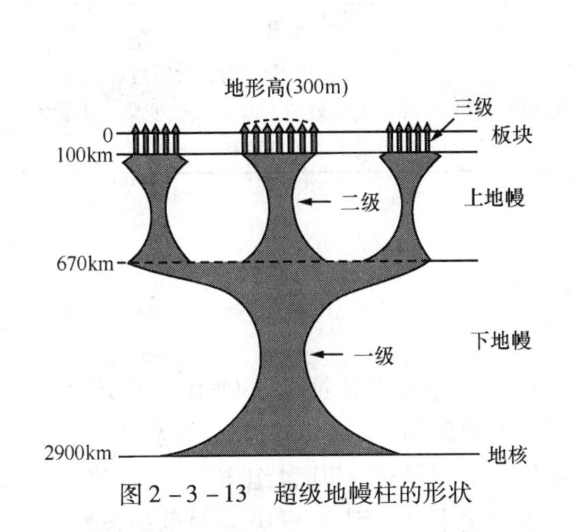


图2－3－13　超级地幔柱的形状

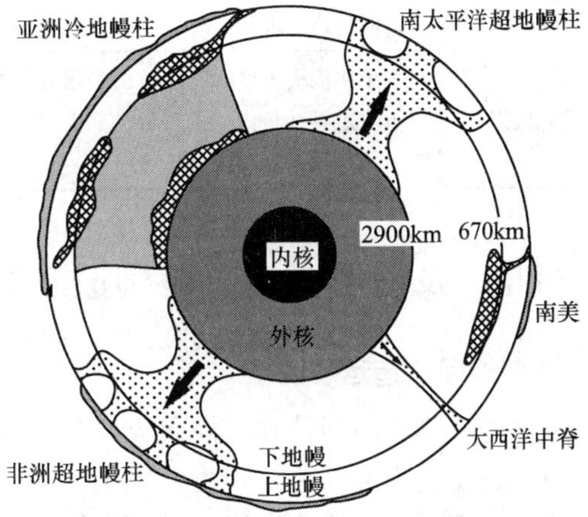

图2－3－14　超级地幔柱及物质和热对流示意图
（据 Maruyama，1994）

丸山茂德认为，地幔柱构造是由地幔主要部分的几个主要垂直地幔柱流控制的动力学，是以支配地幔大部分领域的地幔柱垂直流作为物质主要流动形式的构造学。

多级次的热幔柱与冷幔柱直接制约和决定了地球演化各阶段引张和挤压两大构造动力体制，从而制约和影响着地球浅部各个圈层，甚至近地表，呈现出热点、大陆裂谷、大洋扩张等引张构造与俯冲、碰撞、造山带等挤压构造的演化、复合叠加，构成了由不同地质时期、不同构造层次或序次组合的复杂的地幔柱构造体系（图2－3－15），并由此引起了全球气候变化和生物大灭绝等现象。

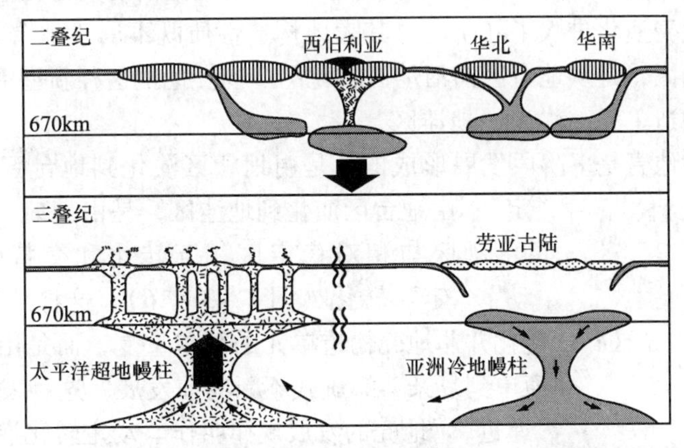


图2－3－15　冷、热地幔柱与板块聚合、解体的关系
（据 Maruyama，1994）

地幔柱构造假说虽然从诞生之日至今遭到了不少学者的质疑，但仍然被认为是自板块构造理论之后最重要的大地构造理论，而且二者可相互印证、相互补充（表2－3－1），

大大地推动了固体地球科学的研究进展，也是当今地学研究的前沿和热点。

表2-3-1 板块构造学说与地幔柱构造假说之比较

| 对比内容 | 板块构造学说 | 地幔柱构造假说 |
| --- | --- | --- |
| 研究层次 | 地球岩石圈的构造运动 | 固体地球不同圈层间的相互作用 |
| 运动方式 | 岩石圈板块的水平运动 | 壳-幔-核之间的垂直运动 |
| 研究效果 | 对发生在板块边界的现象做出了很好解释；对远离板块边界（板内）的现象，如大洋火山链和大陆溢流玄武岩等不能很好解释 | 对火山链、大陆溢流玄武岩、大陆裂解、聚合、板块俯冲、地磁效应、全球气候变化、生物大灭绝等现象做出了较好解释 |

## （四）我国主要的大地构造学说

### 1. 多旋回构造运动说

我国地质学家黄汲清在长期研究并总结我国地质构造发育特征的基础上，于1945年提出并经过多年研究认为：地槽的发生、发展不是单旋回的，也不是简单的多次重复，而是多旋回、螺旋式上升发展运动的。并初步建立起多旋回模式。20世纪70年代以来，黄汲清进一步把多旋回构造运动理论与板块构造学说结合起来，认为板块运动也是长期的、多旋回发展的。黄汲清指出：多旋回构造理论与板块构造学说不但没有矛盾，而且可以互相补充、互相渗透和相互结合。板块构造学说必须将多旋回的规律纳入其模式，而多旋回学说又可由板块构造学说部分地解决其运动机制问题，解决驱动力问题。在研究中国大地构造过程中，把这两种学说密切结合起来，是我们的长期任务。

多旋回构造运动说，在国内外地质界有较大的影响，特别是在区域地质调查中得到广泛的应用。

### 2. 地洼说

地洼说是我国地质学家陈国达于20世纪50年代末期提出的大地构造学说。该学说认为，中生代以来地壳演化进入了新阶段，其大地构造性质既不属于地台，也不属于地槽，而是一种新型活动区，是从地台区向活动区转化的产物。他把这种新型活动区划为陆壳发展演化的第三个构造单元，称为“地洼区”。

地洼说认为，地壳是多阶段发展形成的，是由地槽区演化到地台区，是由“动”到“定”；由地台区演化到地洼区，是由“定”到“动”；地壳的活动区与相对稳定区相互转化和交替的过程，称之为“动”“定”转化（图2-3-16）。这种“动”与“定”的转化并非地壳构造单元的简单重复，而是由低级向高级、由简单到复杂，螺旋式不断向前发展，这种发展过程，称之为“递进”。地壳的发展规律叫作“动定转化递进律”。

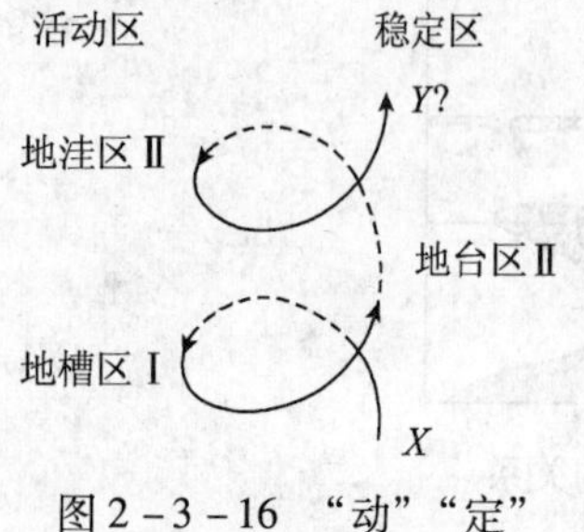

图2-3-16 “动”“定”转化递进说图解（据宋春青，2005）

地洼说的创立引起了国内外学术界的重视。它在成矿作用、成矿规律及指导找矿等方面体现了很高的价值和极大的实用意义。

**3. 地球自转速度变化说（地质力学）**

我国著名的地质学家李四光，利用力学原理探讨了地质构造和构造运动及其起因，1926年提出了全球构造演化的“大陆车阀学说”，认为地球自转速度变化（时快时慢）是地壳运动的主要原因。在地球自转的条件下，引起地表形象变更的主因应是一个统一的力，即重力控制下的地球自转的离心力。这个力导致了地球经向的水平错动和纬向的水平错动。经向的水平错动有把地壳上层物质从高纬度向低纬度推动的趋势；纬向的水平运动，有把大陆向东西两方面分裂，南北大陆相对扭动和大陆西部边沿挤压成雄巍的褶皱山岭地带的趋势。

地质力学用力学原理解释了地壳中的各种地质构造现象。把野外见到的岩层褶皱、劈理、片理、节理、断层以及沉积岩的层理、岩浆岩的流线、流面等，称为**构造形迹**。并将构造形迹所组成的构造带，以及它们之间所夹的岩块或地块组合而成的整体，称为**构造体系**。

构造体系可划归三类，即纬向构造体系、经向构造体系和扭动构造体系。

**纬向构造体系（图2－3－17）**：又称为东西向构造带，是指出现在一定纬度上规模巨大的构造带，在大陆上往往表现为横亘东西的山脉。如我国的天山－阴山构造带、秦岭－昆仑构造带、南岭构造带。

**经向构造体系（图2－3－18）**：又称为南北向构造带，大体与经向平行，呈南北方向排列。它的规模和性质不尽相同，可以是压性的，也可以是张性的。如我国的川滇南北向构造带，北美洲西部的科迪勒拉山脉、落基山脉等。

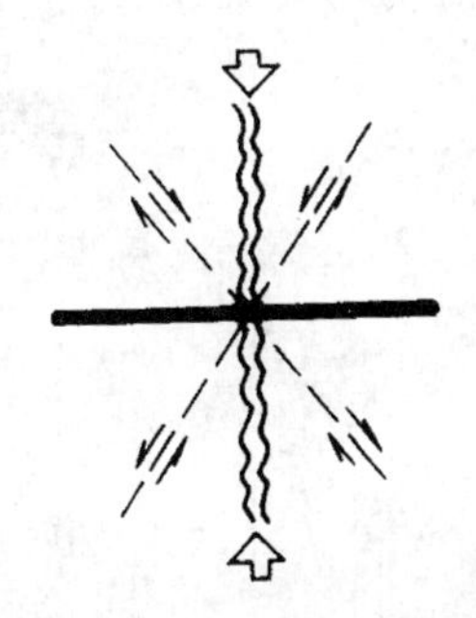

图2－3－17　纬向构造图解

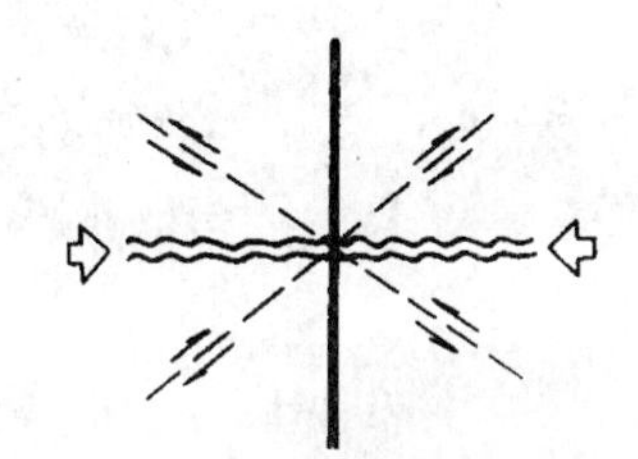

图2－3－18　经向构造图解

**扭动构造体系**：因地壳组成的不均一性，使经向或纬向作用力发生变化，导致局部地壳发生扭动，形成各种扭动构造体系，它往往反映区域地壳构造运动的特点。

——直扭构造体系，包括多字型构造（如新华夏系构造，图2－3－19）、山字型构造（祁吕贺山字型构造、淮阳山字型）、棋盘格式构造和入字型构造等。

——旋扭构造体系，是在曲线扭动或旋转扭动力偶作用下形成的由一群弧形构造形迹和环绕的岩块或地块所组成的构造体系。其类型很多，包括帚状构造、S状或反S状构造、歹字型构造、莲花状构造、漩涡状构造等。

地质力学在我国地质学史上占有重要的地位，它不但阐明了地质构造的空间展布规律，而且对于普查找矿、水文地质、寻找地下热水、地震地质等方面也做出了极大的贡献。

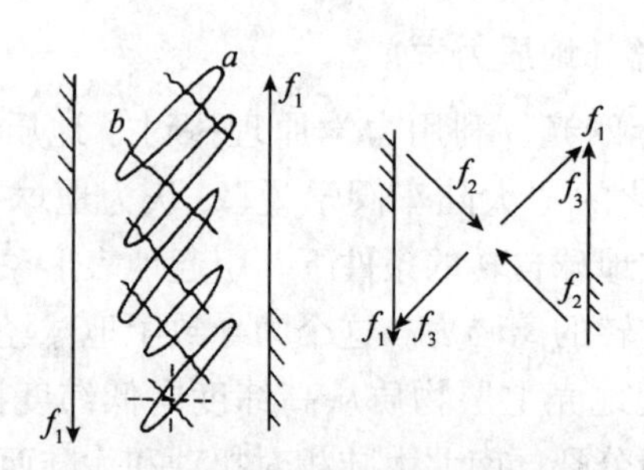


图 2－3－19　多字型构造图解

20 世纪 50 年代张文佑院士应用地质力学分析和地质历史分析相结合的方法，创建了“断块构造学说”。认为岩石圈被断裂分割成大小不等、深浅不一、厚薄不同和发展历史各异的断块，由此构成岩石圈的多层、多级和多期发展的断块构造格局。

## 复习思考题

1. 何谓构造运动？构造运动有哪些基本特征？
2. 为什么说水平运动是造山运动？
3. 为什么说珠穆朗玛峰的上升幅度已经超过万米？
4. 简述大面积隆起区、大面积坳陷区、构造活动带的识别依据。
5. 简述构造旋回、大地构造学的概念。
6. 简述槽台说的研究方法？
7. 何谓板块构造？其边界有哪几种？目前全球划分为哪几大板块？
8. 超级地幔柱存在的识别依据是什么？

# 学习任务4　地球历史的识别

**【任务描述】** 在46亿年漫长的历史时期中，地球经历了复杂的演化过程。人们不能像研究人类历史那样，可以借助于文字和文物，而是根据识别岩石、生物（化石）、构造（接触关系）等特征，确定新老关系、先后顺序，结合同位素年龄，建立地质年代表。从而进一步分析研究各个地史时期的沉积（地层）发育史、生物演化史、构造运动史、岩浆活动史以及变质史。认识地球的历史是地质工作的任务之一。

**【学习目标】** 初步掌握相对地质年代划分方法，了解绝对年代划分方法；初步掌握地壳历史大的阶段划分及其最主要特征，能熟记地质年代表。初步认识地壳历史中各代主要古生物（化石），理解生物演化规律及在地质学中的研究价值。为后续课程"古生物地史"打下良好基础。

**【知识点】** 地质年代，相对地质年代、绝对年代划分依据；地壳历史大的阶段划分及其最主要特征，地质年代表。

**【技能点】** 相对地质年代、绝对年代的划分方法；地壳历史大的阶段划分识别方法。

## 一、地质年代的确定

由于地球自形成以来经历过复杂的改造和变动，原始地球形成的物质记录已经破坏殆尽。推测地球的年龄，需要从地球自身的最老物质记录，太阳系内原始物质和月球岩石年龄几方面来进行综合论证。

目前已知地球上最古老的岩石产于澳大利亚南部，已经形成了42亿年，由此可以推论出地球的圈层形成在42亿年之前。

太阳系内的流星、陨石和宇宙尘（太阳星云原始物质的残留部分），是我们直接研究太阳系早期历史的极好材料，已知陨石的年龄都在46亿年左右。

月球是地球唯一的卫星，两者应是同时形成的。经过20世纪70年代以来的人类登月考察，已经测得月球上的岩石最古老的年龄在46亿年。

根据上述资料相互印证，地球具有46亿年年龄的结论已经得到公认。在46亿年漫长的历史时期中，地球经历了复杂的演化过程。研究地球的演化历史以及确定地球演化过程中发生地质事件的年龄与时间序列，称为**地质年代学**，是地质工作主要任务之一。

**地质年代**是指地质体形成或地质事件发生的时代，有相对地质年代与绝对地质年代之分。表示地质体形成或地质事件发生的先后顺序，称为**相对地质年代**。主要是根据生物的发展演化和岩石的新老关系，把地质历史按先后顺序划分为不同的阶段，但不表示各个时代单位的时间长短。表示地质体形成或地质事件发生距今有多少年，称为**绝对地质年代**。通常是测定岩层中某些放射性元素的衰变规律，以年为单位测定岩层形成至今的年龄，测算出各相对年代的具体时间长短。目前在地质学研究和实际工作中，两者一般是同时使用的。

## （一）相对地质年代的确定

### 1. 地层层序律

地层是在一定地质时期内所形成的层状岩石（含沉积物），包括沉积岩、火山岩和由沉积岩及火山岩变质而成的变质岩，是具有一定时代含义的岩层或岩层的组合。

沉积岩地层是在漫长的地质时期中逐渐形成的，其形成时是水平的或近于水平的，如果沉积过程中没有干扰因素，原始的沉积地层一定是连续的，自下而上逐层叠置起来的（图 2-4-1，图 2-4-2A）。在正常层序情况下，先形成的岩层在下，后形成的岩层在上，上覆岩层比下伏岩层为新，即下老上新，这就是地层层序律（N. Steno，1669）。它是确定地层相对地质年代的基本方法之一，由此可以确定沉积事件的先后顺序（图 2-4-2）。

图 2-4-1　原始水平沉积地层

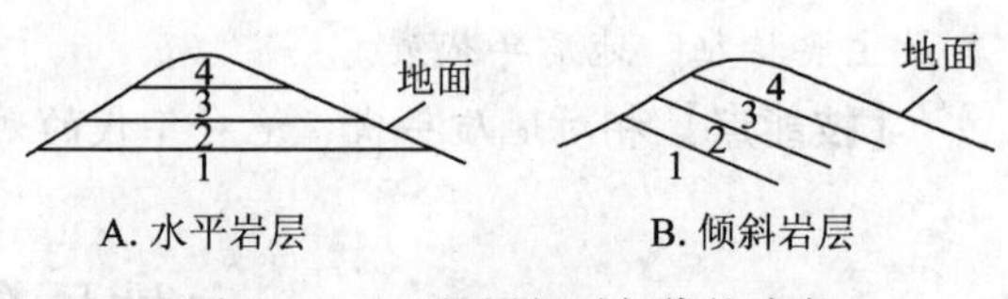


图 2-4-2　地层相对年代的确定
（据夏邦栋，1995）
1~4 代表由老到新的岩层

如果地层受到后期构造运动的影响，原始水平或近水平的岩层就会发生倾斜甚至变为直立或倒转，这时倾斜面以上的岩层新，倾斜面以下的岩层老（图 2-4-2B）。如果岩层发生褶皱倒转，则老岩层就掩覆在新岩层之上。如图 2-4-3 所示，剖面右侧为正常层

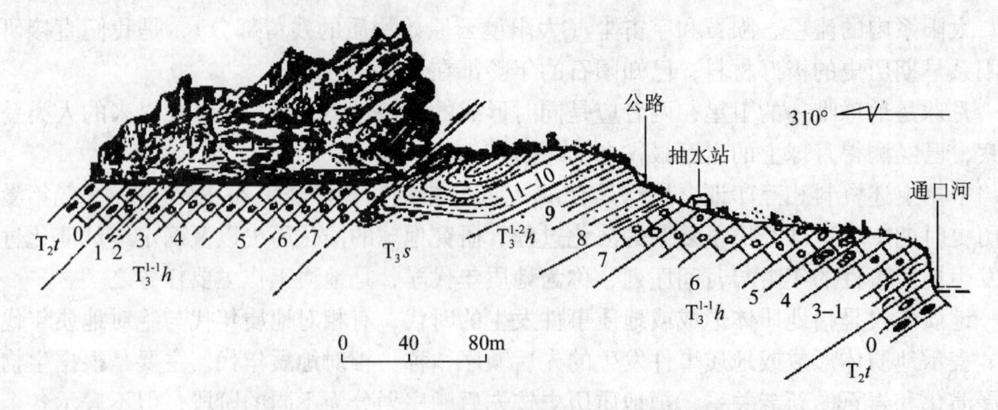


图 2-4-3　四川江油黄连桥地区中上三叠统地层剖面
（转引自付英祺等，1987）
$T_2t$—天井山组；$T_3h$—汉旺组；$T_3s$—石元组

序，剖面左侧为倒转层序。因此在实际工作中，利用地层层序律确定地层形成的先后顺序时，首先要鉴别地层层序是否正常。一般是利用沉积岩的沉积构造（泥裂、波痕、雨痕、交错层等），来判断岩层的顶面和底面，恢复其原始层序，以确定其相对的新老关系。

**2. 化石层序律（生物层序律）**

由自然作用保存在地层中的地史时期的生物遗体和遗迹，称为**化石**。化石的形成一般是由具备硬体的生物遗体被地下水中的矿物质逐步而缓慢地交代或充填作用的结果，有的是生物遗体中所含不稳定成分挥发逸去，留下其中炭质薄膜的结果。所以生物遗体的成分通常已变成矿物质，但化石的形态和内部构造仍保持着原来生物骨骼或介壳等硬体部分的特征。

生物的演变是从简单到复杂、从低级到高级不断发展的。因此，一般说来，年代越老的地层中所含生物越原始、越简单、越低级；年代越新的地层中所含生物越进步、越复杂、越高级，并且具有不可逆性。因此，不同时期的地层中含有不同类型的化石及其组合，而在相同时期且在相同地理环境下所形成的地层，只要原先的海洋或陆地相通，都含有相同的化石及其组合，这就是**化石层序律**。

早在达尔文之前，英国的工程师威廉·史密斯（W. Smith，1769～1839年）就发现，可以根据化石是否相同来对比不同地区的岩层是否属于同一时代。这一方法至今仍然是确定沉积岩年代的主要方法之一。如图2-4-4表示根据地层层序和岩性特征、化石特征来划分对比甲、乙、丙三地区的地层，从而恢复该三地区完整的地层形成顺序，并以综合地层柱状图表示。

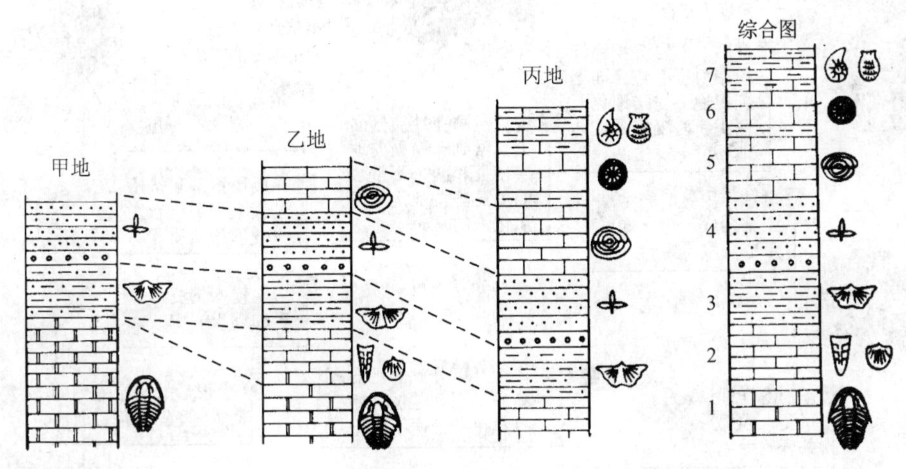


图2-4-4　地层划分与对比及综合地层柱状图

（据夏邦栋，1995）

并不是所有的化石都能用来划分对比地层。因为有的生物适应环境变化的能力很强，在很长的时间中，它们的特征没有显著改变，这类生物的化石对划分和对比岩层的意义不大。只有那些时代分布短、特征显著、数量众多、分布广泛的化石才用于确定地层地质年代。这种化石称为**标准化石**。

**3. 切割律或穿插关系**

确定相对地质年代的方法除了利用沉积地层学和生物地层学方法外，还可以用地质体在空间上的接触关系、捕虏体的存在等来确定地质时间发生的先后顺序。不同时代的岩层、岩体由于各种地质作用，常相互切割或呈穿插关系。在此情况下，被切割或被穿插的岩层比切割或穿插的岩层老，这就是切割律（图2-4-5，图2-4-6）。

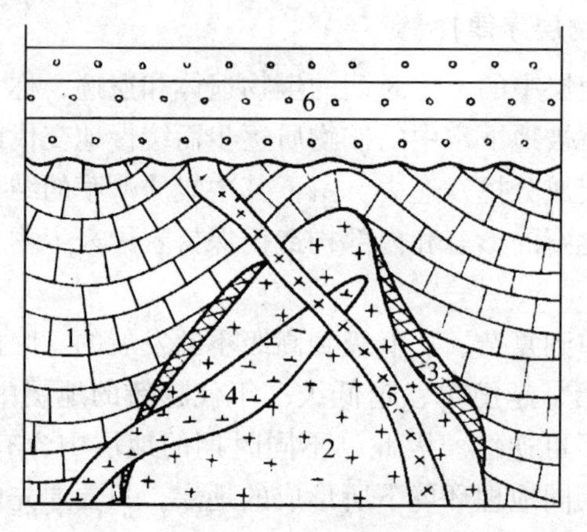


图2-4-5　岩石形成顺序示意图

（据夏邦栋，1995）

由早到晚：1—石灰岩；2—花岗岩；3—矽卡岩；4—闪长岩；5—辉绿岩；6—砾岩

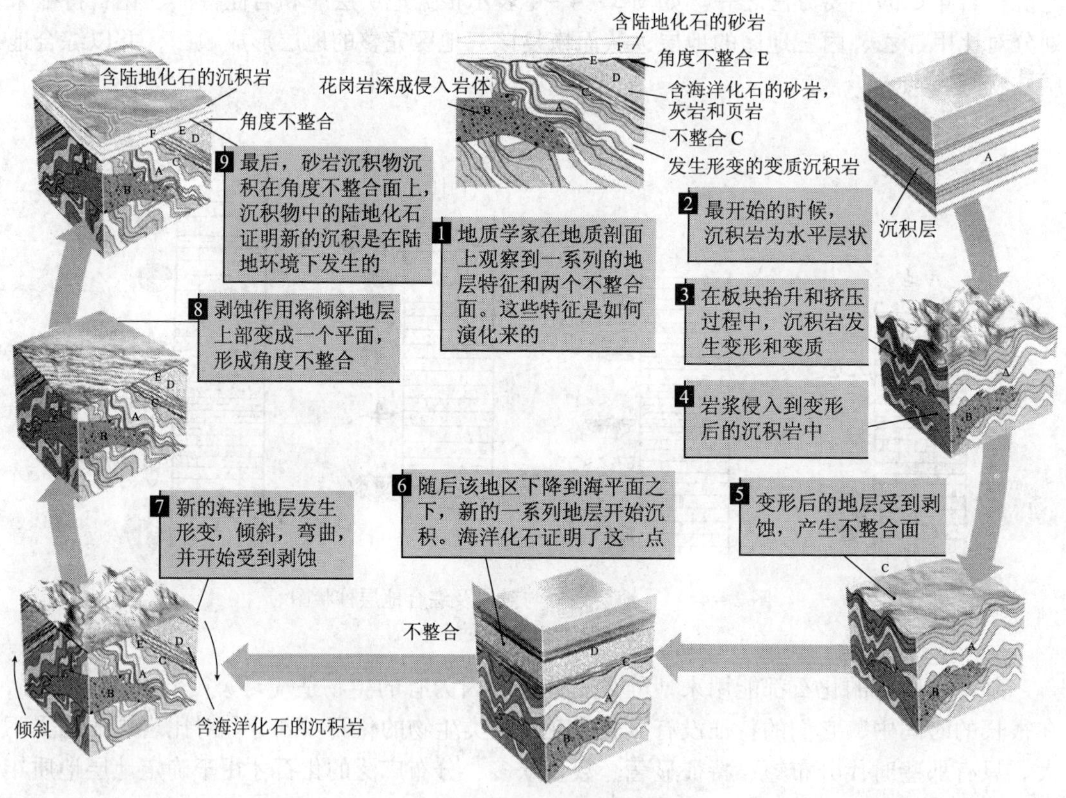


图2-4-6　岩石形成顺序示意图

（据徐士进，2000）

### （二）同位素年龄（绝对年龄）的确定

根据地层层序律和化石层序律能够确定地层间的新、老关系，即地层的相对地质年代。但是不能定量地提供矿物、岩石形成的年龄值或各种地质事件发生的具体时间。随着放射性元素衰变现象的发现和研究，人们可以利用放射性同位素的衰变原理来测定地质年代，称为**同位素年龄（绝对年龄）即绝对地质年代**。

研究表明，放射性同位素（母体）是不稳定的，它自发的以稳定不变的速率（$\lambda$）释放出能量，逐渐衰变为另一种或多种同位素（子体），最终稳定下来。由于衰变的速率不受外界因素干扰保持恒定，因此可以根据矿物、岩石中某种放射性同位素的含量（$N$）及其衰变产物的含量（$D$）之比计算矿物、岩石形成的年龄。则岩石形成的年龄（$t$）可按下列公式计算出来：

$$t = \frac{1}{\lambda}\ln\left(1 + \frac{D}{N}\right)$$

目前广泛采用的测定方法有 U－Pb 法，即放射性铀（$^{238}U$）可衰变为非放射性的铅（$^{208}Pb$）；Th－Pb 法，即钍（$^{232}Th$）可衰变为铅（$^{208}Pb$）；K－Ar 法，即钾（$^{40}K$）可衰变为氩（$^{40}Ar$）等。

### （三）古地磁测年法

岩石一般均具有磁性，这种磁性是岩石在其形成过程中，磁性矿物在当时当地磁场方向下定向固结形成的，称为**剩余磁性**。通过对 8000 万年以来不同时代岩石的剩余磁性研究，发现地球磁场的极性大约每 40 万年发生一次反转。人们利用岩石的剩余磁化的方向为标志，将古地磁的极性变化按时期排列起来，结合同位素年龄测定，建立起了地球极性时间表。根据所测岩石的极性，确定该极性的延续时间，通过与地球极性时间表对比，就可以推算该岩石的形成年代。该方法目前主要用于测定中生代以来的岩石年代。

## 二、地质年代单位

### （一）地质年代表的建立

为了研究地球发展历史，首先要建立地质时代。地质学家根据世界各地区地层划分对比的结果，以及生物演化阶段、大的构造运动、古地理环境变化等的研究，结合同位素年龄的测定，建立起包括地史时期所有地层在内的世界性的标准年代地层表及相应的地质年代表，综合反映了地壳中无机界和有机界的演化顺序及阶段。

地质学家根据生物演化的顺序、过程、阶段、大的构造运动、古地理环境变化等，结合同位素年龄，将地球的全部历史划分成许多自然阶段，即地质年代，按新老顺序进行地质编年，构成了地质年代表（表 2－4－1）。首先以生物的演化阶段划分出三个最高级别的地质年代单位，由老到新分别称为太古宙、元古宙和显生宙。在显生宙中，还根据生物界的总体面貌差异，划分出三个二级地质年代单位：古生代（即古老的生命，含早古生代

**表2-4-1　中国地质年代（区域年代地层）表**

| 宙（宇） | 代（界） | | 纪（系） | 世（统） | 同位素年龄值/Ma | 构造阶段 | 生物界 | |
|---|---|---|---|---|---|---|---|---|
| | | | | | | | 植物 | 动物 |
| 显生宙（宇）PH | 新生代（界）Cz | | 第四纪（系）Q | 全新世（统）Qh | 0.01 | 喜马拉雅阶段（新阿尔卑斯阶段） | 被子植物繁盛 | 人类出现 |
| | | | | 更新世（统）Qp | 2.6 | | | 哺乳动物与鸟类繁盛 |
| | | | 新近纪（系）N | 上新世（统）$N_2$ | | | | |
| | | | | 中新世（统）$N_1$ | 23.3 | | | |
| | | | 古近纪（系）E | 渐新世（统）$E_3$ | | | | |
| | | | | 始新世（统）$E_2$ | | | | |
| | | | | 古新世（统）$E_1$ | 65 | | | |
| | 中生代（界）Mz | | 白垩纪（系）K | 晚白垩世（统）$K_2$ | | 燕山阶段（老阿尔卑斯阶段） | 裸子植物繁盛 | 爬行动物繁盛 |
| | | | | 早白垩世（统）$K_1$ | 137 | | | |
| | | | 侏罗纪（系）J | 晚侏罗世（统）$J_3$ | | | | |
| | | | | 中侏罗世（统）$J_2$ | | | | |
| | | | | 早侏罗世（统）$J_1$ | 205 | | | |
| | | | 三叠纪（系）T | 晚三叠世（统）$T_3$ | | 印支阶段 | | |
| | | | | 中三叠世（统）$T_2$ | | | | |
| | | | | 早三叠世（统）$T_1$ | 250 | | | |
| | 古生代（界）Pz | 早古生代（界）$Pz_2$ | 二叠纪（系）P | 晚二叠世（统）$P_3$ | | 海西构造阶段（天山阶段） | 蕨类原始裸子植物繁盛 | 两栖动物繁盛 |
| | | | | 中二叠世（统）$P_2$ | | | | |
| | | | | 早二叠世（统）$P_1$ | 295 | | | |
| | | | 石炭纪（系）C | 晚石炭世（统）$C_2$ | | | | |
| | | | | 早石炭世（统）$C_1$ | 354 | | | |
| | | | 泥盆纪（系）D | 晚泥盆世（统）$D_3$ | | | 蕨类植物繁盛 | 鱼类繁盛 |
| | | | | 中泥盆世（统）$D_2$ | | | | |
| | | | | 早泥盆世（统）$D_1$ | 410 | | | |
| | | 晚古生代（界）$Pz_1$ | 志留纪（系）S | 顶志留世（统）$S_4$ | | 加里东构造阶段（祁连山阶段） | | 海生无脊椎动物繁盛 |
| | | | | 晚志留世（统）$S_3$ | | | | |
| | | | | 中志留世（统）$S_2$ | | | | |
| | | | | 早志留世（统）$S_1$ | 438 | | | |
| | | | 奥陶纪（系）O | 晚奥陶世（统）$O_3$ | | | 藻类植物及菌类植物繁盛 | |
| | | | | 中奥陶世（统）$O_2$ | | | | |
| | | | | 早奥陶世（统）$O_1$ | 490 | | | |
| | | | 寒武纪（系）€ | 晚寒武世（统）$€_3$ | | | | |
| | | | | 中寒武世（统）$€_2$ | | | | |
| | | | | 早寒武世（统）$€_1$ | 543 | | | |
| 元古宙（宇）PT | 新元古代（界）$Pt_3$ | | 震旦纪（系）Z | 晚震旦世（统）$Z_2$ | | | 真核生物出现 | 裸露无脊椎动物出现 |
| | | | | 早震旦世（统）$Z_1$ | 680 | | | |
| | | | 南华纪（系）Nh | 晚南华世（统）$Nh_2$ | | | | |
| | | | | 早南华世（统）$Nh_1$ | 800 | | | |
| | | | 青白口纪（系）Qb | 晚青白口世（统）$Qb_2$ | | 晋宁构造阶段 | | |
| | | | | 早青白口世（统）$Qb_1$ | 1000 | | | |
| | 中元古代（界）$Pt_2$ | | 蓟县纪（系）Jx | 晚蓟县世（统）$Jx_2$ | | | | |
| | | | | 早蓟县世（统）$Jx_1$ | 1400 | | | |
| | | | 长城纪（系）Ch | 晚长城世（统）$Ch_2$ | | | 原核生物 | |
| | | | | 早长城世（统）$Ch_1$ | 1800 | | | |
| | 古元古代（界）$Pt_1$ | | 滹沱纪（系）Ht | | 2300 | 吕梁阶段 | | |
| 太古宙（宇）AR | 新太古代（界）$Ar_3$ | | | | 2500 | | | |
| | 中太古代（界）$Ar_2$ | | | | 2800 | | | |
| | 古太古代（界）$Ar_1$ | | | | 3200 | 陆核形成阶段 | | |
| | 始太古代（界）$Ar_0$ | | | | 3600 | | | |

和晚古生代）、中生代（即中等年龄的生命）、新生代（意为新生命的开始）。在地质年代表中，最常用的地质年代是代以下的三级年代单位——纪。每个纪的生物界面貌各有特色。每个纪还可再细分成世。

地质年代表综合反映了全球无机界和有机界的演化顺序及阶段，是国际公认的，在地质学研究中发挥了巨大的作用。

地质年代表中具有不同级别的地质年代单位。最大一级的地质年代单位为“宙”，一般以生物演化阶段来划分的；在“宙”的时间单位内再按生物门类的演化特征及大的构造运动划分出次一级单位“代”；第三级单位“纪”，第四级单位“世”，一般是以生物演化和古地理环境变化来划分的。与地质年代单位相对应的年代地层单位是：宇、界、系、统，它们是在各级地质年代单位内形成的地层。二者对应关系如下：

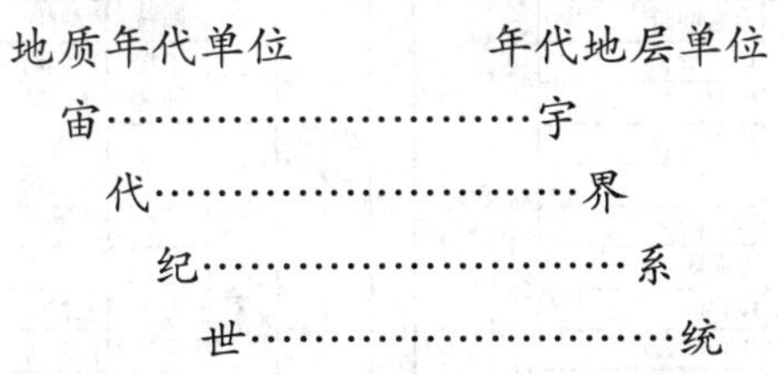


例如，山东张夏的鲕状灰岩其地质时代是显生宙、古生代、寒武纪、中寒武世，对应的地层单位是显生宇、古生界、寒武系、中寒武统。

到目前为止，前寒武纪的各级单位的划分国际上还未统一。显生宙中各级单位的划分及其名称和代号都是国际统一的。纪以下一般分为早、中、晚三个世。表2－4－1引用的是2001年全国地层委员会所编的地质年代表。此地质年代表有如下重要变化：

（1）原老第三系改为古近系，新第三系改为新近系。

（2）二叠系原二分改为三分。

（3）志留系原三分，改为四分，增加了顶志留统（$S_4$）。

（4）将原震旦系下统单建一个南华系；原震旦系上统改为震旦系。各分为两个统。

（5）在古元古界内新建立了滹沱系。

（6）太古宇由原来的三分改为四分，将≥3600Ma的变质岩系新建立为始太古界（$Ar_0$）。

2012年9月中国地质调查局和全国地层委员会发布了中国地层表（试用稿，表2－4－2）。反映了十几年来我国地层学研究成果，同时参考了国际地层学研究的最新进展。

## （二）岩石地层单位

对一个地区的地层进行研究时，首先要根据地层的岩性特征将地层按其原始顺序划分为能反映岩性特征及其变化的、不同级别的若干地层单位，以建立该地区的地层系统。

以岩性特征为依据划分的地层单位，称为岩石地层单位。岩石地层单位从大到小依次划分为群、组、段、层。岩性特征能反映岩石形成时期的自然地理环境，一般在同一沉积盆地内形成的沉积岩层才有共同的岩性特征。因此，利用岩性特征划分、对比地层受一定地区范围的限制。一般只适用于一个较小的地区范围内，所以称为地方性地层单位。

**群：**是最大岩石地层单位。它包括厚度大、成分不尽相同但总体外貌一致的一套岩层。如珠峰地区白垩系的岗巴群。

## 表 2－4－2　中国地层表简表（试用稿）

| 宇 | 界 | 系 | 统 | 阶 | 地质年龄 Ma |
|---|---|---|---|---|---|
| 显生宇 | 新生界 | 第四系 | 全新统 | 未建阶 | 0.0117 |
| | | | 更新统 | 萨拉乌苏阶 | 0.126 |
| | | | | 周口店阶 | 0.781 |
| | | | | 泥河湾阶 | 2.5886 |
| | | 新近系 | 上新统 | 麻则沟阶 | 3.6 |
| | | | | 高庄阶 | 5.3 |
| | | | 中新统 | 保德阶 | 7.25 |
| | | | | 灞河阶 | 11.6 |
| | | | | 通古尔阶 | 15.0 |
| | | | | 山旺阶 | |
| | | | | 谢家阶 | 23.03 |
| | | 古近系 | 渐新统 | 塔本布鲁克阶 | 28.39 |
| | | | | 乌兰布拉格阶 | 33.80 |
| | | | 始新统 | 蔡家冲阶 | 38.87 |
| | | | | 垣曲阶 | 42.67 |
| | | | | 伊尔丁曼哈阶 | |
| | | | | 阿山头阶 | |
| | | | | 岭茶阶 | 55.8 |
| | | | 古新统 | 池江阶 | 61.7 |
| | | | | 上湖阶 | 65.5 |
| | 古生界 | 白垩系 | 上白垩统 | 绥化阶 | 79.1 |
| | | | | 松花江阶 | 86.1 |
| | | | | 农安阶 | 99.6 |
| | | | 下白垩统 | 辽西阶 | 119 |
| | | | | 热河阶 | 130 |
| | | | | 冀北阶 | 145.5 |
| | | 侏罗系 | 上侏罗统 | 未建阶 | |
| | | | 中侏罗统 | 玛纳斯阶 | |
| | | | | 石河子阶 | |
| | | | 下侏罗统 | 硫磺沟阶 | |
| | | | | 永丰阶 | 199.6 |
| | | 三叠系 | 上三叠统 | 佩枯错阶 | |
| | | | | 亚智梁阶 | |
| | | | 中三叠统 | 新铺阶 | |
| | | | | 关刀阶 | 247.2 |
| | | | 下三叠统 | 巢湖阶 | 251.1 |
| | | | | 印度阶 | 252.17 |
| | | 二叠系 | 乐平统 | 长兴阶 | 254.14 |
| | | | | 吴家坪阶 | 260.4 |
| | | | 阳新统 | 冷坞阶 | |
| | | | | 孤峰阶 | |
| | | | | 祥播阶 | |
| | | | | 罗甸阶 | |
| | | | 船山统 | 隆林阶 | |
| | | | | 紫松阶 | 299 |
| | | 石炭系 | 上石炭统 | 逍遥阶 | |
| | | | | 达拉阶 | |
| | | | | 滑石板阶 | |
| | | | | 罗苏阶 | 318.1 |
| | | | 下石炭统 | 德坞阶 | |
| | | | | 维宪阶 | |
| | | | | 杜内阶 | 359.58 |
| | | 泥盆系 | 上泥盆统 | 邵东阶 | |
| | | | | 阳朔阶 | |
| | | | | 锡矿山阶 | |
| | | | | 佘天桥阶 | 385.3 |
| | | | 中泥盆统 | 东岗岭阶 | |
| | | | | 应堂阶 | 397.5 |
| | | | 下泥盆统 | 四排阶 | |
| | | | | 郁江阶 | |
| | | | | 那高岭阶 | |
| | | | | 莲花山阶 | 416.0 |

| 宇 | 界 | 系 | 统 | 阶 | 地质年龄 Ma |
|---|---|---|---|---|---|
| 显生宇 | 古生界 | 志留系 | 普里多利统 | 未建阶 | 418.7 |
| | | | 拉德洛统 | 卢德福德阶 | |
| | | | | 戈期特阶 | 422.9 |
| | | | 文洛克统 | 侯默阶 | |
| | | | | 申伍德阶(安康阶) | 428.2 |
| | | | 兰多弗里统 | 南塔梁阶 | |
| | | | | 马蹄湾阶 | |
| | | | | 埃隆阶(大中坝阶) | |
| | | | | 鲁丹阶(龙马溪阶) | 443.8 |
| | | 奥陶系 | 上奥陶统 | 赫南特阶 | 445.6 |
| | | | | 钱塘江阶 | |
| | | | | 艾家山阶 | 458.4 |
| | | | 中奥陶统 | 达瑞威尔阶 | 467.3 |
| | | | | 大坪阶 | 470.0 |
| | | | 下奥陶统 | 益阳阶 | 477.7 |
| | | | | 新厂阶 | 485.4 |
| | | 寒武系 | 芙蓉统 | 牛车河阶 | |
| | | | | 江山阶 | |
| | | | | 排壁阶 | 497 |
| | | | 第三统 | 古丈阶 | |
| | | | | 王村阶 | |
| | | | | 台江阶 | 507 |
| | | | 第二统 | 都匀阶 | |
| | | | | 南皋阶 | 521 |
| | | | 纽芬兰统 | 梅树村阶 | |
| | | | | 晋宁阶 | 541.0 |
| 元古宇 | 新元古界 | 震旦系 | 上震旦统 | 灯影峡阶 | 550 |
| | | | | 吊崖坡阶 | 580 |
| | | | 下震旦统 | 陈家园子阶 | 610 |
| | | | | 九龙湾阶 | 635 |
| | | 南华系 | 上南华统 | | 660 |
| | | | 中南华统 | | 725 |
| | | | 下南华统 | | 780 |
| | | 青白口系 | | | 1000 |
| | 中元古界 | 待建系 | | | 1400 |
| | | 蓟县系 | | | 1600 |
| | | 长城系 | | | 1800 |
| | 古元古界 | 滹沱系 | | | 2300 |
| | | ? | | | 2500 |
| 太古宇 | 新太古界 | | | | 2800 |
| | 中太古界 | | | | 3200 |
| | 古太古界 | | | | 3600 |
| | 始太古界 | | | | 4000 |
| | | | | 冥古界 | 4600 |

**组**：是岩石地层的基本单位。一个“组”具有岩性、岩相和变质程度的一致性。它可以由一种岩石组成，也可以由两种或更多的岩石组成。如南京附近有栖霞组、龙潭组等。

**段**：是组内次一级的岩石地层单位。代表组内岩性相当均一的一段地层。如栖霞组内分出梁山段、臭灰岩段等。一个组不一定都要划分为段。

**层**：是岩石地层单位中级别最小的单位。有两种类型：一是岩性相同或相近的岩石组合或相同结构的基本层序的组合，常用于野外剖面研究时的分层；二是岩性特殊、标志明显的岩层或矿层，常作为标志层或区域地质填图的特殊层。如膨润土层、磷矿层、砾石层。

岩石地层单位与年代地层单位没有相互对应关系，因为它们划分的依据不同，前者是以岩石为依据，后者是以化石为依据。

## 三、地球历史简述

地球的历史简称为地史，包括地球形成以来的古地理沉积环境和生物的演化史、构造运动史、岩浆活动史以及变质史、成矿作用史，是后续古生物地史学课程学习的范畴。这里只作简要的介绍。

### （一）地球（太阳系）的形成

宇宙在人们的心目中，往往有一种神秘感。“宇”是空间的概念，表示无边无际，“宙”是时间的概念，表示无始无终。地球正是在这一无尽延续的时间中和无穷拓展的空间里，形成并演化至现在所具有的各种内部特征和外部形态。

在茫茫宇宙中，有我们肉眼看得见的群星闪烁，即恒星、行星、卫星、流星、彗星等星体，也有我们肉眼看不见的尘埃、气体、类星体、黑洞及各种射线源等，所有这些物质通称为天体。各种天体之间既相互吸引又相互排斥，按一定的规律组合在一起不停地运动着。这些不断变化的天体组成了浩瀚的宇宙。

包含了大量恒星和无数星际物质的天体系统称为**星系**。太阳所在的星系叫**银河系**，银河系以外的其他星系统称为**河外星系**。

银河系是由1500亿~2000亿颗恒星和无数星际物质组成的。在晴朗的夜空，常可以看到一条群星闪烁的银灰色光带，这就是银河。其实它是一个巨大的中间厚、四周薄的旋涡状“银盘”，众多的恒星围绕着银河系的质心——银核旋转（图2－4－7A）。银盘中央是恒星高度密集区域，近球形称为核球；银盘外围恒星稀疏呈扁球状，称为银晕。从垂直银河系平面的方向看，银盘内恒星和星际物质在磁场和密度波影响下分布并不均匀，而是由核球向外伸出的四条旋臂组成旋涡结构（图2－4－7B）。旋臂是银河系中恒星和星际物质的密集部位。银河系的直径约为10万光年，中心厚度约1万光年。

太阳是银河系众多恒星中的普通一员，位于银盘中心平面（银道面）附近和一条旋臂（猎户座旋臂）的内缘，距银核约3万光年。以太阳为中心的天体系统，称**太阳系**。太阳占太阳系总质量的99.87%。它以极大的引力控制着整个太阳系，使其他天体都围绕

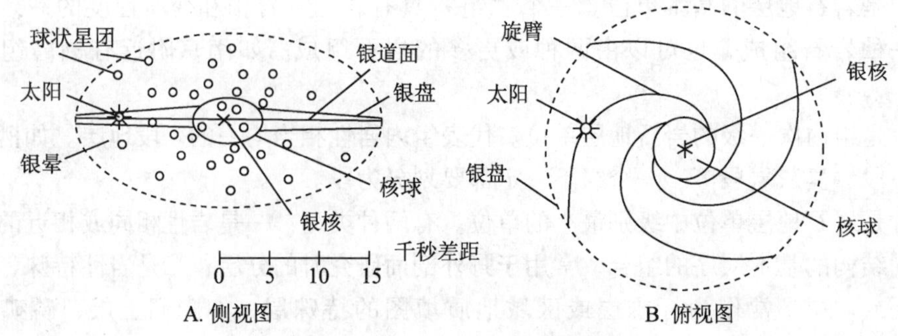


图2-4-7 银河系结构示意图

（据刘本培，2000）

着它进行公转。在太阳系中共有八颗大的行星，按其与太阳距离的远近，依次为水星、金星、地球、火星、木星、土星、天王星、海王星（图2-4-8）。在太阳系中还有数以万计的小行星，从1801年发现第一颗小行星以来，已经确定轨道的小行星约4000个，未能确定轨道的就更多，可能在1万个以上，小行星主要集中分布在火星与木星轨道之间。除此之外，在太阳系中还有彗星及行星的卫星（如月亮）等。

图2-4-8 太阳系八大行星轨道位置示意图

太阳系八大行星按其物理性质可分为两类：一类以地球为代表，称为**类地行星**，因为它们离太阳近，又叫**内行星**，内行星有水星、金星、地球和火星。它们的共同特点是质量和体积小，密度大，以固体物质为主，自转速度较慢；另一类以木星为代表，称**类木行星**，因其离太阳较远，又叫**外行星**，外行星有木星、土星、天王星、海王星，其共同特点是质量和体积大，密度小，以流体为主，自转速度较快（表2-4-3）。

关于太阳系的起源，到目前为止已有50余种假说，可以归纳为三大类：一类为星云说，这种假说认为太阳系所有天体是由同一个星云物质形成的，其附近有超新星爆发提供核能量；另一类假说为灾变说，认为先有一个原始的太阳，在后来在另一个天体的吸引或撞击下分离出大量的物质，形成行星和卫星等天体；还有一类假说为俘获说，即先有一个原始太阳，以后太阳俘获了银河系中的其他物质，形成了行星和卫星等天体。

**表 2-4-3 八大行星基本数据**

| 行星 | 与太阳平均距离/$10^8$km | 公转周期 | 自转周期/天 | 赤道半径 km | 质量（地球=1） | 体积（地球=1） | 密度 $(g \cdot cm^{-3})$ | 卫星数量 |
|---|---|---|---|---|---|---|---|---|
| 水星 | 0.579 | 87.97天 | 58.646 | 2439.7 | 0.055 | 0.054 | 5.43 | 0 |
| 金星 | 1.082 | 224.7天 | 243.017（逆时针转） | 6051.8 | 0.815 | 0.88 | 5.24 | 0 |
| 地球 | 1.496 | 365.24天 | 0.9973 | 6378 | 1 | 1 | 5.52 | 1 |
| 火星 | 2.279 | 686.93天 | 1.0260 | 3397 | 0.107 | 0.150 | 3.94 | 2 |
| 木星 | 7.794 | 11.86年 | 0.4135 | 71492 | 317.82 | 1316 | 1.33 | 63 |
| 土星 | 14.27 | 29.45年 | 0.4440 | 60268 | 95.16 | 763.6 | 0.70 | 56 |
| 天王星 | 28.71 | 84.02年 | 0.718（逆时针转） | 25559 | 14.371 | 63.1 | 1.30 | 27 |
| 海王星 | 44.98 | 164.81年 | 0.6713 | 24764 | 17.147 | 57.7 | 1.76 | 13 |

近30年来，随着天文学的巨大进步，科学家们建立了关于现代太阳系起源的假说，基本包括以下四个阶段（图2-4-9）：

**第一阶段** 原始太阳气尘云与邻近的一颗即将成为超新星的星。

**第二阶段** 超新星爆发，原始太阳气尘云在超新星影响的范围之内，并从超新星的爆发中获得能量和重元素、放射性同位素等。

**第三阶段** 在超新星能量的推动下，太阳气尘云开始旋转并逐步形成中心的太阳。当太阳达到一定大的时候，内部开始发生热核反应，年轻的恒星，尤其是质量大的恒星开始向外抛射物质，在太阳系外围形成环绕太阳的环。

**第四阶段** 太阳系的中间部分形成太阳，环绕太阳的环逐渐凝聚成星子，并以星子为中心逐渐形成行星，行星的卫星也有着相似的过程。

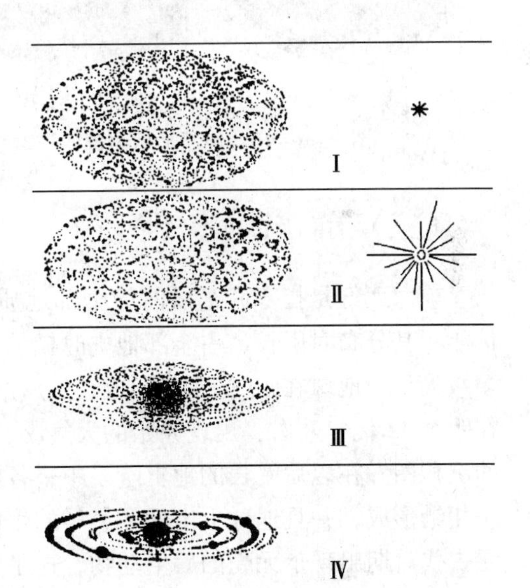


图2-4-9 太阳系起源四阶段图示
（据吴泰然等，2003）

太阳系形成初期，太阳周围的原始行星云和太阳都快速地旋转着，渐渐地被磁流体动力所减缓，使太阳系中的惯量重新分配，在太阳系星云的演化中，太阳可能以电磁力或湍流对流的形成向行星转移惯量。

对太阳系起源的各种假说，都有其不完善的地方，随着科学技术的发展，人们对宇宙的认识会逐渐加深，对地球和太阳系起源的认识也一定能更切合实际。

## （二）地球的初始演化

为地球圈层形成时期，其时限大致距今 4600～4200Ma（地质年代表将其归入太古宙）。大约在46亿年前，从太阳星云中开始分化出原始地球，温度较低，轻重元素浑然一体，并无分层结构。原始地球一旦形成，有利于继续吸积太阳星云物质（陨星的降落）使体积和质量不断增大，同时因重力分异和放射性元素蜕变而增加温度（图2-4-10A，B）。当原始地球内部物质增温达到熔融状态时，密度大而熔点低的铁、镍等元素最先分离并向地心下沉，成为铁镍地核；密度小较轻的铁镁铝硅酸盐物质向上集中组成地幔和地壳；广泛发生的火山喷发（图2-4-10C），增加了原始地壳的厚度，改变了原始地壳的物质成分和结构特点，更轻的液态和气态成分形成原始的水圈和大气圈。从此，行星地球开始了不同圈层之间相互作用，以及频繁发生物质-能量交换的演化历史。

A
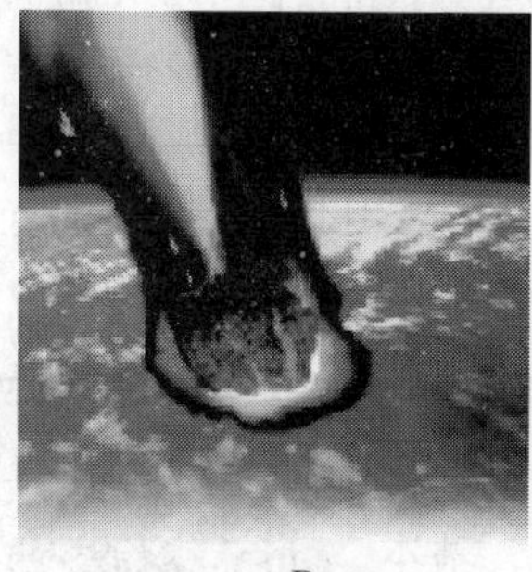
B

C

图2-4-10　原始地球内部的核裂变（A）、陨石的撞击（B）和火山喷发（C）

## （三）前寒武纪

前寒武纪是指寒武纪以前的全部地质时代，包括太古宙、元古宙，距今42亿～5.4亿年，其分布时限长，占全部地史时期的5/6，是地壳形成和发展史中的早期阶段。目前多数人认为地球在46亿年前形成，然后产生了圈层的分化，并分化成地核、地幔及地壳，在距今42亿年左右，出现原始的大气圈、水圈，同时出现了最早的沉积，逐步形成地壳的沉积圈。在以后漫长的地史阶段中，各圈层都经历了重大的演变，全球各稳定的大陆板块相继形成，并且地球上出现了最早的生命，但前寒武纪只有低等的菌、藻类植物，在新元古代后期出现了无壳的后生动物，这是生物演化史上一个重要的飞跃。前寒武纪是铁、铀、金等矿产的重要成矿期之一。

### 1. 太古宙

太古宙是地质年代中最古老的时期，自地球形成到25亿年前。太古宙进一步划分为始太古代、古太古代、中太古代、新太古代。

太古宙是地壳形成的初期。人们在澳大利亚西部石英岩中发现了年龄达42亿年的碎屑锆石，说明早在42亿年以前已存在很小的陆块，地球的圈层分异已经完成，初始陆壳、大气圈和水圈已经形成。地球上有了风化、剥蚀、搬运、沉积等外力地质作用，并开始了沉积岩的形成，同时为原始生命的孕育发生和发展创造了条件。

地球上最早的生物是38亿年南非燧石层中发现的球状、棒状单细胞细菌化石。32亿年前已出现了无细胞核的原核生物，即原始的细菌和藻类。

太古宙时期地壳发生了多次强烈的构造运动（迁西运动、阜平运动、五台运动），使太古宙地层褶皱、变质、岩浆侵入，从而扩大了原始古陆的范围，增加了稳定程度，形成了多种重要矿产，如铁、铀、金等。

**2. 元古宙**

元古宙是地壳演化过程中的第二个时间单位，距今25亿～5.4亿年，历时近19亿年。元古宙自老而新分为古元古代、中元古代、新元古代。这时期太古宙阶段所形成的陆核继续增生，中元古代开始的全球各主要原始陆壳板块已初具规模。板块内部普遍出现了含铁红色砂岩等，这是地球上第一个红色地层，表示强烈的氧化作用，说明地球出现了含氧的大气圈和水圈。另外中、新元古代大气圈中 $CO_2$ 的比例已低于太古宙，但仍高于显生宙。

地壳运动、岩浆活动和变质作用虽然较太古宙有所减弱，但仍然强烈而广泛，在中国曾发生了吕梁运动、晋宁运动等。常形成与岩浆活动有关的内生矿产，另外还形成了大型铁、锰、磷等沉积矿产。

元古宙早期发育大量具真核细胞的菌藻类植物（图2－4－11），元古宙末期出现了软驱体后生动物群，其中有类腔肠动物、环节动物、节肢动物，保存下来的是印痕化石和遗迹化石，称为伊迪卡拉动物群。震旦纪末开始有少量的带壳化石。

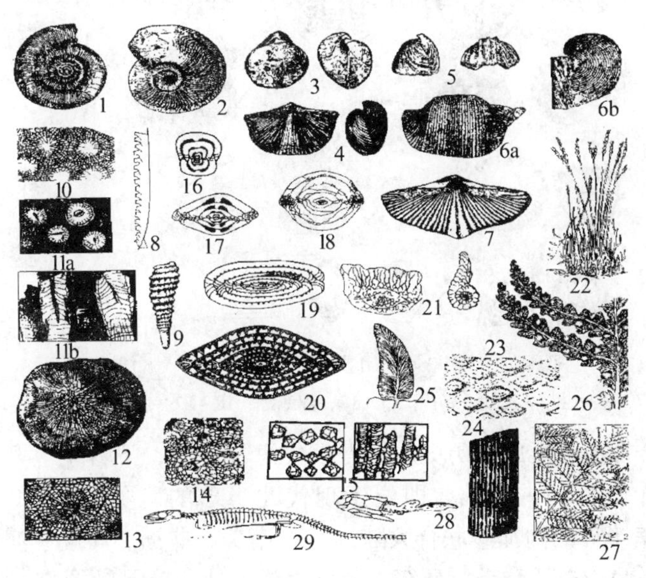


图2－4－11　元古宙化石

1～14—藻类；15～17—伊迪卡拉动物群

元古宙后期发生了全球性的大冰期，我国称为南华大冰期。如中国南方、西北、华北南部，以及澳大利亚、印度、西北欧、西伯利亚、北美西部、南非等地都发现过冰川遗迹。

需指出的是，新元古代中后期的南华纪、震旦纪（距今8亿～5.4亿年）在地史发展中具有特殊的地位。这时地表所有的古大陆（地台基底）都已形成，南华系、震旦系一般为覆盖在古大陆之上的稳定类型沉积（地台盖层），具有古生代的构造及沉积特征。

## （四）早古生代

早古生代包括寒武纪、奥陶纪、志留纪三个纪，距今5.4亿~4.1亿年，历时1.3亿年。从古生代开始，地球历史的发展进入了一个新的阶段。在生物、沉积和地壳运动等方面均有显著的特征。

寒武纪初期地球上几乎所有门类的生物爆发性大量涌现，明显区别于前寒武纪，地球历史由此进入一个新的阶段——显生宙。早古生代呈现出生机盎然的景观，尤以海生无脊椎动物三叶虫、珊瑚、鹦鹉螺、腕足类等极为繁盛（图2-4-12），故称为海生无脊椎动物时代。另外还有脊索动物的笔石和最早的脊椎动物无颚类。植物以水生菌藻类为主，到志留纪末期植物实现了从水生到陆生的飞跃，出现了大量裸蕨植物群。

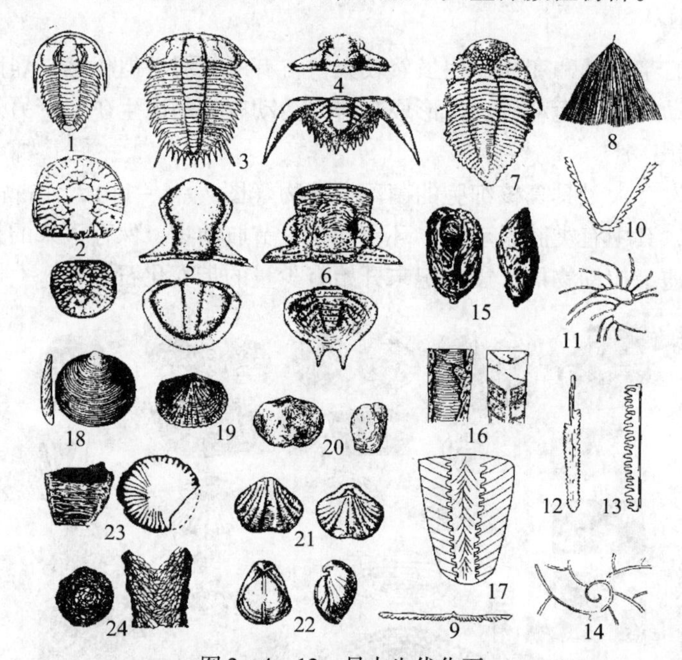

图2-4-12　早古生代化石

1~7—三叶虫；8~14—笔石；15~17—鹦鹉螺；18~22—腕足；23~24—珊瑚

古生代是联合古大陆形成的历史。早古生代海侵广泛，下古生界几乎全是海相地层。全球仅存在着五个分离的古大陆，即位于现代北半球的北美、欧洲、西伯利亚和中国（孤岛状），以及南半球的冈瓦纳联合大陆（包括南美、非洲、印度、澳洲和南极洲）。这五个古大陆的边缘为构造活动带所环绕，并为大洋盆地所分隔（图2-4-13）。

志留纪末期，加里东运动（中国为祁连山运动）使海面缩小、陆地扩大，并形成了一些新的褶皱山脉，同时还伴有花岗岩浆的活动和变质作用，如我国的祁连山褶皱带、华南褶皱带。因此早古生代这一时期又称为加里东构造阶段（旋回）。

## （五）晚古生代

晚古生代包括泥盆纪、石炭纪、二叠纪三个纪，距今4.1亿~2.5亿年，历时1.6亿年。

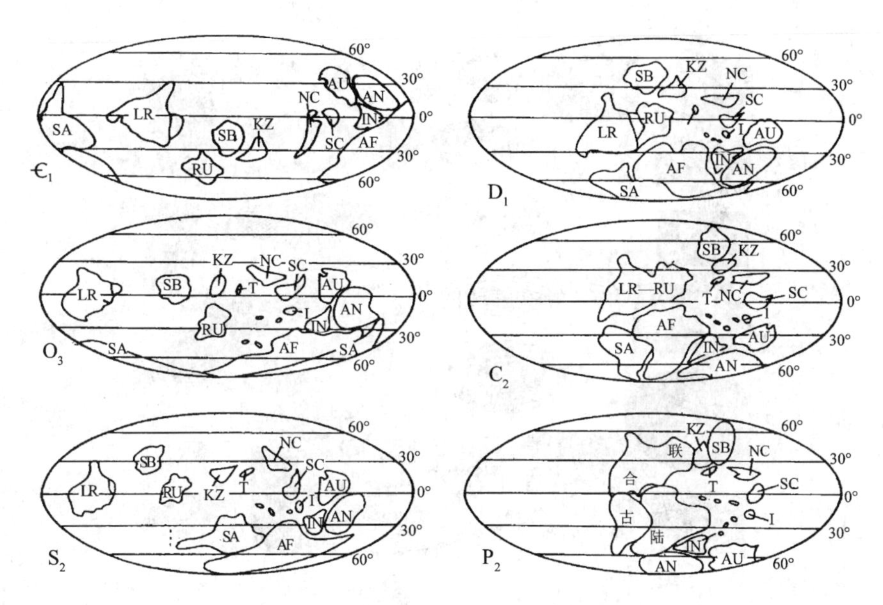


图2－4－13　古生代联合古陆的形成史

（据杜远生等，1998）

劳亚古陆：LR—劳伦；RU—俄罗斯；KZ—哈萨克斯坦；SB—西伯利亚；NC—华北；SC—华南；T—塔里木；I—印支。冈瓦纳古陆：AN—南极洲；AU—澳大利亚；IN—印度；AF—非洲；SA—南美

晚古生代是由海洋占优势向陆地面积进一步扩大发展的时代。陆生植物蓬勃发展，在各大陆上都形成了以蕨类为主的大森林，为形成大量煤层提供了重要的物质基础，故石炭－二叠纪是地史上主要的成煤时期。世界上的一些主要煤田，包括我国华北、西北的许多大煤田就是这时期形成的。海生无脊椎动物仍然统治广阔的海洋，早古生代兴盛的三叶虫、笔石、鹦鹉螺类等大量减少，最终灭绝，代之而起的是珊瑚、菊石类等的繁盛。鱼类在泥盆纪时达到了全盛。石炭、二叠纪的湖泊环境，给两栖类的演化创造了有利条件，因此，石炭－二叠纪是两栖类空前繁盛的时代，被称为两栖类时代（图2－4－14）。

最令人注目的是石炭纪、二叠纪时，形成的地史上著名的冈瓦纳大陆冰盖，其上广泛分布的冰碛物，是大陆漂移、板块聚分的重要证据。

石炭－二叠纪发生海西运动（天山运动），使主要板块发生碰撞、拼合，大部分地槽和活动带褶皱成山，赤道洋消失，乌拉尔海消失，形成了乌拉尔褶皱山脉、阿帕拉契山脉以及我国的天山、昆仑山、北山、大小兴安岭、长白山等褶皱山脉，同时伴有大量的花岗岩浆侵入，最终形成了统一的劳亚古陆，并与冈瓦纳古陆相接形成联合古陆，同时形成了特提斯洋，即古地中海（图2－4－13，图2－4－16）。因此晚古生代又称为海西构造阶段（旋回）。

## （六）中生代

中生代包括三叠纪、侏罗纪、白垩纪三个纪，距今2.5亿～0.65亿年，历时1.85亿年。中生代无论是构造运动、岩浆活动以及生物、古地理等方面和古生代相比，均有明显的差异和新的发展，是一个强烈活动的时期。

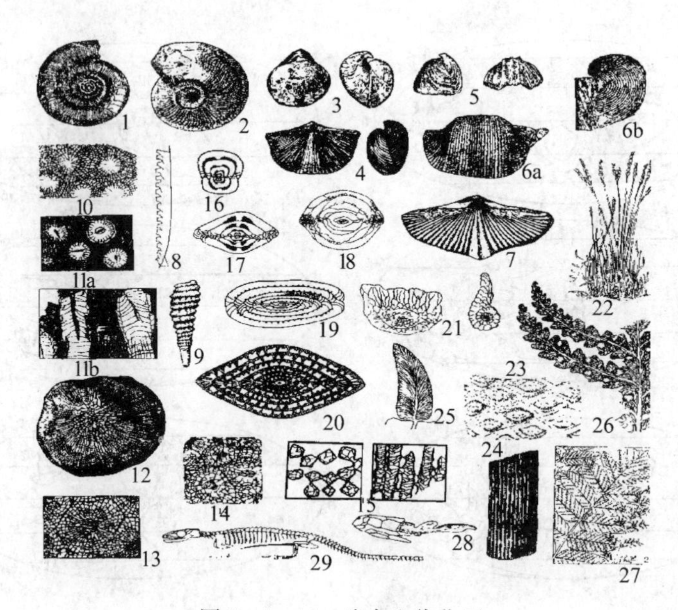

图2-4-14　晚古生代化石

1~2—菊石；3~7—腕足；8—笔石；9—竹节石；10~15—珊瑚；16~21—蜓；22~27—古植物；28~29—古脊椎动物

中生代生物界以陆生裸子植物、爬行动物陆生恐龙类（图2-4-15）大量繁盛和海生无脊椎动物菊石类的繁盛为特征，所以中生代又有裸子植物时代、爬行动物时代或菊石时代之称。

图2-4-15　中生代爬行动物

1—水龙兽；2—腔骨龙；3—马门溪龙；4—禄丰龙；5—霸王龙；6—鹦鹉嘴龙；7—鸭嘴龙；8—三角龙；9—鱼龙；10—沧龙；11—喙嘴龙；12—准噶尔龙；13—始祖鸟

古生代末期，地球上出现了一个联合古陆（泛大陆），特提斯洋为分割劳亚大陆与冈瓦纳大陆的巨型海湾，并向东开口通入太平洋，即为阿尔卑斯-喜马拉雅活动带（特提斯带）和环太平洋活动带。联合古陆大约在晚三叠世开始分裂，此时北美与非洲、欧洲分离，出现了原始的北大西洋，北大西洋的扩张使特提斯洋可向西与太平洋相通，劳亚大陆与冈瓦纳大陆重新分离、对峙。冈瓦纳大陆还是一个整体。侏罗纪时大陆进一步分裂、漂移，冈瓦纳大陆于晚侏罗世开始破裂（图2-4-16），形成了南大西洋，导致南美洲与非洲分离。大洋洲、南极洲此时也与非洲、印度分开，形成了东印度洋。白垩纪，冈瓦纳大陆进一步解体，印度与非洲分开，形成了西印度洋。白垩纪末期，冈瓦纳大陆的解体已基本完成。

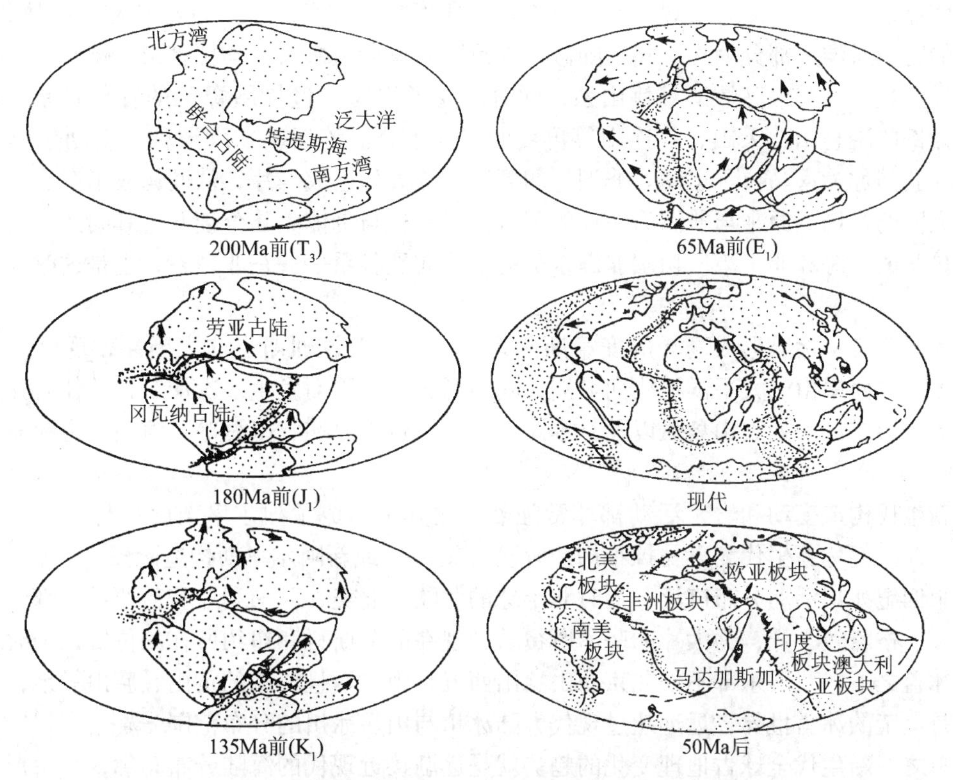


图2-4-16　中、新生代联合古陆分裂过程复原图
（据 Allegre，1983）

中生代时，世界上很多地区发生了强烈的构造运动，在欧洲称为老阿尔卑斯运动。在太平洋两岸表现也很强烈，称为太平洋运动，形成环太平洋褶皱带的内带，即靠近大陆的部分，如北美的落基山脉、西伯利亚的维尔霍扬斯克山脉等。在中国则称为印支运动（三叠纪）和燕山运动（侏罗纪、白垩纪），使西藏一带形成唐古拉山脉、冈底斯山脉，东部沿海一带也褶皱成山，火山岩广泛分布。中生代（特别是后期）是我国以及亚洲东部发生重大构造变革的时期，构造运动的强度与规模是震旦纪以来各纪都无法比拟的。

环太平洋中生代褶皱带的形成，使太平洋日益缩小。同时与强烈的岩浆活动有关的内生多金属矿床广泛发育，构成著名的环太平洋金属成矿带。在我国中生代又称为印支构造阶段（旋回）和燕山构造阶段（旋回）。

## （七）新生代

新生代是地史时期中最新的一个代，约开始于距今65Ma，延续至今，是延续时间最短的纪。划分为古近纪、新近纪、第四纪。

新生代的生物界总体面貌已与现代接近，植物界以被子植物为主，故称为被子植物时代，脊椎动物中的哺乳类极为繁盛，故又称为哺乳动物时代。而人类的出现和发展是第四纪重要的事件。

随着泛大陆在中生代的解体，冈瓦纳大陆的破裂，新生代全球构造出现了新的格局。南半球大洋洲脱离南极洲（图2-4-16）并向北漂移，直至今天的位置。不久南极大陆则向南漂移到极位。最为壮观的是非洲板块、印度板块北移，在古近纪与欧亚板块相遇，其间的特提斯洋大部分消亡，陆-陆碰撞导致阿尔卑斯山系与喜马拉雅山系崛起，成为当今世界上最年轻和最高峻的雄伟山系，同时出现了称为“世界屋脊”的青藏高原，并使我国西部的昆仑山、天山、祁连山等再度明显地上升。该运动在欧洲称为新阿尔卑斯运动，在我国称为喜马拉雅运动。非洲、印度和欧亚大陆连成一片，从而构成了东、西半球两个大陆的格局。原来与非洲为一体的阿拉伯半岛，与母体大陆分裂开，其间产生了现今仍在扩张的红海和亚丁湾。切割非洲东部的南北向裂谷系——东非裂谷，也是这时开始形成的。

太平洋东岸褶皱形成高峻的安第斯山系，以及圣安德烈斯走向大断裂，现今仍在活动。太平洋西岸由于太平洋板块向亚洲大陆不断俯冲，因而发生多次褶皱，并伴有强烈火山活动，形成一系列火山岛弧以及日本海、东海、台湾海峡、南海等，海南岛也脱离了亚洲大陆。

新生代构造变动和岩浆活动都非常强烈，尤其是形成了阿尔卑斯山系与喜马拉雅山系，因此人们称新生代为喜马拉雅构造阶段（旋回）或新阿尔卑斯构造阶段（旋回）。

第四纪冰川活动分布广泛，当时北半球的北欧、北美、西伯利亚和新西兰等都曾与今日南极、格陵兰一样，为大片的坚冰所覆盖，现在的莫斯科和纽约所在的位置，当时也在大陆冰盖之下；我国东部不仅北京西山、山西五台山，而且江南的黄山、庐山等地，当时都曾是晶莹的冰雪世界，远远超过现代大陆冰川与山岳冰川的分布范围。

总之，新生代全球古地理变化的趋势就是逐渐接近现代的海陆分布轮廓，最后形成今天的七大洲四大洋的地理面貌。

## 复习思考题

1. 相对地质年代是依据什么划分的？
2. 什么是地层层序律和化石层序律？
3. 地质年代表是怎样建立的？
4. 默写出各代、纪的名称与代号。
5. 地球历史分为哪几个大的阶段？列出各阶段主要的构造运动。

# 学习任务5　地球与人类关系的识别

**【任务描述】**地球是迄今为止宇宙中唯一发现的适宜人类生存的地方，人类的地质作用却在肆意虐待它，地球反过来以更加频繁的地质灾害等环境问题报复、惩罚人类。只有清醒地认识人地关系，调查和研究自然和人类的地质作用，减少其造成的损失和破坏，保护地质环境，是地质工作的任务之一。

**【学习目标】**掌握环境地质学的概念、研究内容及分类；识别人类的地质作用对地球环境的破坏、改造等特征；了解人地关系与可持续发展的关系。明确保护环境、保护地球的意义与责任。

**【知识点】**环境、地质环境、环境地质学；人类的地质作用：人类的侵蚀作用、人类的搬运和堆积（排放）作用；宜居星球、危机、人地关系、可持续发展、保护环境、保护地球

**【技能点】**人类地质作用的识别方法。

## 一、地质环境与环境地质

环境，是指与中心事物有关的客观事物的总和。环境科学研究的环境，是与人类有关的客观事物的总和。地质环境是自然环境的一个部分，是指水圈、大气圈、生物圈相互作用的岩石圈表层，是人类生存发展的基本空间，人类的生存环境究其本质就是地质环境（图2－5－1）。

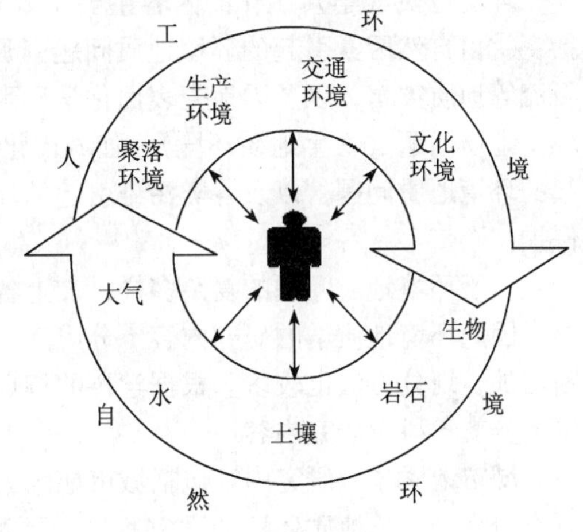


图2－5－1　人与环境关系图

（据杨志峰等，2004）

20世纪50年代以来，随着全球人口的急剧增长和社会经济的发展，人类社会出现了一系列环境地质问题，特别是地质灾害与环境污染，已给人类的生存和发展造成了巨大的危害和威胁（图2－5－2）。人类与地质环境关系问题成为21世纪亟待解决的重要问题之一。

地质环境与环境地质，是两个完全不同的概念，两者不能互相通用，混淆不清。两者的区别在于，环境地质是研究人类与地质环境相互作用、相互影响的学科，是以地质环境为研究对象的科学。地质环境是有空间概念的，即岩石圈表层或其中某一区域，由地质、地貌、气候、水文、植被、动物界和土壤等组成的一个整体，是相互制约和相互联系

图2-5-2　曾经辉煌过的楼兰古城

（引自 http：//a3. att. hudong. com/18/91/01300000939606128131913635823. jpg）

的特殊自然综合体。而环境地质没有空间概念。

20世纪60~70年代，环境问题已经引起各国特别是西方发达国家的严重关注，环境地质学应运而生。它是从地质学中分支出来的一门新兴学科，也是环境科学的重要组成部分。它是应用地质科学、环境科学以及其他相关学科的理论与方法，研究地质环境的基本特性、功能和演变规律及其与人类活动之间相互作用、相互影响的学科。其研究对象是人类与地质环境组成的复杂系统。

环境地质工作的任务是在调查分析地质环境组成要素的特征和变化规律的基础上，研究人类活动与地质环境的相互关系（人地关系），揭示环境地质问题的发生、发展和演化趋势，全面评价地质环境质量，提出地质环境合理开发、利用和保护的对策与方法，为实现人类社会经济的可持续发展提供科学依据。

环境地质（学）工作的内容主要是调查、研究人类活动与地质环境的相互关系，包括：①由自然因素引起的环境地质问题（原生地质环境），如火山喷发、地震、山崩、泥石流等地质灾害，以及因地壳表面化学元素分布不均引起的地方病。②由人类活动引起的环境地质问题（次生地质环境），如城市化引起的环境地质问题，大型工程和资源开发引起的环境地质问题，以及各类污染引起的环境地质问题等。③资源的合理开发利用与环境保护。

由于环境地质问题的复杂多样，加上各个自然学科都主动积极地向环境地质靠拢、渗透，因此环境地质学的研究内容十分广泛，所涉及的学科繁多，导致其下面的分支学科不断增加，划分方法也较多。根据学科的特点和环境地质问题的不同，环境地质学大体包括以下分支学科及研究内容：

**城市地质学**：研究内容包括城市地区的区域地质、水文与工程地质、环境地质的综合调查研究；评价地质环境的适宜程度，预测可能产生的环境地质问题与社会经济环境效益，进行市政布局和环境地质区划；开展城市地区各种地质灾害的分布、成因、影响和预测预防的研究；做好城市地区水资源的调查、评价、合理开采和保护的研究；城市地区地质环境与人类健康关系及其保护与改善的研究等。

**灾害地质学**：研究内容包括地质灾害发生与发展规律，从技术上提高预报的准确性，最大限度地减轻地质灾害对人类生命财产的危害和对社会经济的破坏。

**矿山环境地质学**：研究内容包括人类与矿产资源之间的供需矛盾及其解决的途径与对策；矿产资源的合理开发利用技术与方法；矿产资源开发利用过程中所产生的环境地质问题的预测及其防治等。

**废物处置地质学**：研究内容包括综合运用地质学理论和方法，选择废弃物处置场址，合理处置城市垃圾、工业废物和放射性废物等。

**医学地质学**：研究内容包括研究区域地球化学特征和地方病的形成机理及其防治办法；微量元素的污染途径及其生物学效应；较差地质环境的改善途径与方法。

**旅游地质学**：研究内容包括各种旅游地质的形成机制和分布规律，对旅游区与旅游景点进行评价与规划，进而开发、利用并保护地质旅游资源。

**农业地质学**：研究内容包括大农业生长的地质背景，农业土壤地质以及促进农业发展的农用矿物岩石的应用。

## 二、人类地质作用

地质学家在19世纪就注意到生物的地质作用，人类活动归属于生物地质作用的一部分。20世纪以来，人类活动（尤其是工程活动）以空前的速度急速发展，对地球的表层系统产生了巨大的影响，甚至超过了自然地质作用及其产物，成为一种特殊的、巨大的地质营力。科学家们通过努力得出了这样的结论：在过去的若干年，地球环境的变化幅度已经超过了过去50万年的自然变化速率。人类活动日益改变着地球的表层系统，并且不断恶化人类赖以生存的环境，已成为一种极具破坏和威胁的地质作用——人类的地质作用，也有人称为第三地质作用。甚至还有科学家提出，从1万年前开始建立一个新的地质时期——人类世，以加强对人类地质作用的研究和识别。

人类的地质作用是指由人类活动引起的地壳内部结构、地表形态变化和物质迁移的作用。包括人类的侵蚀作用、人类的搬运和堆积（排放）作用。

### （一）人类的侵蚀作用

#### 1. 对地壳的侵蚀（破坏）作用

在采掘固体矿产、开采石油气和地下水、建设地下工程的过程中，人类破坏了地壳的结构和构造，破坏了地壳各部分之间的联系，使岩石发生解体，加速了风化、侵蚀过程的进行；改变了岩石的空间分布状态、地应力状态以及地下水系，形成对地壳的侵蚀（破坏）作用；导致了地面变形和咸水入侵等地质灾害的发生，破坏了地质环境和生态平衡。

**地面变形**：包括地面沉降、地面塌陷、地面开裂（地裂缝）等。地面沉降是指局部地表的缓慢降低。主要是过量抽取地下水，以及因地下矿藏采空后，地下静压力失去平衡，导致上覆岩层下沉（有些地面沉降与地壳升降运动有关）。据不完全统计，我国共有上海、天津、江苏、浙江、陕西等16个省（区、市）的46个城市出现了地面沉降问题。在全国20个省、区内，共发生采空塌陷180处以上，塌陷面积大于1000多平方千米。地裂缝出现在陕西、河北、山东、广东、河南等17个省（区、市），共400多处、1000多条。

**咸水入侵**：常与地面沉降同时发生，主要是由于过量开采地下水，引起地下水位下降或咸水侵入地下淡水层，使地下淡水咸化。是一种长期地质灾害，包括陆地淡水层和咸水层的串层，以及海水入侵两种现象。地下淡水咸化后不能被利用，同时可造成农田盐碱化。上海、大连、宁波、天津等滨海城市，已出现海水入侵及土地盐碱化，其中大连市自1968年以来，海水入侵范围不断扩大，1978年接近50km$^2$，2006年已达到500km$^2$，已影响到工农业用水和居民用水。

**2. 对地表的侵蚀（改造）作用**

人类为了各种需要而改变地表的形态，形成各种人为景观，如围海（湖）造田、山坡梯田、人工水库、河流改道以及城市化建设和大量的工程建筑、铁路和公路建设等。加上人类的农业活动，极大地改变了地貌景观、土壤的成分和植被的发育，干扰和改变了地质环境原有的特征和规律，加快了演化速率，改变了演化方式和演化轨迹；造成了地壳应力状态、地表形态及地下水系的改变，加速了风化作用的进程，破坏了生态平衡，使环境不断恶化。

由于水库蓄水、采矿、废液深井处置和核爆炸等，都可能诱发地震造成破坏。因人类活动引起的崩滑流地质灾害已经超过了其总数的20%（图2-5-3）。在我国成昆铁路沿线的泥石流中，其总数的2/3是由人为因素造成的。

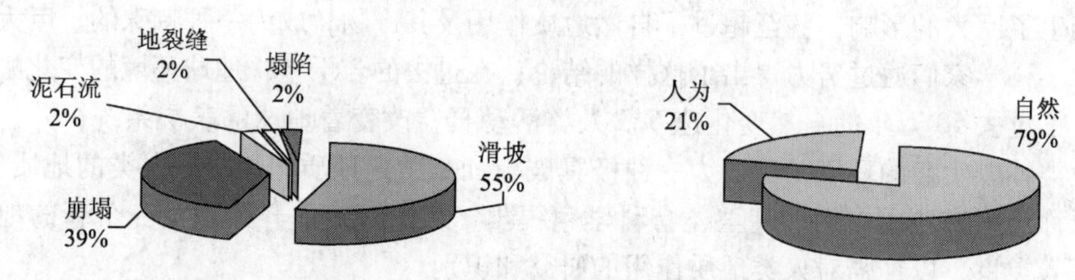


图2-5-3　2006年1月~6月份我国不同地质灾害类型发生情况

（中国地质环境监测院）

**荒漠化**：联合国曾对荒漠化地区45个点进行了调查，结果表明：由于自然变化（如气候变干）引起的荒漠化占13%，其余87%均为人为因素所致。中国科学院对我国北方地区现代荒漠化土地成因类型的调查表明，94.5%为人为因素所致。荒漠化的原因主要是人口激增和过度放牧、滥垦乱采、不合理的耕作及粗放管理、水资源的不合理利用等。现在全世界沙漠化土地每年平均达$5\times10^8\sim7\times10^8$km$^2$。目前我国有荒漠化土地267.4×10$^4$km$^2$，占国土总面积的27.9%，涉及我国18个省区的471个县市。大约有1.7亿人口受沙漠化的危害和威胁，因沙漠化造成的直接经济损失每年超过540亿元。沙化土地每年仍以2460km$^2$的速度在扩展，相当于每年损失一个中等县的土地面积（图2-5-4）。

**土壤盐渍化**：系指土壤中积聚盐、碱且其含量超过正常耕作土壤水平，导致作物生长受到伤害甚至无法生长的现象。除了自然因素外，还与不适当蓄水、灌溉、排水以及乱伐森林、过度放牧等人为因素密切相关。我国盐渍土总面积达1016.82×10$^4$km$^2$，有潜在盐渍土约17.33×10$^4$km$^2$，除滨海半湿润地区的盐渍土外，大多分布在北方的半干旱、干旱地区，如华北平原、河套地区、西北地区。

**水土流失**：指土壤被风、流水侵蚀和冲刷而去。它可造成土层变薄、肥力下降、河湖淤积、洪水泛滥。水土流失是由自然和人为因素造成的。据统计，全世界每年因水土流失

图2-5-4　一个个村庄就是这样被沙漠吞没了
（卢彤景摄）

约损失可耕地1亿亩（1亩≈$667m^2$），我国是世界上水土流失最严重的国家之一。据2005年统计，仅2004年全国土壤侵蚀量达$1.622\times10^9t$，相当于从$12.5\times10^4km^2$的土地上流失掉1cm厚的表层土壤。我国水土流失面积由解放初期的$116\times10^4km^2$增加到现在的$356\times10^4km^2$，占全国总面积的37%。值得注意的是，过去已遭受水土流失的面积通过治理已明显减少，但新的主要由人为影响，如盲目开垦坡地、毁林毁草，以及从事不合理工程建设等所产生的水土流失面积正在不断增加。

## （二）人类的搬运和堆积（排放）作用

人类在工程活动中，每年要移动大量的地壳物质。仅全球性采矿和工程建设的开挖工程中，每年搬运的土石方大约为$2.2\times10^9t$，就可与河流的搬运作用相比。人类活动每年搬运的物质总量已超过了全球水流的搬运强度。

人类活动在地球上形成了许多人工堆积、排放物，其分布面积和厚度，可以达到相当大的规模，乃至全球。如围海（湖）造田造陆大量的土石方，用于铁路和公路路基的岩石，其数量可与近代河流沉积物相比，以及大量的建筑物。据不完全统计，到2000年世界上的各种人类工程建筑约占整个大陆面积的15%。

人类的上述活动，在一定程度上改变了地壳应力状态、地表形态，破坏了生态平衡。特别是各类废弃物的堆积、排放，严重地污染水圈、破坏大气，极大地危害着人类的健康。

**水环境污染：**是指因人为因素而使水质变坏。一般将水质的程度超过各项用水水质标准的地下水称为被污染的地下水。地下水污染主要由工农业和生活污染源（污水、废物、农药、化肥、粪便等）直接入渗，以及人工开采地下水不当（如开采地下水时使淡、咸水串层污染，过量开采地下水使咸水、海水入侵，人工回灌不洁净水等）造成的，危害和威胁着人类的健康。我国的水（含地表水）污染较为严重。2000年我国工业污水和城市生活废水排放总量达 $6.2\times10^{9}$t，其中有70%都未经过无害化处理。

**大气污染：**是范围最广泛，也是最严重的污染。据资料统计，全球有6.25亿人生活在空气污染的城市，当今最受人们关注的全球性环境问题——臭氧层空洞、温室效应加剧和酸雨，以及人类很多种疾病的发生，都与大气污染直接相关。

大气污染物来自天然和人为（主要是废气排放）两种污染源。大气污染物的种类繁多、形态各异，现已产生危害或已受到人们注意的污染物约有100种。各种大气污染物在大气中经过复杂的过程和相互作用，导致全球增温、气候变化、海平面上升、酸雨等环境效应，从而对自然生态系统和人类社会、经济产生重要影响，对人类的健康甚至生存构成了严重的威胁。

随着空气质量的恶化，阴霾天气现象出现增多，危害加重。2013年我国不少地区把阴霾天气现象并入雾一起作为灾害性天气预警预报，统称为“雾霾天气”。其实雾与霾从某种角度来说是有很大差别的：出现雾时空气潮湿；出现霾时空气则相对干燥，空气相对湿度通常在60%以下。其形成原因是由于大量极细微的尘粒、烟粒、盐粒等均匀地浮游在空中，使有效水平能见度小于10km的空气混浊的现象（图2-5-5），严重的威胁人类的健康。

图2-5-5　中国遭大面积雾霾笼罩

（2013年1月10日北京城，富田摄）

环境地质学的目的就是要协调人和资源、环境三者间的关系。因此不仅要评价、预测自然地质作用对人类可能造成的危害，还要防治由人类的地质作用对环境造成的危害。

## 三、人地关系

人类是地球（地表环境、生物进化）发展到一定阶段的产物。人类一经出现，就与地质环境发生了关系，即“人地关系”，并共同构成了人地系统。地质环境是人类生存和发展必要的物质基础，同时人类又是环境的塑造者，并且越来越深刻地影响着地质环境。

人类与地质环境是对立统一的。一方面，人类为了生存和发展需要不断地向地质环境获取物质和能量，同时，又将废弃物排放于地质环境之中；另一方面，地质环境的发生、发展和变化有其自身的规律，一旦遭到破坏就会报复和惩罚人类，产生一系列不利于人类生存的环境地质问题。人类就不得不调整自己的行为，以适应地质环境所能允许的范围，获得可持续发展的空间。

## （一）人地关系“危机”

人类为了生存的需要，千方百计地从自然界获取物质资源和生活资料。随着人口的增长、生产的发展和科学技术的进步，人类对自然界的索取、改造和干预越来越多。“人类主宰自然”的狂热思想和不惜代价地向自然界“开战”的行为，使人与地球环境的矛盾日益突出，人地关系“危机”频现。

人地关系危机主要表现在以下方面：①人口剧增、资源短缺，特别是不可再生资源（土地资源、矿产资源、矿物能源）的不足，使地球的人口承载量受到限制，制约着人类社会经济可持续发展（图2－5－6）；②自然地质作用产生的各种地质灾害，直接或间接地恶化地表环境，并且有不断加剧的趋势，对人类生命财产造成危害或潜在威胁，使社会经济蒙受巨大损失，阻碍人类社会向前发展；③人类的地质作用诱发或加剧了地质灾害，污染环境，使生态环境恶化，造成地表环境退化，危害和威胁人类健康，并制约和影响人类社会的发展。

图2－5－6　地球已接近“人满为患”

（引自 http://pic. hefei. cc/newcms/2012/09/03/1346640075504418cbe0ac8. jpg）

人地关系危机的实质是人与地质环境关系的失调，造成了生态系统平衡的破坏，是人口、经济、社会、环境未能协调发展引起的问题，是人对自然规律的忽视和不尊重。

## （二）可持续发展的人地观

地球环境是人类赖以生存的空间，是人类进行生产活动的物质基础和必要条件。人类开始意识到地球自然资源和环境空间是一种有限的稀缺资源，它关系到人类世世代代的幸福，当代人肩负着合理管理地球资源、保护地球环境的责任。

可持续发展是指：既满足当代人的需要，又不危及后代人满足其需求的发展。1992年联合国在巴西里约热内卢召开的环境与发展大会，将环境问题与经济发展紧密结合起来。指出了人类在21世纪所面临的主要问题是人口、资源和环境，并提出了可持续发展的战略。

人类必须在可持续发展的前提下，处理好人地关系中环境与发展的矛盾。它是整个系统发展最基本的矛盾。这两个矛盾着的方面既相互联系、相互依存、相互渗透、相互服从，又相互作用、相互影响、相互制约，并相互转化，它们互为存在和发展的前提与条件，并对系统发展起着不同的作用。保护和改善地质环境，是人类维护自身生存和发展的前提，否则就会给人类带来灾难。

人类必须充分认识自身在地球系统中的作用，规范人类自己的行为准则，理顺人地关系，达到人地关系的和谐发展。还必须以科学的人地观为指导，严格控制人口增长；合理利用地球资源；尽量减少人类的地质作用，防止污染环境和破坏生态；提高技术手段，最大限度地减少自然灾害造成的损失和破坏；保护地质环境。为人类的生存、可持续发展提供良好、持久、和谐的地质环境。

人类只有一个地球，珍爱地球，就是珍爱我们自己。

## 复习思考题

1. 什么是环境和地质环境？为什么说地质环境就是人类的生存环境？
2. 何谓环境地质学？包括哪些内容？有哪些分支学科？
3. 人类的地质作用有哪几种？对环境的破坏主要表现在哪些方面？
4. 在保护环境方面自己应该做些什么？

# 学习任务6　地质作用与地质现象识别

**【任务描述】**观察认识、描述记录各种地质现象，是野外地质调查工作最基本的技能和任务。分析每种地质现象是由何种地质作用形成的，总结恢复该地区地质构造演化史，是地质工作的重要任务之一。

**【学习目标】**掌握地质作用与地质现象的概念，重点掌握地质作用与地质现象因果关系的识别，熟记地质作用的分类。

**【知识点】**地球能源、外能、内能、地质作用、地质现象；外力地质作用：风化作用、剥蚀作用、搬运作用、沉积作用、重力作用、成岩作用；内力地质作用：构造运动、地震作用、岩浆作用、变质作用；地质作用与地质现象之因果关系。

**【技能点】**地质作用与地质现象的识别方法。

地球的形成至今已有46亿年的历史，在如此漫长的地球历史中，其内部结构、构造、物质成分和地表形态一直在不断地变化着。我们今天所看到的地球，只是它全部运动和变化过程中的一个片段。

现今的地球表面，在太阳辐射、空气、地面流水、地下水、冰川、风、湖泊、海洋等自然营力的作用下，高处不断地被削低，低处正在逐渐地被填高。最直观的证据是：仅我国每年都要发生数万起崩塌、滑坡、泥石流等由山体向下运动的地质灾害；黄河的水总是黄的，就是因为它携带了大量的泥沙并填入海洋。洞庭湖2000多年前是我国第一大湖（古称云梦大泽），面积40000多平方千米，但由于河流带来泥沙的淤积，现在的面积已缩小为4000多平方千米。另一类自然营力是地球内部应力释放（构造运动）、物质迁移（岩浆作用）形成地震、火山。地震产生山崩地裂海啸，火山喷出大量的火山碎屑物和熔岩，不但给人类带来巨大的灾难，而且改变了地表形态和地球内部特征。构造运动导致地球岩石圈板块做大规模水平运动，形成海陆变迁、大陆漂移。所有这些变化都是地球内、外部各圈层的物质运动和相互作用的结果。地质学把自然营力引起岩石圈的物质组成、内部结构、构造和地表形态等不断运动、变化和发展的作用称为**地质作用**。把引起这些变化的各种自然营力称为**地质营力**。

## 一、地球的能量来源

地质作用的能量来源有两个方面，一是来自地球以外的能量称为外能；二是来自地球内部的能量称为内能。

### （一）地球的内能

内能来源于地球本身的能量，主要有地球自转产生的旋转能、重力作用形成的重力能、放射性元素蜕变等产生的热能，此外尚有结晶能和化学能等。

**旋转能**：地球自转对地球表层物质产生离心力和离极力。离心力的大小随纬度而变化，两极为零，赤道最大，致使高纬度物质向赤道附近运移。

**重力能**：是一种势能，是地球物质产生的万有引力和自转离心力的合力，其构成了地球的重力场。地球表面所有物体和地内物质都处于重力场的作用之下，因此重力能不仅在内力地质作用中起作用，在外力地质作用中也起着重要的作用。

**热能（放射能）**：是由地球内部放射性元素蜕变而产生的，是地球热能的主要来源，也是导致地球发生变化的重要能源。此外构造运动产生的机械能、化学能以及地球旋转能、重力能都可能转化成热能。目前研究认为，地球内部各圈层热能的差异性，是地球运动变化的主要动力源。板块构造学说认为，地幔热对流是岩石圈板块运动的驱动力。地幔柱构造学认为地幔热对流产生的动力源来自于地球内部核－幔边界。

**结晶能与化学能**：岩石圈内部物质结晶相变可产生结晶能与化学能，另外，地幔与地壳、上地幔与下地幔之间化学成分的转变和结晶相变也可产生结晶能与化学能。

### （二）地球的外能

外能来自固体地球以外的能量，主要包括太阳辐射能、日月引力能、生物能等。

**太阳辐射能**：是地球表面最主要的能源，是大气圈、水圈和生物圈赖以生存、发育以及相互进行物质和能量交换的主要能源，并由此产生了一系列的地质外营力，如风、雨、雪、流水、冰川、波浪等。

**日月引力能（潮汐能）**：地球在日、月引力作用下使海水产生引潮力，由于地球的自转和太阳、月亮与地球的相对位置会发生周期性的变化，各地的引潮力也发生周期性的变化因而产生潮汐现象。潮汐具有强大的机械能，是重要的地质营力之一。

**生物能**：是由生命活动所产生的能量，无论是植物的生长、动物的活动以及人类大规模的改造自然活动，都会产生改变地球物质和面貌的作用。但归根结底，任何生物能都源于太阳辐射能。

## 二、地质作用的分类

根据地质作用的能量来源不同、作用方式及位置的差异，分为外力地质作用、内力地质作用两大类：

### （一）外力地质作用

作用在岩石圈表层、由地球外能及部分内能（地表物质的重力能、结晶能、化学能等)，使地表形态发生变化和地壳表层化学元素的迁移、分散和富集的地质作用，称为**外力地质作用**。外力地质作用最终形成各类风化残积物、沉积物、沉积岩、古生物化石及外生矿产资源等产物。按其作用方式分为：

**风化作用：**在温度变化、大气、水和生物等作用下，岩石、矿物在原地发生变化的作用。按其性质分为物理风化作用、化学风化作用和生物风化作用。

**剥蚀作用：**风、流水、冰川、湖海中的水在运动状态下对地表岩石、矿物产生破坏，并把破坏的产物剥离原地的作用。按动力来源分为风的吹蚀作用、流水的侵蚀作用、地下水的潜蚀作用、冰川的刨蚀作用等。

**搬运作用：**风化、剥蚀作用的产物被迁移到他处的过程。由于搬运介质的不同，可分为风的搬运作用、流水的搬用作用、冰川的搬运作用等。

**沉积作用：**当搬运动力的动能减小、搬运介质的物理化学条件发生变化或者在生物的作用下，被搬运的物质在新的环境下堆积起来。按沉积方式分为机械沉积作用、化学沉积作用和生物沉积作用。

**重力地质作用：**地壳表层斜坡上的各种风化产物、基岩及松散沉积物等由于本身的重力作用，在各种外因促成的条件下产生的运动过程。按运动方式分为崩塌作用、潜移作用、滑动作用、流动作用等。

**成岩作用：**使各种松散堆积物变为坚硬沉积岩的作用。包括胶结作用、压实作用和结晶作用。

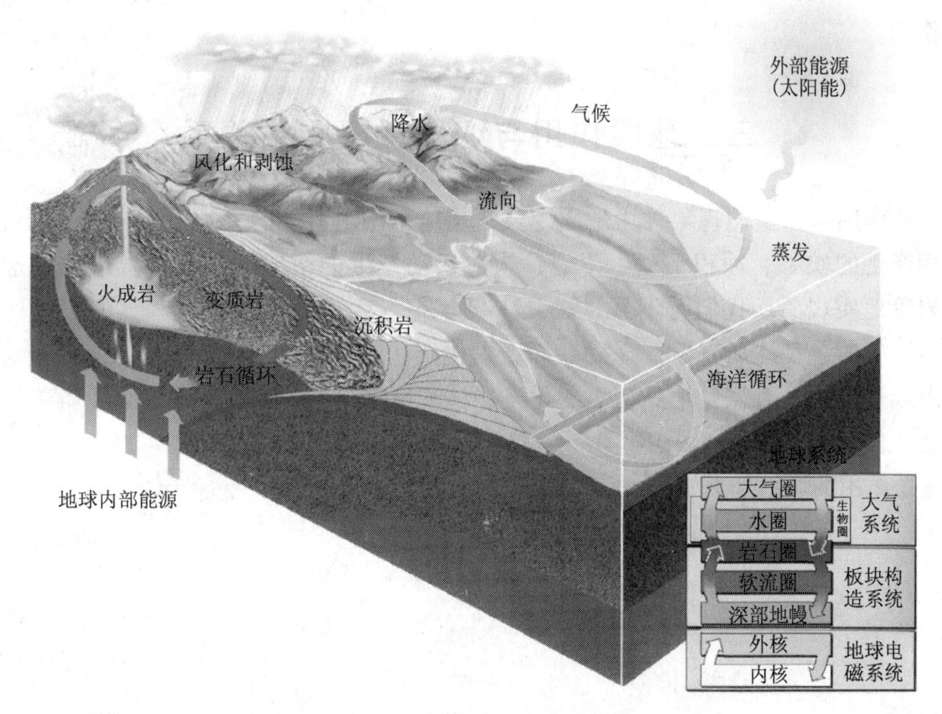


图2-6-1　各种地质作用的示意图

（据徐士进，2000）

## （二）内力地质作用

地球的旋转能、重力能和地球内部的热能、化学能等引起整个岩石圈物质成分、内部构造、地表形态发生变化的地质作用称为**内力地质作用**。内力地质作用最终形成褶皱、断裂、海陆变迁、岩浆岩、变质岩及内生矿产、变质矿产等产物。按其作用方式分为：

**构造运动**：是指由地球内力引起地壳乃至岩石圈变形、变位的机械运动。按其运动方向分为水平运动和升降运动。是引起地壳升降、岩石变形、变位，以及地震作用、岩浆作用、变质作用乃至地表形态变化的主要因素。

**地震作用**：地震是大地的快速震动。地震的孕育、发生和产生余震的全部过程称为地震作用。地震引起地壳物质迁移、地表形态变化，导致山崩地裂，屋倒人亡，给人类带来巨大的危害，是最重要的地质灾害之一。按地震产生原因可分为构造地震作用、火山地震作用和陷落地震作用。

**岩浆作用**：地下深处高温、黏稠的岩浆沿岩石圈软弱地带上升，侵入地壳或喷出地表，冷凝成岩的作用。当岩浆喷出地面称为喷出作用（火山作用），岩浆上升未到达地表，便冷凝成岩称为侵入作用。

**变质作用**：地壳中已经形成的岩石在基本上处于固体状态下，受到温度、压力及化学活动性流体的作用，发生矿物成分、化学成分、岩石结构和构造变化并形成新的岩石的作用。按变质作用原因分为接触变质作用、动力变质作用、区域变质作用和混合岩化作用。

## 三、地质作用与地质现象因果关系

地质作用所产生的现象称为地质现象，是地质作用留下的客观物质记录。如流水地质作用产生的峡谷、冲积平原、阶地；构造运动产生的褶皱、断裂；岩浆作用形成的岩浆岩等地质现象。我们看不到过去几十亿年中发生的地质作用过程，但可以通过保留在岩石中的各种地质现象（矿物、岩石、化石、褶皱、断裂、矿产等），反演地质作用的形成过程，分析恢复地球历史变化发展情况（表4－4－1），是我们地质工作的重要技能和任务。

地质作用的详细分类如下：

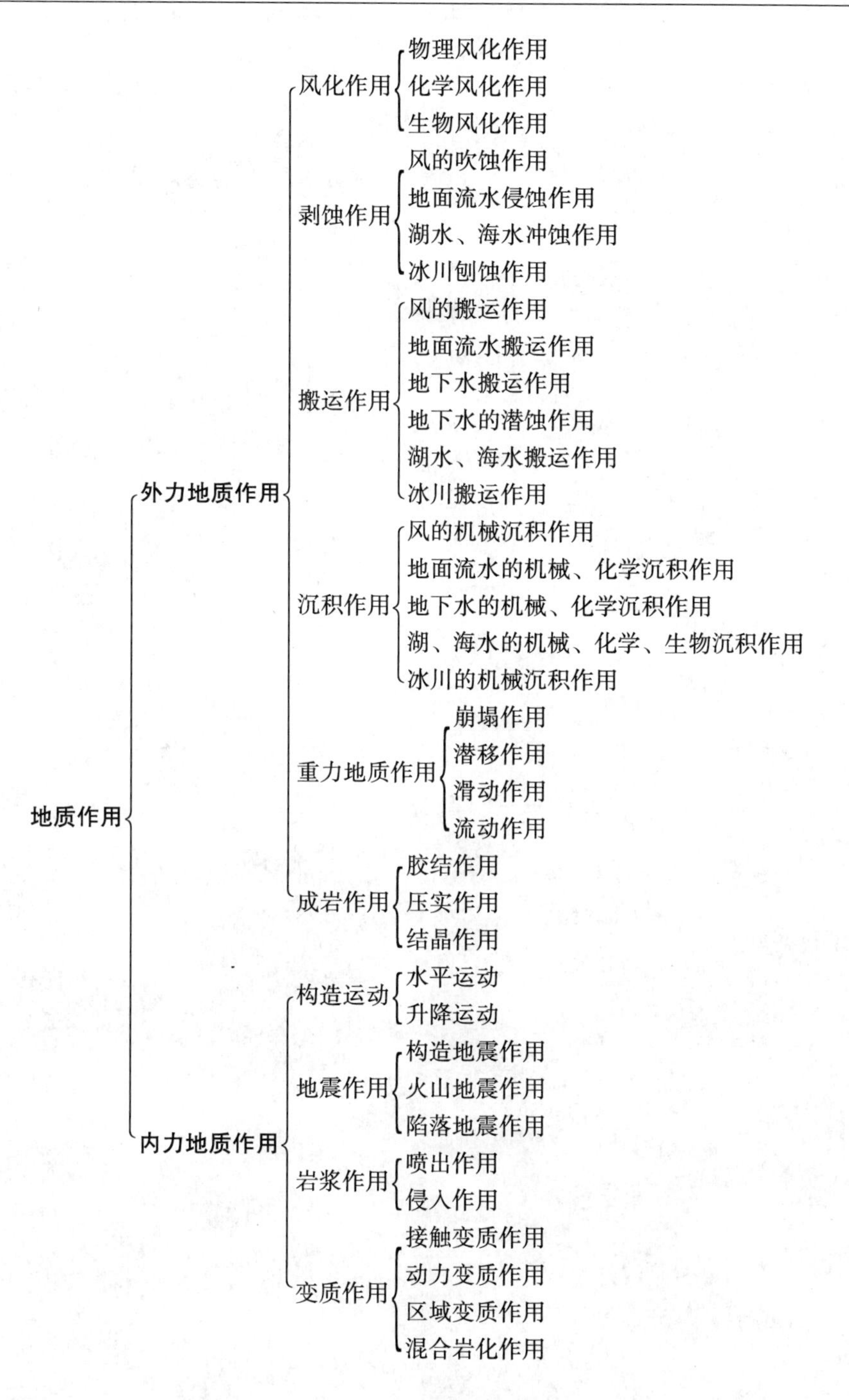


## 复习思考题

1. 何谓地质作用？理解各种地质作用的概念。
2. 默写地质作用分类表。
3. 比较外力地质作用与内力地质作用的区别。
4. 简述地质作用与地质现象的因果关系。

# 学习情境3

# 外力地质作用及其产物的识别

**【情境描述】**外力地质作用是改变地球表面形态、使地壳表层物质发生破坏、迁移、分散和富集的地质作用，即削高补低的作用过程，最终形成各类风化残积物、沉积物、沉积岩、古生物化石及外生矿产资源等产物（地质现象）。观察认识、描述记录这些地质现象，反演各类外力地质作用的形成过程，分析恢复古地理、古气候，建立地层年代系统，总结地球历史变化发展情况。是野外地质调查工作最基本的技能和任务。

**【学习目标】**掌握各类外力地质作用的形成过程；重点掌握各类外力地质作用形成的地质现象及识别方法；初步掌握肉眼鉴定沉积岩的方法以及常见沉积岩的识别；了解外生矿床的类型及特征；初步掌握野外观察分析各类风化残积物、沉积物、沉积岩、古生物化石及外生矿产资源等产物（地质现象）及地质素描的方法。

# 学习任务1 风化作用及其产物的识别

**【任务描述】** 风化作用是外力地质作用的先导，是对地表及附近岩石产生破坏的地质作用。不同环境下具有不同的作用过程，并形成不同的风化产物。识别各类风化产物，寻找风化矿产，恢复工作区古地理、古气候环境，分析工作区大地构造背景，是野外地质工作的任务之一。

**【学习目标】** 掌握风化作用的类型（过程），了解影响风化作用的环境因素，重点掌握风化作用产物及风化壳的识别。初步掌握野外观察分析风化壳、侵蚀剥蚀面、风化矿产等地质现象及地质素描的方法。

**【知识点】** 风化作用类型：物理风化、化学风化、生物风化；影响因素：气候、地形、岩石特征；风化产物：碎屑物、溶解物、难溶物、残积物；风化壳及其意义。

**【技能点】** 风化残积物及风化壳的识别。

年轻恋人们常用“海枯石烂不变心”来表达自己对爱情的忠贞，似乎海不会枯，石不会烂。其实海是会枯的，石头也会烂掉的，只不过需要漫长的时间而已。在日常生活中我们看到，暴露在空气中的铁钉会生锈，各种石刻和建筑物遭受风吹、日晒、雨淋，天长日久就会逐渐毁坏，处在地表的岩石同样会遭受这种毁坏，这都是风化作用造成的。

在地表或近地表环境下，由于温度、大气、水、水溶液及生物等因素的作用，使岩石在原地遭受复杂的分解和破坏的过程，称为**风化作用**。坚硬的岩石经过风化作用后变成松散的或溶解的风化产物，往往很容易被流水、冰川、风等地质外营力剥蚀（溶蚀）并搬运到他处沉积下来，经成岩作用形成新的岩石。因此，风化作用是其他外力地质作用的先导，在外力地质作用中占有特殊的地位。

## 一、风化作用类型

按照风化作用的性质和方式，可以将风化作用分为三种类型：物理风化作用、化学风化作用、生物风化作用。

### （一）物理风化作用

物理风化作用又称机械风化作用，指由于气温频繁升降的反复变化，使岩石在原地发生碎裂，形成岩石、矿物碎屑，并不改变岩石化学成分的一种机械破坏作用。

**剥离作用（温差风化）：** 指由于昼夜、季节温差变化，岩石反复遭受加热膨胀和失热收缩，使岩石崩解并层层剥离的作用。岩石的导热性较差，其表层和内部在温差变化的条件下，并不能同步发生增温膨胀和失热收缩，因而在表层与内部之间受到引张力作用，经过长期反复作用，便产生平行及垂直于岩石表层的裂缝；加上岩石中各种矿物的膨胀系数不同，温度的变化就会引起差异性膨胀和收缩，从而使岩石碎裂，最终导致岩石从表层开始向内部发生层层剥落，并由大块变成小块以致完全碎裂（图3－1－1）。

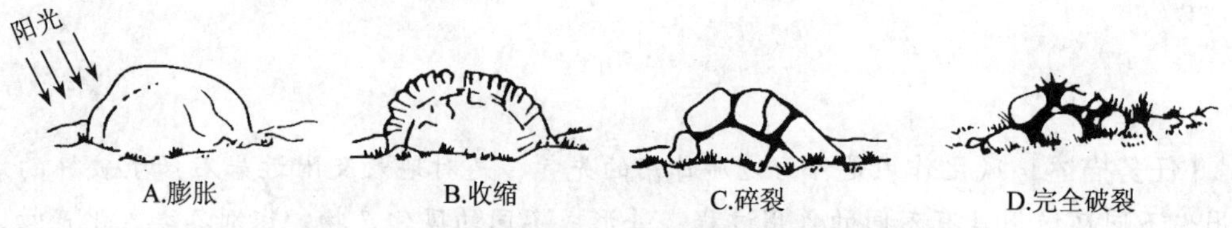


图3－1－1　岩石因差异性胀缩而破坏的几个阶段

**冰劈作用**：指由于昼夜温度在0℃上下波动时，渗入岩石裂隙中的水反复结冰和融化，使岩石的空隙逐步增多、扩大，致使岩石崩解碎裂的作用（图3－1－2）。

图3－1－2　冰劈作用示意图

**层裂或卸载作用**：处于深部的岩石一旦上覆岩石被剥去，解除其负荷压力，便产生向上或向外的膨胀，形成平行于地面的层状裂隙和垂直于地面的不规则裂缝，使岩石崩解。这种作用常见于花岗岩出露地区（图3－1－3）。

A

B

图3－1－3　内蒙古克什克腾花岗岩石林

**盐类的结晶与潮解作用**：指气候干旱地区岩石裂隙中的盐类，在夜间因吸收大气中的水分而潮解，白天在烈日照晒下，水分蒸发，盐类结晶，对周围岩石产生压力，如此反复致使岩石撑裂的作用。

## （二）化学风化作用

化学风化作用是岩石在水、水溶液和大气的作用下，发生化学成分变化，使岩石分解破坏，并产生新矿物的作用。主要有以下方式：

**溶解作用：** 是指岩石中的矿物溶解于水的作用。溶解作用使岩石中可溶物质随水流走，岩石的孔隙增大硬度降低，最终使岩石完全解体，只有难溶矿物残留在原地。自然界中的水含有一定数量的 $O_2$、$CO_2$ 以及其他酸、碱物质，因而具有较强的溶解能力，能溶解大多数矿物。矿物的溶解度是由其化学成分及内部结构属性所决定的。常见矿物的溶解度大小顺序为：石盐、石膏、方解石、橄榄石、辉石、角闪石、滑石、蛇纹石、绿帘石、钾长石、黑云母、白云母、石英。

**水化作用：** 有些矿物能够吸收一定量的水参加到矿物组成中，形成含水分子的新矿物，称为水化作用。如硬石膏经水化后形成石膏，其反应式如下：

$$\underset{\text{硬石膏}}{CaSO_4} + 2H_2O \rightarrow \underset{\text{石膏}}{CaSO_4 \cdot 2H_2O}$$

硬石膏转变成石膏后，体积膨胀约59%，从而对周围岩石产生压力，促使岩石破坏。此外，石膏较硬石膏的溶解度要大，而且石膏的硬度较硬石膏为低，因而也加快了它的风化速度。

**水解作用：** 弱酸强碱盐或强酸弱碱盐遇水解离成带不同电荷的离子，这些离子分别与水中含有的 $H^+$ 和 $OH^-$ 发生反应，形成含 $OH^-$ 的新矿物，称为水解作用。大部分造岩矿物是硅酸盐或铝硅酸盐类，属弱酸强碱盐，易于发生水解。如钾长石易发生水解形成高岭石和二氧化硅等，其反应式如下：

$$\underset{\text{钾长石}}{4K[AlSi_3O_8]} + 6H_2O \rightarrow \underset{\text{高岭石}}{Al_4[Si_4O_{10}](OH)_8} + 8SiO_2 + 4KOH$$

其中 KOH 呈真溶液，$SiO_2$ 呈胶体状态随水流失，高岭石残留在原地。在湿热气候条件下，高岭石还可进一步水解，形成铝土矿，其反应式如下：

$$\underset{\text{高岭石}}{Al_4[Si_4O_{10}](OH)_8} + nH_2O \rightarrow \underset{\text{铝土矿}}{2Al_2O_3 \cdot nH_2O} + 4SiO_2 + 4H_2O$$

如 $SiO_2$ 被水带走，铝土矿可以富集起来成为矿床。

**碳酸化作用：** 溶于水中的 $CO_2$ 形成 $CO_3^{2-}$ 和 $HCO_3^-$ 离子，易与矿物中的 K、Na、Ca 等金属离子结合，形成易溶的碳酸盐而随水迁移，使矿物分解并增强了水溶液的溶解力，称为碳酸化作用。如钾长石易于碳酸化，其反应式如下：

$$\underset{\text{钾长石}}{4K[AlSi_3O_8]} + 4H_2O + 2CO_2 \rightarrow \underset{\text{高岭石}}{Al_4[Si_4O_{10}](OH)_8} + 8SiO_2 + 2K_2CO_3$$

$K_2CO_3$ 和 $SiO_2$ 被水带走，高岭石残留原地，也可进一步水解形成铝土矿。

**氧化作用：** 是矿物与大气或水中游离氧化合成氧化物的反应过程。变价元素在地下缺氧情况下多形成低价矿物，但在地表条件下则易氧化形成高价矿物。如二价铁氧化为三价铁（$Fe^{2+} \rightarrow Fe^{3+}$）；二价锰氧化为四价锰（$Mn^{2+} \rightarrow Mn^{4+}$）等。如黄铁矿经氧化后转变成褐铁矿，其反应式如下：

$$\underset{\text{黄铁矿}}{2FeS_2} + 7O_2 + 2H_2O \rightarrow \underset{\text{硫酸亚铁}}{2FeSO_4} + 2H_2SO_4$$

$$\underset{\text{硫酸亚铁}}{12FeSO_4} + 3O_2 + 6H_2O \rightarrow \underset{\text{硫酸铁}}{4Fe_2(SO_4)_3} + \underset{\text{褐铁矿}}{4Fe(OH)_3}$$

$$\underset{\text{硫酸铁}}{Fe_2(SO_4)_3} + 6H_2O \rightarrow \underset{\text{褐铁矿}}{2Fe(OH)_3} + 3H_2SO_4$$

又如含有低价铁的磁铁矿（$Fe_3O_4$）经氧化后转变成为褐铁矿，磁铁矿中所含31.03%的二价铁的氧化物均变成为三价铁。

由于铁是地壳中克拉克值较高的元素，大部分岩石中都含有低价铁，因此地表岩石风化后因含有褐铁矿而多呈黄褐色。而在氧化环境下形成的沉积岩也多为赭红色。

褐铁矿在地表条件下相当稳定，常在原地凝集沉淀。许多金属硫化物矿体的表层经氧化形成褐红色、多孔状褐铁矿露于地表，称为**铁帽**。铁帽是寻找地下隐伏矿体的重要标志。

### （三）生物风化作用

生物风化作用是指生物活动引起地表岩石的分解破坏作用。生物风化作用可分为生物物理风化和生物化学风化作用两类。

**生物物理风化作用：**是指生物活动导致岩石机械破坏的作用。例如，生长在岩石裂隙中的植物，随着植物的长大，其根系不断变粗、变长和增多，像楔子一样对裂隙施以压力，劈裂岩石，称为**根劈作用**（图3－1－4）。这是最常见的生物机械破坏作用。此外，穴居动物的挖掘作用，虫蚁、蚯蚓的筑巢翻土等都会造成岩石的破坏。

图3－1－4　根劈作用

**生物化学风化作用：**是指生物在新陈代谢过程中的分泌物（酸类物质）和生物死亡后的遗体腐烂形成腐殖质作用于岩石，使岩石分解破坏的作用。

## 二、影响风化作用的因素

地球上的大气圈、水圈、生物圈时刻都在共同作用于地球表层，因此以上三类风化作用也无时无刻不在发生着各种作用。它们相伴而生，并相互影响和促进，共同破坏着岩石，只是在不同的空间或不同的时间常以某种风化作用为主，其风化速度和风化产物也不尽相同，因此风化作用产物是恢复古地理、古气候环境的重要依据。影响风化作用的主要因素有气候、地形和岩石特征等。

### （一）气候条件的影响

气候是通过气温、降水量以及生物繁殖状况而表现的，直接影响着当地的风化作用类型和速度。

**气候干燥寒冷地区：**温差较大，降水量少，生物稀少是其主要特征。以物理风化为主，化学和生物风化较弱，岩石风化后多成为棱角状碎屑，常含有大量易溶矿物。

**气候潮湿炎热地区：**气温高，降水充沛，生物繁茂，微生物活跃，化学风化和生物风化作用进行得快而充分为其主要特征。如果湿热气候在较长时间内保持稳定，岩石的分解作用便向纵深发展，形成巨厚的风化产物（图3－1－5）。

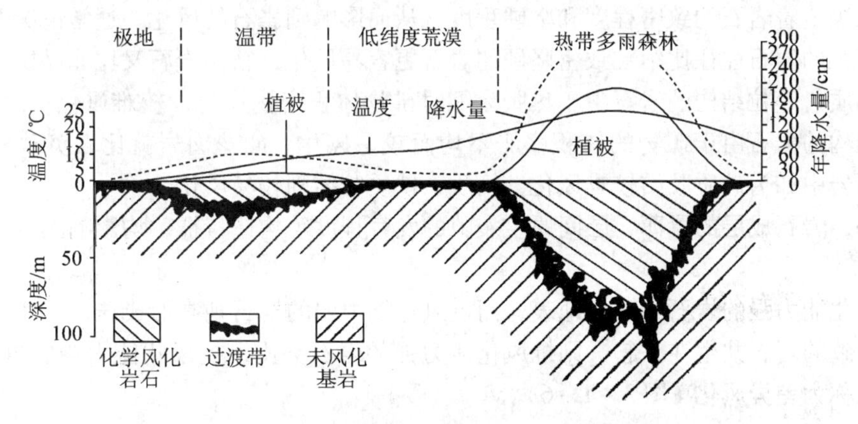


图3－1－5 由极地到热带风化作用变化略图

（据W. K. 汉布林，1980）

## （二）地形条件的影响

地形与风化作用类型和速度有着密切的关系。影响因素包括地势的高度、起伏程度以及山坡的朝向等三个方面。

（1）地势的高度影响气候，使中低纬度的高山区的气候具有明显的垂直分带。一般山顶气候寒冷，生物稀少，以物理风化为主；山麓气温适宜，生物繁茂，以化学风化和生物风化作用为主。

（2）地势起伏较大的山区，通常陡坡处地下水位较低、植被少，基岩裸露，物理风化作用十分快速，化学风化作用相对较弱，风化产物也不易保存。缓坡处的化学风化和生物风化均较陡坡强烈，其形成的风化产物多残留原处或只经过极短距离的运移便在低洼处堆积下来，可形成较厚的覆盖层。低山丘陵地区，以化学风化和生物风化作用为主，风化速度中等，风化产物较易保存。

（3）山坡的朝向与日照强度和温差变化密切相关。一般朝阳坡日照强、温差变化大，风化作用强度远大于背阳坡。

## （三）岩石特征的影响

在相同的自然条件下，岩石特征是影响风化强度的主要因素。

**岩石成分：**岩石的抗风化能力与其所含矿物的成分和数量有密切关系。主要造岩矿物中抵抗风化能力由小到大的次序是：橄榄石、钙长石、辉石、角闪石、钠长石、黑云母、钾长石、白云母、黏土矿物、石英、铝和铁的氧化物。方解石也属于易风化矿物。

因此在相同的风化条件下，由橄榄石、钙长石、辉石组成的超基性岩浆岩和基性岩浆岩比由角闪石、中长石组成的中性岩浆岩较易风化，而由钾长石、钠长石、石英组成的酸性岩浆岩则最难风化。但在不同风化条件下又另当别论。如由方解石组成的石灰岩通常比花岗岩更易风化，但在以温差风化作用为主的地区，花岗岩的风化速度则要比石灰岩快得多。

**岩石的结构、构造**：岩石中矿物或碎屑物颗粒的粗细、分选性、均一性及胶结程度等结构特征决定着岩石的致密程度和坚硬程度，从而影响到岩石的风化。通常情况下，疏松多孔或粗粒的岩石往往比细粒致密坚硬的岩石更容易风化，结晶岩石又比非晶质岩石容易风化。均质、等粒结构的岩石由于热胀冷缩时矿物体积变化均匀，较难风化；而非均质、不等粒结构的岩石由于矿物的体积膨胀不均而较易风化。如花岗岩就比石英砂岩容易风化。碎屑岩中如为硅质胶结较难风化，钙质、铁质胶结则较易风化。

另外，岩石成层的厚薄、层间原生裂隙的发育程度等构造特征，均影响到岩石的抗风化能力。

抗风化能力强的岩石常凸出地表，而抗风化能力弱的岩石则常形成洼地。如果抗风化能力不一致的岩石共生在一起，则抗风化能力强的岩石突出，抗风化能力弱的岩石凹入，这一现象称为**差异风化**（图3－1－6）。

图3－1－6　差异风化，砂砾岩突出，泥岩凹入（江西赣州市通天岩景区之通天洞）（谢文伟摄）

**岩石裂隙发育状况**：岩石裂隙破坏了岩石的连续性和完整性，增加了进行风化作用的表面积，也增强了水和空气在岩石中的活动性，因而岩石中裂隙密集之处往往风化最强烈。有时几组方向的裂隙将岩石分割成多面体的小块。由于棱角部分与外界接触面最大，最易被风化，久之，其棱角逐渐消失，变成球形或椭球形，称为**球形风化**。它是物理风化和化学风化联合作用的结果。均质块状、裂隙发育的岩浆岩以及厚层砂岩等球状风化最为普遍（图3－1－7）。

图3－1－7　砂岩中的球状风化（赣州马祖岩，谢文伟摄）

图3－1－8表示由几组裂隙切割的岩石形成球形风化的过程。

A. 岩石被节理所切割

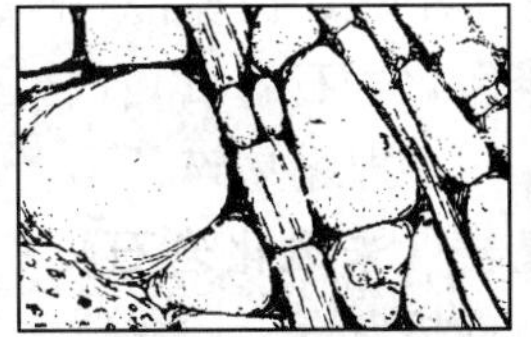
B. 风化的初期

C. 风化的晚期

图3－1－8　球状风化形成的几个阶段
（据W. K. 汉布林，1980）

## 三、风化作用产物的识别

### （一）风化产物的类型

**碎屑物质**：包括岩石碎屑和矿物碎屑，主要是物理风化作用的产物，也有一部分是岩石在化学风化过程中未完全分解的矿物碎屑（如石英及长石碎屑）。风化形成的碎屑物质一部分残留原地，覆盖在基岩（未风化的母岩）之上；一部分可以被其他外力地质作用搬往他处，成为碎屑沉积物的重要来源。

**溶解物质**：是化学风化作用和生物风化作用的产物，主要包括各种易溶盐类、$K^+$、$Na^+$的氢氧化物，常以真溶液形式被水带走，以及$SiO_2$以胶体溶液形式随水流失。它们是化学沉积物的主要来源。

**难溶物质**：也是化学风化和生物风化作用的产物，主要包括化学性质稳定的Fe、Al、Si的化合物，如褐铁矿、高岭石、蛋白石、铝土矿等。岩石中溶解物质被水带走后，它们残留在原地常形成褐铁矿、高岭石矿、铝土矿等矿产。

### （二）残积物

岩石风化后残留在原地的松散堆积物称为**残积物**。包括残留原地的碎屑物、难溶物质以及生物风化作用形成的土壤。残积物中碎屑往往大小不均，棱角明显，无分选、无层理。主要分布在分水岭、平缓山坡和低洼地方。向下与基岩呈过渡关系，上部风化强烈，下部风化微弱。其中常富集形成残积、残余砂矿（如锡石、金等）、黏土矿、铝土矿等矿产。

### （三）风化壳

在大陆壳表层由风化残积物组成的一个不连续的薄壳，称为**风化壳**。风化壳的厚度因地而异，一般为数厘米至数十米。其结构具有一定的垂直分带性，可以根据结构和风化程度大致分为四层（图3－1－9）：

**土壤层（Ⅰ）**：主要由黏土矿物及腐殖质构成，是经生物风化作用改造的残积物。厚5～30cm。

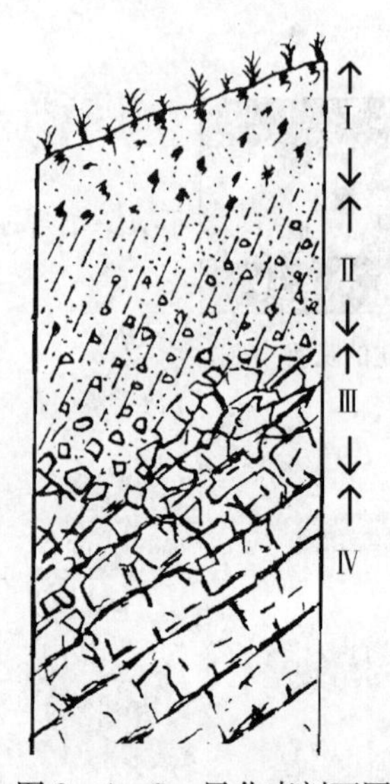

图3-1-9　风化壳剖面图
（赣州马祖岩）

**残积层（碎屑层）（Ⅱ）**：由黏土、砂、角砾等碎屑组成，上细下粗，极疏松易碎，大部分矿物已风化。

**半风化岩石（Ⅲ）**：岩石的结构和构造大致保存，裂隙极发育，用手捏之易碎。

**基岩（未风化岩石）（Ⅳ）**：厚层状砂岩，致密块状构造，节理较发育。

剖面中Ⅰ-Ⅲ为风化壳。风化壳内的层间无明显分界面，彼此是逐渐过渡的。在没有明显生物风化作用的地区，不形成土壤层。

风化壳形成后，如果被后来的堆积物覆盖而保存下来，称为**古风化壳**。不整合面上常有古风化壳存在。如我国华北许多地区中奥陶世地层与其上覆的石炭纪地层之间，发育了厚数厘米到数米的富含 Fe、Al 质的古风化壳。表明奥陶纪晚期华北地区发生了构造运动，使华北地块露出水面，之后是长达1亿年的相对稳定的风化、剥蚀期。到中石炭世该地区才下降被海水淹没，上覆了海相沉积层。两者之间具有明显的侵蚀剥蚀面，是识别古风化壳、反映构造运动的重要依据。因此通过研究古风化壳可以了解构造运动的情况，了解古气候、古地形特点，从而恢复古地理环境，了解一个区域的地质构造发展历史。还可以帮助寻找风化壳型矿产。

## （四）土壤

土壤是位于地球陆地表面层经生物风化作用改造的残积物，是具有肥力和富含有机质成分的松散细粒物质。土壤的主要组成有腐殖质、矿物质、水分和空气。土壤的厚度一般是数厘米到数米，最厚可达十余米。由于受岩石、气候、植被、地形和人类活动等因素控制，各地土壤的特征并不相同，有着多种土壤类型。

土壤的产生和发育是众多因素综合作用于岩石的结果。土壤不仅是地质历史、自然条件的记录，同时也是人类经济活动的记录。

## 复习思考题

1. 物理风化与化学风化的作用方式及产物有何区别？

2. 举例说明为什么在不同气候条件下，风化作用类型不同；而在同一气候条件下，不同的岩石风化的结果也不一样。

3. 根据自己所见过的风化现象，说明其形成的原因以及属于何种风化作用。

# 学习任务2　地面流水地质作用及其产物的识别

**【任务描述】**地面流水对风化后的地表及附近岩石产生侵蚀、搬运、沉积等地质作用，是大地面貌的雕塑家：侵蚀、搬运作用塑造了高山、峡谷、丘陵（削高）；沉积作用形成了广阔的平原（补低）。识别各类沉积物（岩）及地貌特征，恢复工作区古地理、古气候环境，分析区内构造运动特征，总结工作区地球历史变化发展情况，是地质工作的任务之一。

**【学习目标】**掌握不同地面流水地质作用的特征（过程），了解地面流水的地质作用与现代地貌的关系，重点掌握地面流水的侵蚀、搬运、沉积作用产物的识别，以及河流阶地的形成原理和意义。掌握野外观察分析现代河流的地质作用过程及其产生的地质现象，深入理解地质作用与地质现象之间的因果关系。

**【知识点】**地面流水、坡流、坡积物、洪流、洪积物；河流、底（下）蚀作用：峡谷、瀑布、急流、向源侵蚀、侵蚀基准面；侧蚀作用：曲流、牛轭湖；拖运、悬运、溶运；冲积物、河床相沉积、河漫滩相沉积、二元结构、冲积平原、三角洲沉积；河流阶地：阶地面、阶地坡（阶地崖）、侵蚀阶地、基座阶地、堆积阶地及其意义。

**【技能点】**坡积物、洪积物、冲积物、河流阶地的识别。

## 一、地面流水的一般特征

地面流水是指沿陆地表面流动的水体，是地球水圈的一部分，包括片流、洪流及其汇集而成的河流。是最常见的自然现象，也是分布最广泛的地质外营力。地球表面千姿百态的地貌景观：高山、峡谷、丘陵、平原，就是由地面流水这位大地面貌的雕塑家塑造出来的。

### （一）地面流水的来源和种类

地面流水主要来自大气降水（雨、雪、冰雹），其次是冰川融水和地下水以及外泄的湖水等。

根据流水在地面流动的特点，将其分为坡流、洪流和河流三种类型。

**坡流：**在降雨或融雪时，地表水一部分渗入地下，其余的沿坡面向下流动。这种暂时性面状无槽流水，称为坡流，又称片流、面流。

**洪流：**坡流顺着坡面向下流动逐渐集中到低凹处，汇成一股股快速奔腾的线状水流，称为洪流。

**河流：**坡流和洪流仅出现在降雨时期，它们都是暂时性流水。当它们继续向低凹处流去，并切穿地下含水层，直接取得地下水和湖水的补给时，就形成经常性或常年性的流水，称为河流。地面流水种类可归纳为：

暂时性流水{坡流（片流）——面状无槽流水；洪流}线状有槽流水

常年性流水——河流}线状有槽流水

## （二）地面流水的动能及运动方式

**1. 地面流水的动能**

在自然界“水往低处流”是一个亘古不变的现象。从物理学角度考证，它在流动的过程中，包含了由势能转化为动能的机理。即地面流水在重力作用下，由高处往低处流，最终汇入湖泊、海洋，达到势能最低的相对稳定状态。在流动的进程中，不断地将势能转化成为动能，并形成各种地质作用（侵蚀、搬运、沉积）。地面流水的动能可用下式表达：

$$E = 1/2Qv^2$$

式中：$E$ 为动能；$Q$ 为流量；$v$ 为流速。从公式中得知，地面流水动能的大小与流量、流速的平方成正比。

**流速：**指河流中水质点在单位时间内移动的距离。它决定于河床纵比降方向上水体重力的分力与河岸和河床对水流的摩擦力之比，并与河流携带负荷（碎屑物多少）相关。河流中流水的流速分布不同。一般说，在河床与河岸附近流速最小，主流线部分最大，绝对最大流速出现在水深的1/10～3/10处。

**流量：**系指单位时间内通过某一过水面积的水量。测出流速和过水面积就能计算出流量。水位高低与流量大小呈正比关系。一般说，河流的流量受气候影响，并随季节发生变化，以及与植被多寡相关。

**2. 地面流水的运动方式**

流水可以分为层流、紊流、环流三种基本流态。

**层流：**水质点沿一定的轨道与邻近的水质点作平行运动，彼此互不混乱，即流动的层与层之间的界线不交错，称为层流（图3－2－1A）。它出现在坡（片）流或河床平坦的底部，它流速慢、动能小，自然界极少存在。流速稍快，层流即消失了，水质点即变为紊流。

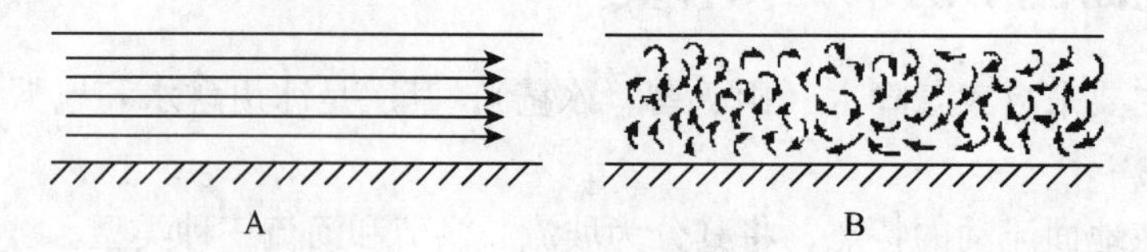


图3－2－1　层流（A）与紊流（B）示意图

（据张宝政，1983）

**紊流：**水质点呈不规则的运动，并且相互干扰，在水层与水层之间夹杂大小不一的旋涡运动，即各层水质点以复杂的流线形交错、混合，称为紊流（图3－2－1B）。河水的运动方式基本都为紊流状态。

**环流**：水质点作螺旋形运动，它在过水横断面上的投影为环状（图3－2－2）。它普遍存在于河湾处，是由流水的惯性离心力的作用而产生。它是造成河流凹岸侵蚀，凸岸堆积的主要原因。

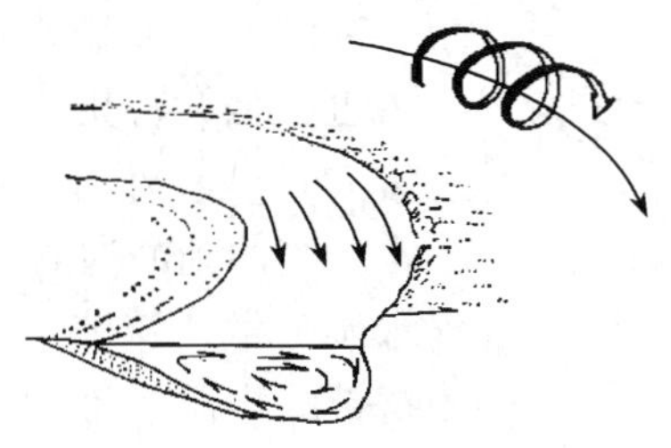

图3－2－2　单向环流示意图
（据张宝政，1983）

## 二、暂时性流水的地质作用及其产物的识别

### （一）坡流的地质作用及坡积物的识别

坡流在流动的过程中对坡面产生均匀剥皮式的破坏作用，称为**洗刷作用**。洗刷作用的强弱与气候条件、岩石性质、植被发育状况有着极为密切的关系。当降大雨时，在松散土粒组成的光秃斜坡上，洗刷作用表现得最强烈。如在半干旱气候的我国黄土地区植被稀少，常造成大量的水土流失（图3－2－3）。当降小雨时，在坚硬岩石组成或有植被的斜坡上，则洗刷作用微弱。

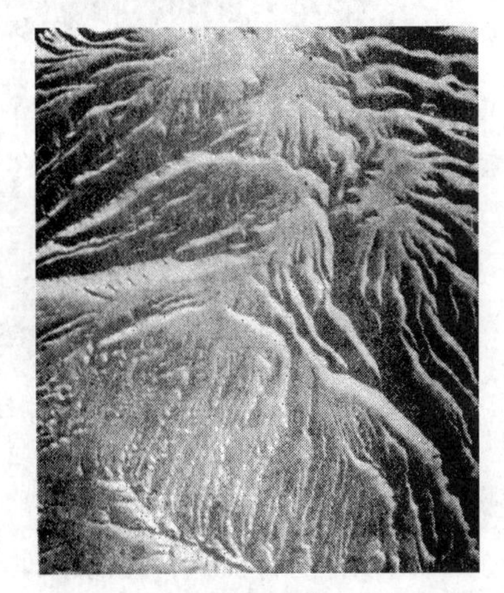

图3－2－3　黄土高原冲刷景观
（据盖保民，1996）

坡流搬运的碎屑物质，会堆积在坡麓构成**坡积物**。组成坡积物的颗粒通常是砂粒或砂质黏土，颗粒大小混杂，分选性不好。其成分与斜坡上的基岩密切相关。若在坡积物中发现有矿石碎屑，说明在附近有原生矿的存在，它是找矿的向导。

分布在坡麓地带的坡积物，常构成一种披盖在山麓斜坡的裙状地形，称为**坡积裙**。

在长期的坡流地质作用下，斜坡上部遭受冲刷侵蚀，下部则保留了坡积物，使斜坡坡度逐渐减小，山坡外貌变得平缓。

### （二）洪流的地质作用及洪积物的识别

洪流猛烈冲刷沟谷内的岩石，这种破坏作用称为**冲刷作用**。冲刷作用可将凹地沟谷冲刷成两壁陡峭的冲沟，冲沟的源头称为沟头，初始的冲沟随着多次洪流的冲刷，会逐渐加长、加深、分叉，长期作用就会形成冲沟系统（图3－2－4）。

我国黄土高原区，冲沟密布常将地面切割成支离破碎、千沟万壑，使地面不能耕作而

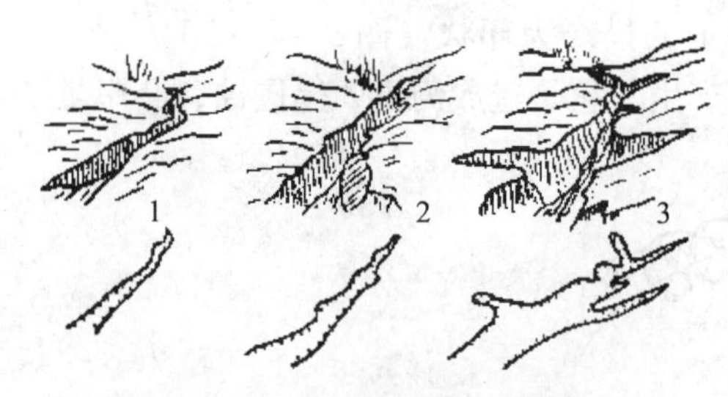


图3-2-4　冲沟系统发育示意图
（据张宝政，1983）
上为素描图，下为平面图。
1，2，3表示冲沟的发育阶段

成为歹地。冲沟的发育对道路、桥梁工程影响极大，在工程勘查时要认真研究，避免工程隐患。

洪流除冲刷作用外，由于流速快，搬动能力也很强，特别是暴雨之后，巨大的洪流携带着大量砂、砾石、块石奔腾倾泻而下，迅猛异常。当冲到冲沟的出口处，由于沟口地形开阔，水流分散，流速骤减，搬运力迅速减弱，于是携带的物质就堆积下来，这种堆积物称为**洪积物**。洪积物堆积的地形呈锥状者，称为洪积锥；呈扇状者，称为洪积扇（图3-2-5）。

图3-2-5　我国新疆北天山脚下的洪积扇
（据谷歌地球）

洪积物的特征是，在沟口堆积多、厚，颗粒粗大；愈向外堆积就愈少、薄，颗粒细小，具有明显的分带性。但由于洪流搬运距离不远，因此，洪积物的磨圆度差，层理发育较差。

## 三、河流的地质作用及其产物的识别

### （一）河流概述

河流在我国有溪、涧、河、江等称谓。陆地单一的河流很少见，一般都是由一主干河流沿途接纳众多支流，构成复杂的干支流网络体系，称为**水系（河系）**。每条河流和每一水系都有一定的集水面积区域，称为**流域**（图3-2-6）。

两个河流和水系集水区的分界称为**分水岭**，一般由山地和山岭构成（图3－2－7）。如我国秦岭山脉就是长江与黄河两大水系的分水岭。

每条河流、水系都有自己的河源和河口 。河流的发源地称为**河源（源头）**。河源以上可有冰川、湖泊、沼泽或泉眼等。当河流流入湖泊、大海或更大河流的地方称为**河口**。河口处常形成三角洲。

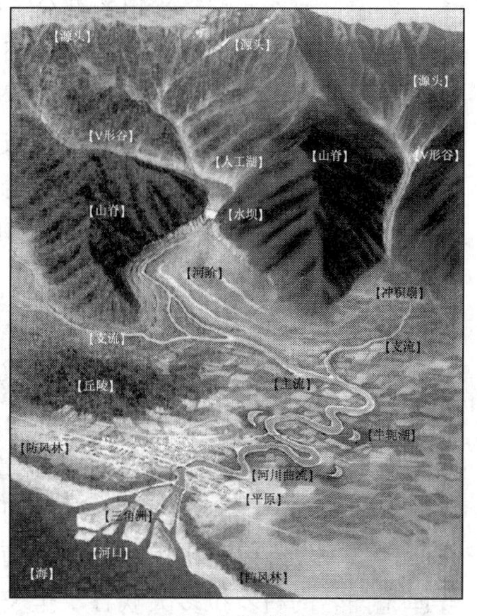

图3－2－6　河流构成示意图

每一较大河流从源头到河口都可分为上游、中游、下游三段。各段在河谷地貌和水情表现的特征不一。上游河谷窄呈V字形，坡降大、流速快、水量小，底（下）蚀作用强烈，常形成急流、瀑布；中游河谷宽呈U形，坡降小、流速中等、流量大，流水的底蚀减弱，侧方侵蚀作用加强；多支流、多湖泊、多曲流；下游河谷宽广，河道叉流，流速小，流量很大，淤积作用显著，到处可见沙洲、沙滩，甚至发育成冲积平原、巨型三角洲。如长江（图3－2－6）发源于青藏高原的唐古拉山各拉丹冬雪峰奔流向东，注入东海，干流全长6300km，流域面积为$1.8\times10^6$km$^2$。年均径流量达$1\times10^{12}$m$^3$。

图3－2－7　水系与分水岭

（据徐邦梁，1998）

河流是地球表面淡水资源更新最快的水体，是人类赖以生存的重要淡水资源，它提供灌溉、水运、水电之便利。河流给人类文明的发源，社会经济的发展，科技文化的发达带来无限的恩赐，被世人誉为“母亲河”。

## （二）河流的侵蚀作用及侵蚀地貌的识别

河流在从高处向低处流动的过程中，不断地对谷底和谷坡进行冲蚀破坏，这个过程称**侵蚀作用**。

河流长期侵蚀形成的一个线状延伸的凹地，称为**河谷**。河谷由下列要素构成（图3－2－8）。

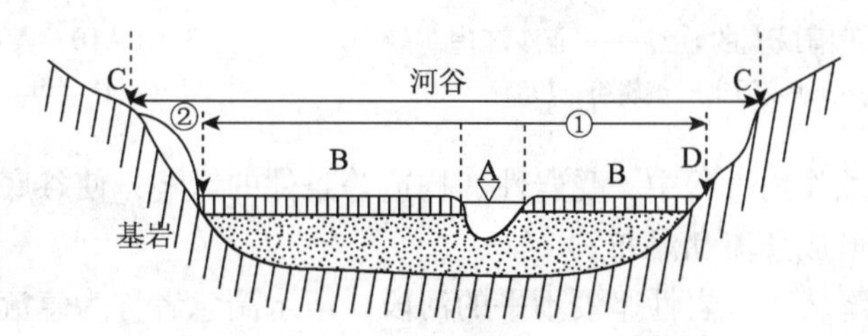

图3－2－8　河谷组成要素示意图

A—河床；B—河漫滩；C—谷缘；D—谷麓；1—谷底；2—谷坡

**谷底**：河谷底部较平坦的部分。包括河床（河谷底部常被水流占据的部分）和河漫滩（河水泛滥时才会被淹没的谷底部分）。

**谷坡**：河漫滩两侧向上延伸到顶部的斜坡部分。

**谷岸（河岸、谷缘）**：与谷坡相连的顶部两岸部分。

河谷形态是河流地质作用的综合结果，河流发展的不同阶段，其河谷形态结构不一样。因此，对河谷形态及谷中堆积物的研究，可以了解河流地质作用的发展过程和了解有关砂矿的富集规律。

河流对河谷的侵蚀，按其侵蚀作用的方向可分为底蚀作用、侧蚀作用。

**1. 河流的底蚀作用**

河流在垂直方向上对河谷底部的冲刷作用，称为**底蚀作用**（下蚀、下切作用）。在河流的上游，河床纵坡降大，水流速度快，底蚀作用表现得最为强烈。强烈的底蚀使河谷不断被加深，常常造成V字形河谷，称为**峡谷**。我国最大的峡谷是金沙江虎跳峡（图3－2－9）。虎跳峡长16km，江面宽30～60m，谷深3000m之多，谷坡陡若壁立。北美举世闻名的科罗拉多大峡谷，全长350km，最大深度1740m，两岸刀削斧凿般的景象，就是由科罗拉多河侵蚀而成的（图3－2－10）。

图3－2－9　我国最大的峡谷——金沙江虎跳峡
（据《中国地貌图集》编辑组，1985）

图3－2－10　美国科罗拉多大峡谷
（引自《世界大百科全书》）

上游河流在底蚀作用过程中，受岩性、构造等条件的影响，使谷底变得坎坷不平或呈阶梯状，在河床上形成急流和瀑布。

**急流**：河床坡降较大，岩性坚硬不平的河段，河水湍急者称为急流。我国虎跳峡峡谷内，江水在16km的水道中落差竟达200m，急流密布。我国黄河壶口至龙门河段是世界著名的急流瀑布区。

**瀑布**：河床坡降落差大，水流表现为明显的跌水现象，称为瀑布。我国贵州黄果树瀑布落差高达57m，巨瀑似布如帛，溅起的水珠闪银亮玉十分壮美，被专家公认为中国岩溶瀑布博物馆（图3－2－11）。北美尼亚加拉瀑布最大落差50.9m，其独特绚丽的风光而成为世界著名的旅游区（图3－2－12）。瀑布并不是永存的，瀑布的跌水会将瀑布底下的河床淘深、淘空，导致上部岩石崩落，于是瀑布向上游方向退移。在河流上游大多有跌水，那里的下蚀力最大。与瀑布后退一样，河谷因源头后退而向上游推进，这个过程称为**河流向源侵蚀（溯源侵蚀）**。河流通过向源侵蚀来增加其长度。当两条河流向同一个分水岭向源侵蚀时，向源侵蚀速度快的河流，会将侵蚀慢的河流的水夺走，这种现象称为**河流袭夺**（图3－2－13）。

图3－2－11　贵州黄果树瀑布

（引自《世界大百科全书》）

图3－2－12　尼亚加拉瀑布

（引自《世界大百科全书》）

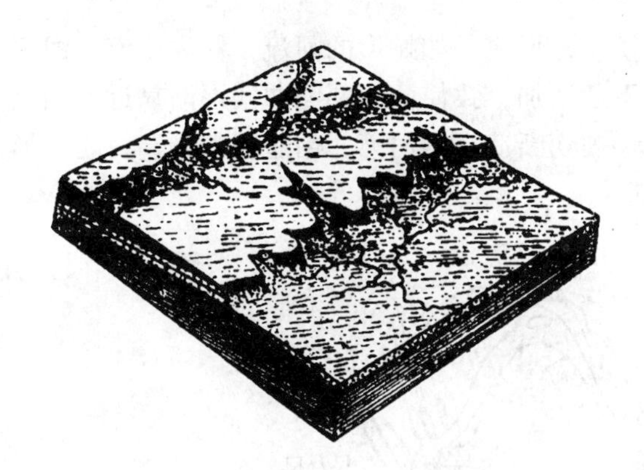

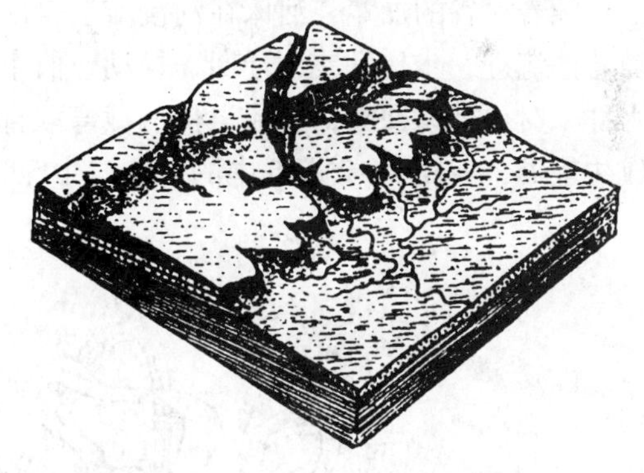

图3－2－13　河流袭夺示意图

（据 R. Kittner）

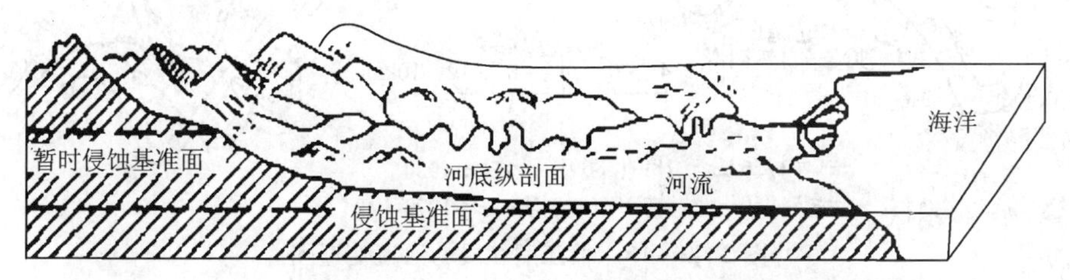


图3－2－14　河流侵蚀基准面示意图

（据徐邦梁，1998）

河流底蚀作用并不是无止境的，当达到一定深度，即当河面趋近于注入水体的水面时，河水不再具有势能差，流动就趋向停止，因而河流的下蚀作用也就停止了。这个面就称为**侵蚀基准面**。海平面是所有入海河流的侵蚀基准面，称为最终侵蚀基准面（图3－2－14）；不直接入海的河流，以其所注入的水体表面，如湖水水面、主流的水面等为其侵蚀基准面，称为局部侵蚀基准面。

**2. 河流的侧蚀作用**

河流在水平方向上不断地冲蚀河床河岸，使谷坡不断坍塌，这种加宽河谷的侵蚀作用，称为**侧蚀作用（旁蚀作用）**。

河流总是有弯曲的，河床中的流水在惯性离心力和地球自转产生的偏转力的双重影响下，水流不能完全顺河床的弯曲流动，而是产生横向环流流向凹岸，造成凹岸变陡后退，而在凸岸则发生堆积，形成边滩（图3－2－15）。

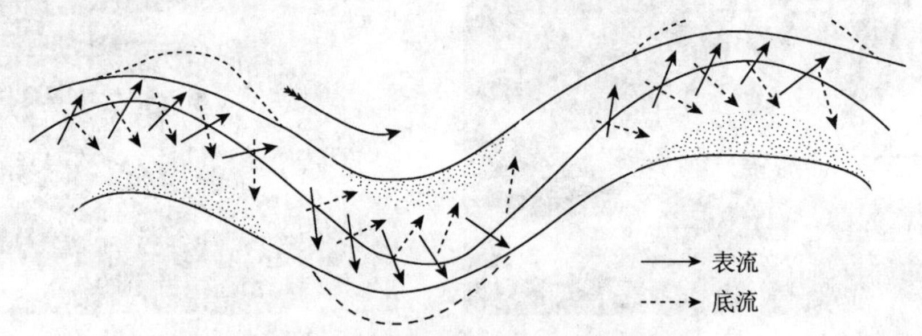


图3－2－15　河流的侧蚀与边滩的形成过程示意图

（据成都地质学院普通地质教研室，1978）

随着河谷的加宽，河床在河漫滩上自由摆动，形成一如蛇形的河流，称为**曲流**。河道随着曲流进一步地发展，迂回、摆动、曲率不断增加，致使两相邻河曲间逐渐靠近。当洪水冲来时，极易冲断，造成自然的截弯取直。被切断遗弃的河湾，由于泥沙淤塞封闭，形成**牛轭湖**，如图3－2－16中的尺八口牛轭湖。

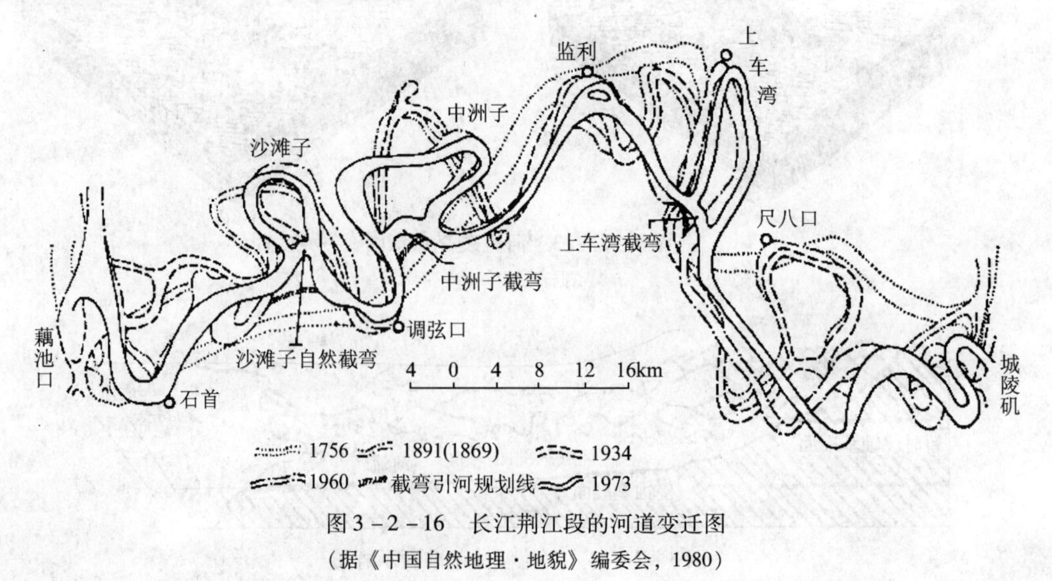


图3－2－16　长江荆江段的河道变迁图

（据《中国自然地理·地貌》编委会，1980）

我国长江中游湖北、湖南交界一带的荆江段（图3-2-16），从藕池口至城陵矶之间的直线距离仅为87km，而曲流河道全长竟达240km。河道蜿蜒曲折，有九曲回肠之称。据史料记载，曾发生数十起截弯取直，最近的一次是1972年7月19日的沙滩子截弯取直。

## （三）河流的搬运作用

河流是陆地上最强壮的“搬运工”。河水将地表风化剥蚀的碎屑物质、河流侵蚀河谷所产生的碎屑以及地下水带来的溶解物质，从上游搬运到下游以至湖泊、海洋之中，这一过程称为**河流的搬运作用**。

### 1. 河流的搬运方式

河流搬运物质的方式有拖运、悬运、溶运三种。

**拖运**：河流中的巨大石块、砾石、粗砂，在河底以滑动、滚动或跳跃的方式前进，称为拖运。这些粗碎屑和石块在拖运的过程中，相互撞击、摩擦、破碎，经过长途搬运后，棱角被磨去，这一作用，称为**磨圆作用**。磨圆度愈好，一般说明搬运距离越远。著名的南京雨花石的磨圆度很好，就是古长江长距离拖运的结果。

**悬运**：河流中的粉砂和黏土，由于颗粒细小，多悬浮在水流中，随流前进，称为悬运。当河流悬运物质的数量很多时，河水将变得混浊。如黄河河水中每立方米含沙量高达36.9kg。据测定每年输沙量达$1.2\times10^{9}$t，为世界罕见，不但堆积形成了广阔的华北平原，并造成下游黄河成为悬河。治理母亲河，已成为西部大开发的重要课题。

河流悬运的物质，受重力和水动力条件的影响，总是向河口方向逐渐沉积的。

**溶运**：河流中的水流溶解了可溶性岩石和矿物。它们呈真溶液和胶体状态随流搬运，这种搬运形式，称为溶运。溶运物质的化学成分主要为：$NaCl$、$KCl$、$MgCl_2$、$CaSO_4$、$MgSO_4$、$CaCO_3$、$MgCO_3$、$FeCO_3$、$Fe_2O_3$、$Al_2O_3$、$MnO_2$及$SiO_2$等。据计算，全球河流每年带入海洋中的溶解物约$3.5\times10^{9}$t。其中以钙、镁的碳酸盐类最多，占盐类总量的7%左右，而钾、钠的氯化物较少。

### 2. 河流的搬运能力和搬运量

河流水流搬运碎屑物质中最大颗粒的能力称为**河流的搬运能力**。搬运能力的大小主要决定于流速。水力学试验表明，在平坦的河床上水流流速小于18cm/s时，细小的碎屑颗粒也难以搬运。而当水流流速达70cm/s时，直径为数厘米的碎屑颗粒也能移动。

河流水流搬运碎屑物质的数量，称为**河流的搬运量**。它决定于流速和流量，但更取决于流量。长江在一般水情的流速下，携带的仅是黏土、粉砂和细砂，但由于流量大，造成搬运量巨大。相反，一条快速流动的山涧河流坡降大，可携带巨砾而下，但由于流量小，则搬运量很小。

## （四）河流的沉积作用及冲积物的识别

河流携带的机械碎屑物质，当河流的流量、流速减小，尤其是流速减小时，所携带的机械碎屑物质就会沉积下来，称为**沉积作用**。形成的沉积物称为**冲积物**。

**1. 冲积物的特征**

冲积物是由各种粒度的砾石、砂、粉砂和黏土构成，具有与河流动力性质密切相关的特征。

**良好的分选性：** 碎屑物质按颗粒大小、密度大小依次沉积。大小和密度相似的沉积物聚集在一起，这种作用称为分选作用。分选性愈好，粒度愈均一。

**较高的磨圆度：** 磨圆度是指颗粒棱角被磨蚀的程度。通过磨圆度可以分析碎屑物被搬运的距离。磨圆度较高的冲积物，通常是经过长距离的搬运。

**清晰的层理：** 冲积物的二元结构的界面是最明显的层理。层理也可由矿物成分、粒度、颜色的不同而显现出成层现象。有水平层理、斜层理、交错层理等。

**2. 沉积的主要类型**

河流沉积物的特点，随着河流不同位置而不同，并反映出不同的流水地貌形态，其主要的沉积类型如下：

**河床沉积：** 河床常为粗大的碎屑物，如砂、砾石。构成河床相砂砾层。砂砾层本身层理不甚明显，但常可看到扁平状的砾石，呈叠瓦状排列，其倾斜朝向上游。由此可推知古代河流水流的方向。

**边滩、心滩与江心洲：** 在弯曲型河床内，水流呈单向环流状，将凹岸掏蚀的物质带到下游凸岸堆积，形成的小型沉积体，称为**边滩**。在分叉型河床内，河道宽窄不一，流水从束窄段流入展宽段时，流速减小，致使较粗碎屑在河床中部淤积下来形成雏形的心滩，主流线向两侧移动，使两岸冲刷后退。这时表层水流由中间向两岸流动，底层水流从两侧向中心流动，形成双向环流，从而在河床中心形成不断扩大河淤高的堆积体，称为**心滩**。随着心滩淤高增大，并逐渐使滩面高出平水位，则形成**江心洲**。与心滩相比，江心洲是比较稳定的。通常洲头不断冲刷，洲尾不断淤积，整个江心洲会很缓慢地向下游移磁场动。在移动的过程中，可将几个小沙洲合并成一个大沙洲。江心洲在洪水泛滥时，可被淹没（图3－2－17）。

图3－2－17　黄河中的江心洲（照片左为上游）

（据《中国地貌图集》编辑组，1985）

**河漫滩**：是边滩长期演变的产物。在河流上游因谷底狭窄，河漫滩不发育；在河流中、下游，河流侧蚀作用的发育，谷底变得开阔，可形成宽广的河漫滩。每当汛期洪水在滩面上漫溢，流速降低，就会使悬运的泥质和粉砂等较细物质在滩面上沉积下来，这种沉积物称为**河漫滩沉积物**。河漫滩沉积物均一性较好，并有良好的水平层理。河漫滩冲积层通常位于河床冲积层之上，构成河流冲积物的二元结构特征（图3－2－18）。丘陵和平原区河流的冲积物中普遍具二元结构特征。

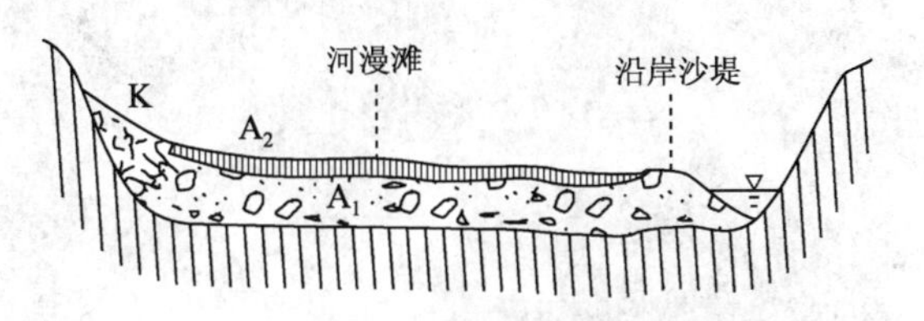


图3－2－18　河流冲积物的二元结构

$A_1$—河床沉积物；$A_2$—河漫滩沉积物；K—坡积物

在大河的中、下游地区，由于河床迂回摆动，河漫滩不断扩大，可形成广阔的**冲积平原**。如长江下游极宽广的平原，就是长江冲积作用的结果。

**三角洲**：河流注入大海或大湖泊处即河口处，常形成平面上呈三角形的堆积体，称为三角洲。河口是河流最主要的沉积场所，河流在河口发生大量的沉积。由于河水在河口处受到海（湖）水的阻滞，水动能骤减，所携带的泥沙就会快速沉积下来。

三角洲沉积从平面和剖面上都可分为三个带（图3－2－19）。从平面上看，由陆向海依次出现三角洲平原带、前缘带和前三角洲带沉积的一般规律。即由河口向大海方向，沉积物的粒度具有由较粗粒至较细粒的变化规律。从剖面上看也具三层结构离河口较远，沉积的往往是黏土，沉积于平坦的底部，产状水平，称为**底积层**；沉积于中部的并向远岸倾斜产状的沉积物称为**前积层**；上部沉积是后期冲积叠加在其上的沉积物，产状水平，称为**顶积层**。

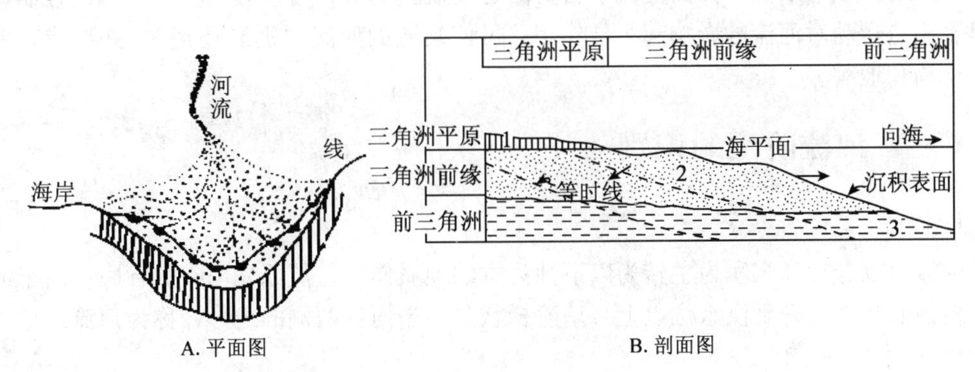


A. 平面图　　B. 剖面图

图3－2－19　三角洲沉积分布示意图

（据刘本培，2000）

世界上许多大河下游都有三角洲。如我国的黄河三角洲（面积达$5450km^2$，图3－2－20）、长江三角洲、珠江三角洲；世界上最大的三角洲为印度恒河三角河，面积达$75000km^2$。

三角洲地处河口区，生物繁盛，泥沙堆积迅速，有利于油（气）田形成。因此，许

图3-2-20　黄河三角洲
（据谷歌地球）

多大油（气）田分布在古代或近代三角洲上。如我国渤海湾的胜利油田和最近新探明的储量为$10^9$t的冀东南堡特大型油田。

值得指出的是，地处强潮发育的河口区，由于潮汐的作用，一般无三角洲。如我国著名的钱塘江，在河口形成三角港。

## 四、构造运动对河流的影响

河流的形成与演变一方面受流水自身的运动规律约束，另一方面受地质构造控制，特别是新构造运动对河流的影响起主导作用，可使衰老的河流“返老还童”，并形成特有的河流格局和地貌。

### （一）河流阶地的识别

#### 1. 概述

河流由以旁蚀和沉积为主转为以下蚀为主的地质作用，使原先河谷的谷底，由于河流下切侵蚀而相对抬升到洪水位以上，呈阶梯状分布于河谷两侧的地形，称为**河流阶地**，简称**阶地**（图3-2-21）。

阶地由阶地面和阶地坡（阶地崖）组成。**阶地面**是原先河谷谷底的遗留部分，阶面平整并微向河床和河流的下游方向倾斜；**阶地坡（阶地崖）**是后期河流下切而造成的，它一般是朝河床方向陡倾，形成陡坎。

河谷中常有多级阶地，其中高于河漫滩的最低一级的阶地称为**第一级阶地**（简称一级阶地）；向上的另一级阶地称为**第二级阶地**（简称二级阶地）；以此类推。阶地的所处位置越高，说明形成年代越老。

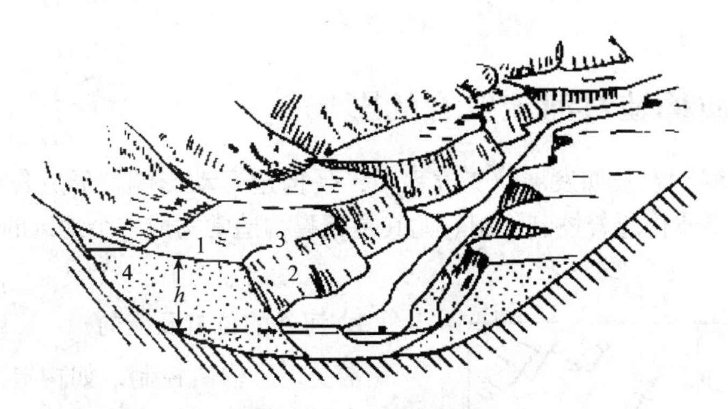


图3－2－21　河流阶地

（据刘本培，2000）

1—阶地面；2—阶地坡（崖）；3—阶地前缘；4—阶地后缘；$h$—阶地高度

阶地的形成原因主要有两个：一是构造运动使陆地上升或海平面下降（冰期），致使河床抬高或侵蚀基准面降低，下蚀复苏；二是气候变化，如由干燥转为潮湿，结果水流量增加，河流得以重新进行下蚀。阶地坡的高度反映挽近时期新构造运动的强度或侵蚀基准面下降的幅度以及气候变迁等变化。

**2. 河流阶地的类型识别**

根据河流阶地的物质组成和地形特征的不同，可将阶地分为侵蚀阶地、基座阶地、堆积阶地三种类型（图3－2－22）。

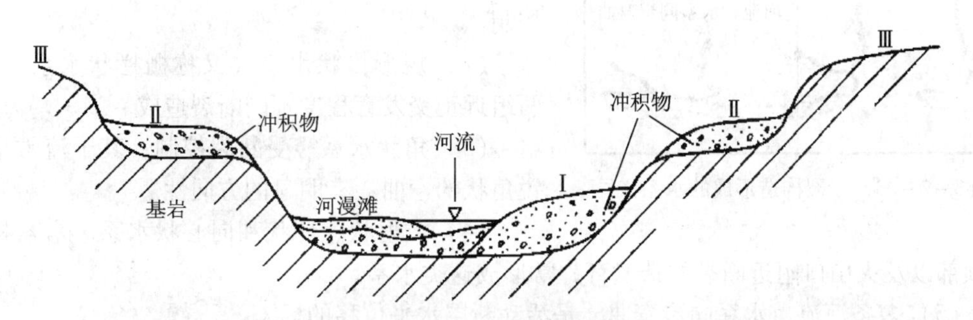


图3－2－22　河流阶地类型示意图

（据夏邦栋，1995）

Ⅰ——一级阶地，为堆积阶地；Ⅱ—二级阶地，为基座阶地；Ⅲ—三级阶地，为侵蚀阶地

**侵蚀阶地**：阶地斜坡上基岩裸露，阶地面上仅有零星河流冲积物分布，呈现有河流侵蚀的痕迹。这类阶地一般阶地面狭窄，阶地坡较高，多形成在构造抬升的山区河谷中。

**基座阶地**：阶地坡下方有基岩暴露，上部为河流冲积物组成。这表明河流已切过冲积物而达于基岩之中。它显示了挽近构造上升幅度较大的特点。

**堆积阶地**：阶地面和阶地坡全是由河流冲积物质组成，无基岩暴露。这类阶地往往阶地面较宽，阶地坡不高，多分布在河流的中、下游河道的两侧。

阶地上的冲积物中常富集有密度大且不易磨损的矿物，如金、铂、金刚石、锡石等形成重要的砂矿床。此外，阶地上的砂、砾石也是广泛应用的建筑材料。因此阶地的研究对了解近代构造运动、河流地质作用的历史以及寻找冲积砂矿、地下水等，都具有非常重要的意义。

## （二）地质构造对河流发育的影响

地壳（岩石圈）在长期发展演变过程中，受构造运动影响，形成各种地质构造，并对河流形成、发展演化起着控制作用。尤其是**断裂构造**常构成一个地区的水系格架。主要表现如下：

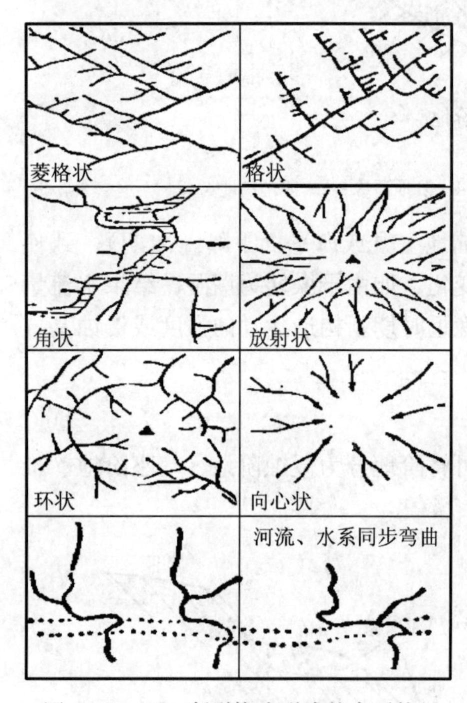


图3－2－23　断裂构造形成的水系格局

**1. 河谷的位置及流向**

常受地质构造控制，如构造破碎带抗流水侵蚀能力弱，易快速地发育成为河谷，并呈直线状分布，是野外识别断裂构造的依据之一。如我国云南鲜水河。东非裂谷中的青、白尼罗河的直线流向就是典型的范例。

**2. 水系格局**

水体的展布是地质构造最灵敏的反映。特别是挽近时期的断裂构造常形成特有的水系格局（图3－2－23），是野外识别断裂构造的依据之一。常见的主要类型有：

（1）菱形格状水系。由两组斜交的断裂构造控制。

（2）矩形格状水系（又称栅栏状水系）。由两组近正交发育程度不同断裂造成。

（3）角状水系。受断裂控制，其干流常呈尖锐角状的弯曲，有明显的方向性。

（4）放射状、环状和向心状水系。穹盆构造的顶部以及火山口附近断裂构造发育，常形成这类水系。

（5）多条河流、水系同步弯曲，是活动断层水平位移的标志。

**3. 区域构造控制大区域内河流的展布格局**

大河流的流向都受区域地势控制，而区域地势地貌本身又受控于区域大构造。如我国地势西高东低，西部青藏高原地势就是由于印度板块与欧亚板块碰撞而隆起的结果，这一特定的地质构造背景，促使长江、黄河、珠江等水系均由西向东流入大海。而秦岭地槽褶皱山系构成了长江与黄河的分水岭，南岭东西向构造带则是长江与珠江的分水岭。

综上所述，研究河流的发育，有助于我们研究分析构造运动的发生、发展变化，只有抓住事物最本质的特征，才能得出正确的结论。

## 复习思考题

1. 坡积物、洪积物、冲积物是怎样形成的？各有何识别特征？
2. 一条大河不同河段会发生哪些地质作用？各形成何种地貌形态？
3. 绘图表示河谷结构。

4. 绘图表示河流阶地类型。简述河流阶地的研究意义。
5. 河流沉积作用有哪几种类型？各有何识别特征？
6. 何谓侵蚀基准面、向源侵蚀、河流袭夺？
7. 为什么说河谷位置是野外识别断裂构造的依据之一？

# 学习任务3　地下水地质作用及其产物的识别

**【任务描述】** 地下水是在地下土层和岩石空隙中缓慢流动着的水，其水量远大于地面流水总量，是人类不可或缺的重要资源。它一方面对地下岩石产生侵蚀、搬运、沉积等地质作用，同时对人类生存和环境产生巨大的影响。因此识别其产物及地貌特征，寻找开发地下水，是野外地质工作的任务之一。

**【学习目标】** 掌握地下水的赋存、运动及类型（过程），重点掌握地下水地质作用的特征及其产物的识别，为后续课程水文地质工程地质打下良好基础。

**【知识点】** 地下水、孔隙度、透水层、含水层、不透水层、隔水层；包气带水、潜水、承压水、泉；黄土湿陷、丹霞地貌、岩溶（喀斯特）、溶洞滴石、岩脉、化石。

**【技能点】** 含水层、隔水层、潜水、承压水、丹霞地貌、岩溶（喀斯特）的识别。

## 一、地下水的一般特征

地面上我们可以看到奔流直下的江河，涓涓流水的小溪。其实，地底下照样有大量的水在流动，其水量远大于地面流水总量，只不过它们是在地下土层和岩石空隙中缓慢地流动着，进行着各种地质作用，形成了千姿百态的地貌景观，构成了一个美不胜收的地下水世界。

**地下水**是存在于地下土层和岩石空隙中的水。是组成水圈的一部分，其淡水量约占淡水总量的30.1%，还有大量的地下咸水。井和泉是它的露头。

地下水分布广泛，是一种重要的地质外营力。它不单是一种水流，能机械冲刷岩石，而且还是一种溶剂，当水中含有各种酸性物质时，对岩石具有较强的溶解破坏能力。尤其是在气候潮湿、有大量可溶性岩石分布的地区，如我国广西、贵州等地。地下水是重要的地质营力。

地下水主要是由大气降水、地面流水、冰雪融水、湖泊水、海水渗透到地下而形成的，称为渗透水。此外还有凝结水（水气进入岩石空隙冷凝而成）、埋藏水（古代海洋、湖泊中伴随着沉积物一起被埋藏保存下来的水）和原生水（自岩浆分泌出来的水）等。

### （一）地下水的赋存及运动条件

地下水能在岩石中赋存与运动，是因为岩石中具有一定的空隙。空隙包括孔隙（岩石颗粒之间的空隙）、裂隙（岩石的裂缝）和洞穴（可溶性岩石受溶蚀后形成的孔洞）。大多数岩石的空隙是连通的，因而地下水在岩石中可以通过（图3－3－1）。

岩石能被水透过的性能，称为岩石的透水性。一般说来，岩石孔隙度（某一体积沉积物或岩石中孔隙体积所占的比例）越大，含水量越大，透水性越好；孔隙度越小，含水量越少，透水性越差。因此自然界的岩石可分为透水层和不透水层。

**透水层**：能够透过地下水的岩层称为透水层。主要有：砂岩层、砂砾岩层以及裂隙、洞穴发育的其他岩石。其中储满地下水的岩层称为含水层。

**不透水层**：不能透过地下水的岩层称为不透水层。主要有：黏土、页岩、岩浆岩、变质岩等。不透水层对地下水的运动起着阻隔作用，又称为隔水层。

两者之间过渡类型称为半（弱）透水层。如泥岩、亚黏土、亚砂土、黄土等。

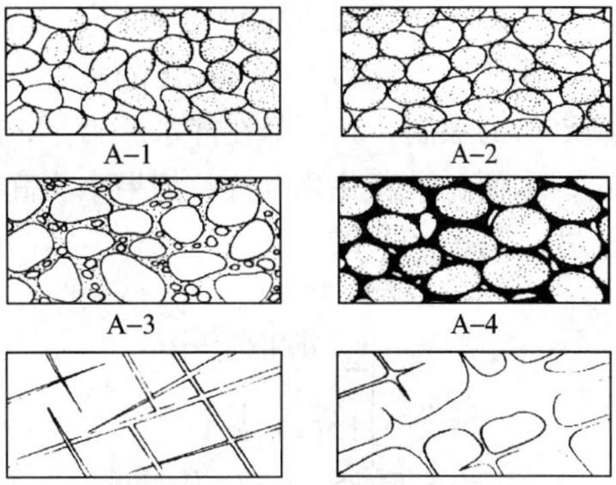

A–1　A–2　A–3　A–4　B　C

图3－3－1　沉积物及岩石的各种空隙
（据夏邦栋，1995）
A—孔隙及其发育的不同情况，其中：A－1—分选良好、排列疏松的砂，A－2—分选良好、排列紧密的砂，A－3—分选不良，含泥、砂的砾石，A－4—经过部分胶结的砂岩；B—裂隙；C—洞穴（溶洞）

## （二）地下水的基本类型

根据地下水的运动状态、埋藏条件，分为包气带水、潜水、承压水三种基本类型。

**包气带水**：从地面到地下水面（潜水面）之间的地带称为包气带或不饱和带（图3－3－2），所含的非重力地下水，以气态水、吸着水、薄膜水和毛细水等状态存在。包气带水处在地表附近，受气候、植物生长、土壤的物理性质等影响较大，是不稳定的地下水源。

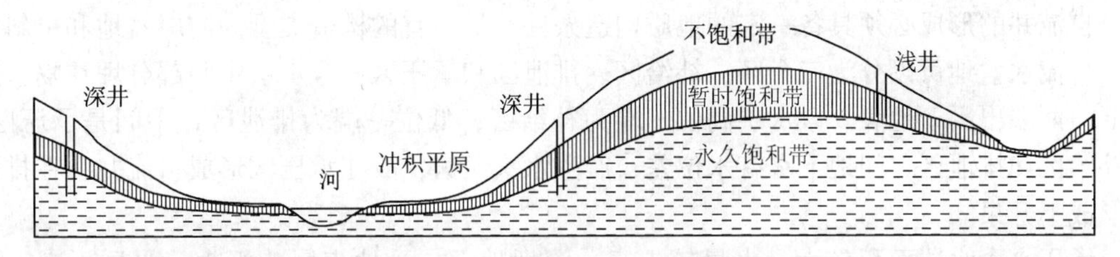


图3－3－2　地下水的垂直分带

**潜水**：地面以下第一个区域性稳定隔水层之上、具有自由表面的重力水。潜水的表面称为潜水面，即地下水面。图3－3－2所示饱和带中即为潜水。

潜水面随地形起伏，不过潜水面的起伏要比地形起伏和缓得多。地下水在重力作用下从高处向低处缓慢流动，每天约数厘米或每年若干米。如河流切穿了潜水面，地下水涌出随河水排走。

潜水面和下伏隔水层顶板之间的距离称为潜水层厚度；潜水面到地面的距离称为潜水的埋藏深度。潜水的埋藏深度随着季节变化而升降：雨季补给量大，潜水面上升，埋藏深度变浅，水量丰富；干旱季节则补给少，潜水面下降。因此在包气带与潜水之间，常形成一个暂时饱和带。

潜水分布广，埋藏浅，便于汲取，是人们生活用水和工农业用水的重要水源。当今人类的活动，如抽取地下水、挖沟改变地表排水系统等，都可能改变潜水面的位置和形状，甚至造成水质污染和地面沉降。应引起人们的高度重视。

**承压水**：充满于两个稳定隔水层之间的含水层中的地下水。承压水由于受上、下两个隔水层的限制，其深部在静水压力下，具有一定的水头压力。如打井或钻孔打穿上部隔水层，水便能沿着井孔上升，如果水头高度超过井口地面，承压水就自行喷出地表，成为自流井（图3－3－3）。

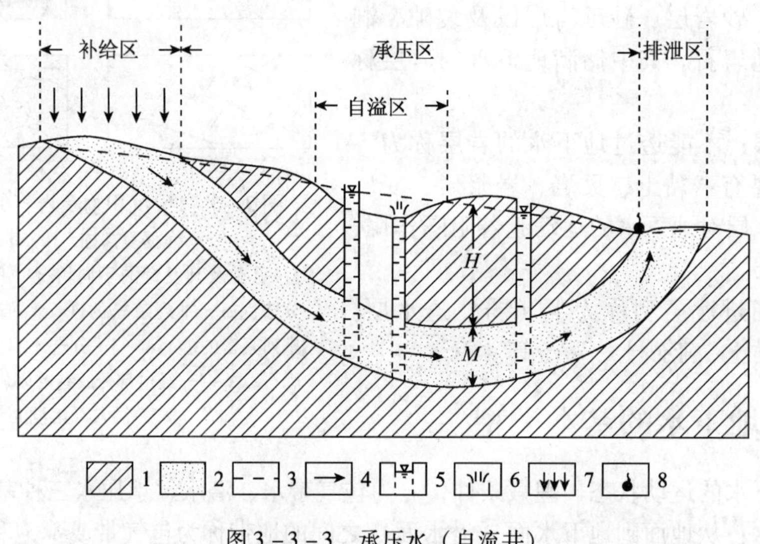


图3－3－3　承压水（自流井）

（据夏邦栋，1995）

1—隔水层；2—含水层；3—地下水位；4—地下水流向；5—钻孔，水未喷出；6—钻孔，水喷出；7—降雨补给含水层；8—上升泉；*H*—压力水头高度；*M*—含水层厚度

自流井的形成必须具备一定的地质构造条件，最适宜的构造类型为向斜盆地和单斜构造。自流水盆地可以分为三个区：补给区、排泄区和承压区。含水层中间部分埋在隔水层之下，两端出露于地表。含水层高位一端为补给区，低位一端为排泄区，中间是承压区。在补给区和排泄区之间地下水有水位差，产生水头压力，故在承压区形成自流井，在排泄区形成上升泉。

承压水含水层面积较大，水量较丰富，深埋地下，受地表影响极少，水质干净，成分、水量也较稳定，常形成自流井，故是非常理想的地下水资源。

## （三）地下水的露头（泉）

泉是地下水的天然露头，即地下水流出地表的部分。山区、丘陵区由于构造较发育，地面切割强烈，有利于地下水的出露，尤其是沟谷两侧的坡脚部分以及山前平原地带，所以山区多泉，平原少见。泉的分类较多，仅介绍几种常见分类：

（1）根据成因分为（图3－3－4）：①接触泉，透水性不同的岩层相接触，地下水沿接触面出露；②侵蚀泉，因侵蚀作用，沟谷切穿含水层而出现的泉；③裂隙泉，地下水沿岩石裂隙流出；④断层泉（溢流泉），因断层作用，隔水层或岩墙阻挡了地下水流，地下水沿断层溢出；⑤溶洞泉，溶洞中的地下水流出地面。

（2）根据泉水运动的特点分为：①上升泉，承压水向上涌出地面；②下降泉，地下

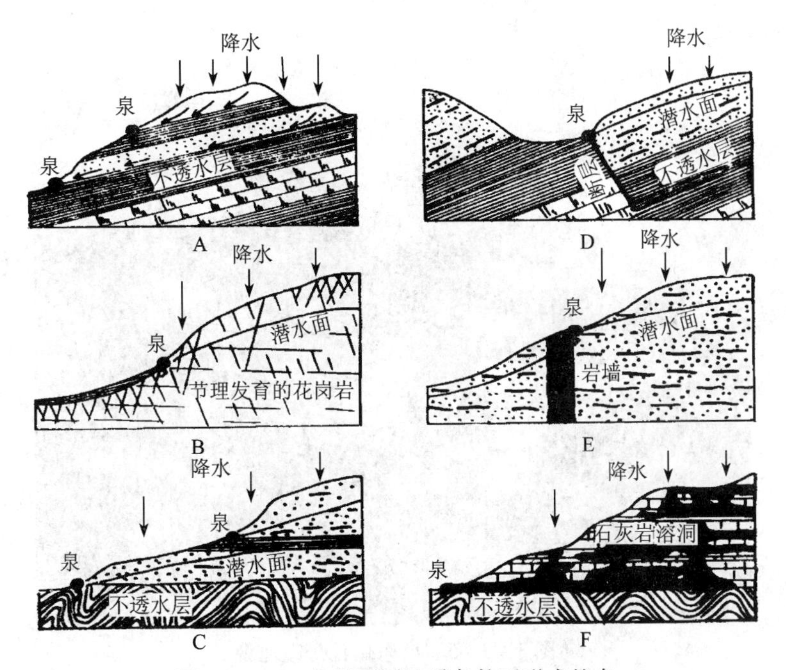


图3－3－4　各种不同地质条件下形成的泉

（据徐邦梁，1998）

A，C—接触泉；B—裂隙泉；D—断层泉；E—溢流泉；F—溶洞泉

水受重力影响由高处向低处流出地表。

（3）按泉水温度分为：①冷泉，泉水的温度低于当地年平均气温；②温泉，泉水的温度高于当地年平均气温（一般水温超过20℃，可高达110℃）。温泉的热量来源：一是受地下岩浆热的影响，如云南腾冲的温泉、台湾的北投温泉；二是受地下深处地热的影响，深部承压水沿大断层上升至地面形成的，如南京汤山温泉、云南洱源牛街温泉等。

## 二、地下水的潜蚀作用及其产物的识别

地下水的剥蚀作用发生在地面以下，故称为**潜蚀作用**。潜蚀作用按作用方式分为机械的和化学的两种类型，其中以化学溶蚀作用最为重要。

### （一）机械潜蚀作用

地下水对岩石的冲刷破坏作用称为**机械潜蚀作用**。岩石孔隙或裂隙中的地下水，流动十分缓慢，它的机械冲刷破坏的能力非常微弱。只有在较大岩石洞穴或地下河中的地下水，可以有一定的流量和流速，冲刷或磨蚀岩石，并与化学溶蚀作用一起，使洞穴或裂隙扩大，最终导致岩层局部被掏空而崩塌。

由黄土或砂岩组成的地壳表层，经地下水长期机械潜蚀作用，颗粒大量流失，孔隙扩大，岩石结构逐渐变得疏松，引起蠕动变形或由于空隙（节理）的扩大造成塌陷，在地下水和地面流水的共同作用下，使地面洼地毗邻或成孤峰、孤堡状，形成与下面将要介绍的化学溶蚀作用的产物“岩溶”相似，故称为“假岩溶”，如黄土湿陷、丹霞

地貌（图3-3-5）。

图3-3-5 广东仁化丹霞地貌

## （二）化学溶蚀作用与岩溶（喀斯特）

地下水溶解岩石产生的破坏作用，称为**溶蚀作用**。地下水中溶有一定数量的$CO_2$，其中约1%为$H_2CO_3$，其余的称为游离二氧化碳。碳酸的形成使地下水的溶解能力大大提高，较易溶解石灰岩等碳酸盐类岩石。其反应式如下：

$$CaCO_3 + CO_2 + H_2O \rightarrow Ca^{2+} + 2HCO_3^-$$

当地下水中$CO_2$含量高时，发生正向反应，石灰岩被溶蚀，$Ca^{2+}$和$HCO_3^-$便随水流失。当水中$Ca^{2+}$浓度高时，发生逆向反应，$CaCO_3$再沉淀形成石钟乳、石笋。

由于地下水在岩石空隙中缓慢运动，水与岩石的接触面大，因此溶蚀作用极为显著。特别是在湿热气候条件下，碳酸盐岩地区常形成特殊的地貌——喀斯特。

喀斯特一词来源于南斯拉夫西北部沿海一带石灰岩高原的地名，那里发育着各种奇特的石灰岩地形。19世纪末，南斯拉夫学者司威治（J. Cvijic）对这个地区首先进行了研究，并借用“喀斯特”地名来称呼石灰岩地区特有的地貌和水文现象。至今为世界各国通用。1966年我国第二次喀斯特会议决定，将喀斯特一词改称为岩溶。但至今两者都在使用。

### 1. 岩溶（喀斯特）

岩溶（喀斯特）指地下水（兼有部分地表水）对可溶性岩石进行以化学溶蚀为主的破坏和改造作用，以及由这种作用所产生的特殊地貌和水文网的总称。岩溶地貌奇特而多姿，往往构成许多别致而优美的景观。

**溶沟和石芽：**溶沟是地表水流对可溶性岩石表面溶蚀和机械冲刷形成的沟槽。一般为数厘米到数米，有时更大。溶沟之间凸起的石脊称为石芽。当沟槽较浅时，岩石表面常呈刻槽状、刀砍状，俗称为“婆婆脸”。高大壁立的石芽，若成群出现犹如树林，称为石林。石林常见于热带地区石灰岩裸露区，如我国云南路南石林，石芽高达20～30m，峭壁林立，千姿百态。

**溶斗与落水洞**：地表水沿近于垂直的裂隙向下溶蚀，并同地下水一道将溶蚀面积不断扩大，形成圆形或椭圆形漏斗状的洼坑，称为**溶斗**（也可以由地下空洞塌陷形成）。直径从数米到数百米不等，多为50m以内，斗深在20m以内。可积水成湖，称为喀斯特湖。位于重庆市奉节县的小寨天坑是世界上最大的塌陷溶斗（图3－3－6）。天坑坑口地面标高1331m，深666.2m，坑口直径622m，坑底直径522m。坑壁四周陡峭，坑底下边有地下河，小寨天坑是地下河的一个“天窗”。小寨天坑堪称“天下第一坑”，是当今世界洞穴奇观之一。溶斗底部如有两组直立的裂隙交会时，常形成直立的洞穴，将地表水转入地下河或溶洞中，称为**落水洞**。

图3－3－6　奉节小寨天坑

**溶洞与地下河**：溶洞是潜水面附近的地下水，沿岩层层理和裂隙进行溶蚀，使空隙扩大崩塌，形成的洞穴。空洞扩大后常互相串通，沿着潜水面形成延伸很长的近水平溶洞系统，有的可达数千米以上。美国肯塔基州的猛犸洞长达240km，为世界之冠。并且常汇集丰富的地下水形成地下河（暗河）。有的地下河是由地表河流通过落水洞转入地下形成的，常使地表河流下游形成干谷和盲谷。

当地壳上升，河流下切作用加强，潜水面下降，沿地下水面发育的溶洞被抬高而成为干溶洞。当地壳恢复相对稳定时，则在新的潜水面附近形成低一级的另一溶洞系统（图3－3－7）。如果地壳间歇性多次上升，就造成多级溶洞。各级溶洞的高度常与河流阶地高度一一对应，往往反映了地壳上升的幅度。如江苏宜兴善卷洞有上、中、下三层，上洞、中洞相通，非常开阔，可容数百至上千人；下洞内有长近100m的地下河，迂回曲折，可以乘舟游览（图3－3－8）。还有桂林的芦笛岩、七星岩都是著名的溶洞旅游胜地。

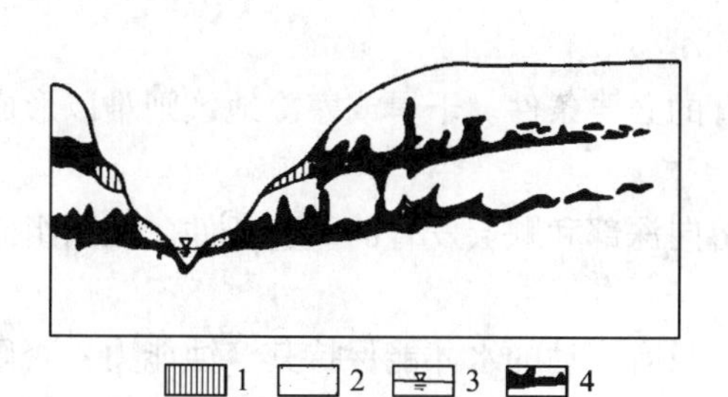


图3－3－7　溶洞成层分布示意图

（据夏邦栋，1995）

1—阶地沉积物；2—河漫滩沉积物；3—河流水位；4—溶洞

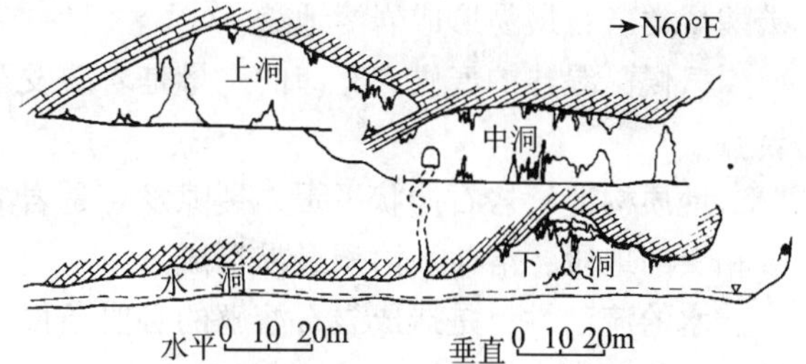


图3－3－8　善卷洞剖面示意图

（据夏邦栋，1995）

**溶蚀谷与天然桥**：溶洞或地下河不断扩大，其洞顶岩石塌落，形成两壁陡峭的深谷，称为溶蚀谷。未塌落的局部洞顶，残留在谷地上部形成天然桥。

**峰丛、峰林和孤峰**：是岩溶发育过程中不同阶段在地表形成的正地貌。岩溶发育早期，溶蚀切割形成大量溶沟和石芽，将巨厚的石灰岩体切割成顶部独立、基部相连的峰丛；经过长期溶蚀，溶斗、落水洞不断扩大崩塌，形成较大的盆状洼地，称为喀斯特洼地，其间形成峰体上部挺立高大，基部仅稍许相连的峰林。岩溶发育晚期，溶洞、地下河不断扩大崩塌，形成广大的平原，称为喀斯特平原，其上散布着孤立的山峰称为孤峰。相对高度一般为50～100m。

在岩溶山地中，通常峰丛位于山地中部，峰林位于山地边缘，而孤峰则耸立于平原之上（图3－3－9）。

图3－3－9　峰丛、峰林和孤峰

**2. 影响岩溶发育因素**

岩溶（喀斯特）地貌的发育主要受以下因素影响：

**岩石性质**：可溶性岩石的存在是岩溶发育的物质基础。分布广泛、产状平缓、厚层状碳酸盐类岩石最易形成岩溶地貌。

**气候**：湿热的气候、充沛的水量是岩溶发育的必要条件。干旱或寒冷地区则难以形成岩溶。

**地质构造**：岩石产状平缓、裂隙发育是岩溶向深部和顺层发育的重要条件。在两组断裂相交的地段，溶斗、溶洞最易形成。

**水的流动性**：是造成岩石溶解的必要条件。只有流动的水才能保持其溶蚀能力，否则就会因饱和而失去溶蚀力。

除上述因素外，构造运动从大的方面控制着岩溶地貌演化的进程。构造运动相对强烈期不易形成岩溶，只有在地壳处于相对稳定的条件下，古地理环境无重大的变化，在具备上述条件的地区才能形成岩溶。另外，随着深度的增加，岩石的裂隙减少，水的流动性变小，水的溶蚀力减弱，岩溶发育的速度和强度也随着减弱。

## 三、地下水的搬运、沉积作用及其产物的识别

### （一）地下水的搬运作用

除较大溶洞和地下河有一定的机械搬运外，其他机械搬运通常很微弱。地下水的搬运主要是以溶运方式进行，当今世界河流每年将 $4.9\times10^9$t 溶解物质运入海洋中，其中大部分溶解物质来源于地下水，说明地下水溶运能力之巨大。

### （二）地下水的沉积作用

地下水的沉积作用有机械的和化学的两种方式，以化学沉积作用为主。

**1. 机械沉积**

溶洞中的机械沉积，主要是垮塌形成的角砾、砂、泥组成的混合堆积；地下河在开阔地段，因流速降低，可以出现少量砾石、砂和黏土等碎屑沉积，其中以黏土沉积为主。

**2. 化学沉积**

地下水的化学沉积常见于洞穴内、裂隙中和泉的出口处。常见的沉积作用有以下几类。

（1）过饱和沉积作用

过饱和沉积作用是地下水化学沉积过程中最普遍的一种形式。一般发生在地下水流入较大洞穴或流出地表时，因压力降低、温度变化、水分蒸发，使 $CO_2$ 逸出，引起被溶解物质过饱和而发生沉淀。常见的沉积物有：

**溶洞滴石**：富含碳酸钙的地下水沿着裂隙流入溶洞中，在其从洞顶下滴或从洞壁漫溢的过程中，都会有大量的水气蒸发或 $CO_2$ 逸出，从而使 $CaCO_3$ 沉淀下来，形成千姿百态的溶洞滴石（图3-3-10）。悬挂在溶洞顶棚上的圆锥形堆积物，称为**石钟乳**；与其相对应的洞底位置上，$CaCO_3$ 沉淀形成向上生长的圆锥形堆积物，称为**石笋**；经过长期的沉淀，洞顶的石钟乳与洞底的石笋不断长大后连成一体，称为**石柱**。其生长速度大约是0.01~2mm/a。从洞壁漫溢的地下水，常形成垂帘状 $CaCO_3$ 沉淀物，称为**石帘、石帷幕、石瀑布**和**石幔**等。

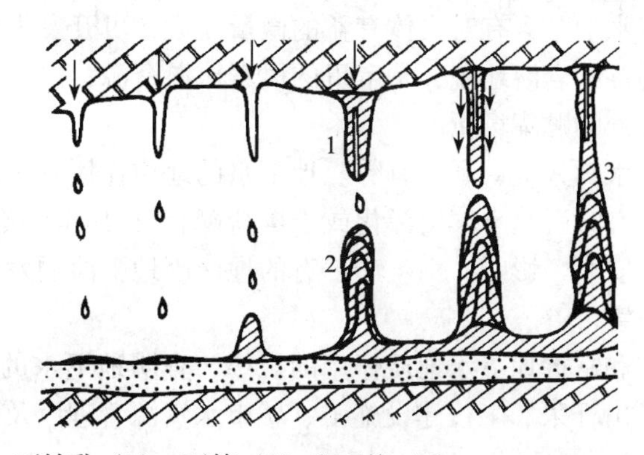


图3-3-10　石钟乳（1）、石笋（2）和石柱（3）

**泉华**：在泉水出口处沉淀的疏松多孔的堆积物。由碳酸钙组成的称为钙华；由二氧化硅组成的称为硅华。硅华一般形成于温泉出口处。

**岩脉（矿脉）与假化石**：富含溶解物质的地下水在流入岩石裂隙后，溶解物质会沉淀结晶出来，形成脉状沉积体称为岩脉，如方解石脉、石英脉等。如果其中富含某种有用矿物质，此种脉状沉积体称为矿脉。在一些较紧闭的裂隙中，地下水中的 Fe、Mn 物质沉淀在裂隙面上，常呈树枝状的，粗看像植物化石，故称为假化石或模树石。

（2）*石化作用*

石化作用包括矿质充填作用和置换作用。

**矿质充填作用**：埋藏在地下沉积物中的生物遗体，其硬体组织中的一些空隙，被地下水中的矿物质沉淀充填，使得生物硬体变得致密和坚硬。如贝壳的微孔、脊椎动物的骨骼等；

**置换作用**：是指地下水中的矿物质与掩埋在沉积物内的生物体之间的物质交换，在这个交换过程中，原来生物体组分被地下水溶蚀，并由地下水中的矿物质（$SiO_2$、$CaCO_3$ 等）沉淀充填，改变了物质成分，但仍完全保留着生物原有的构造。如硅化木就是置换作用的结果，古代树木中的有机质被地下水带来的 $SiO_2$ 置换，树干的外形和纤维构造保存的完整无缺。地层中的**化石**就是通过石化作用形成的。

## 四、地下水的开发和利用

地下水及其地质作用密切关系到人类生活和经济建设，是重要的自然资源。

我国大部分地区缺水，特别是西北地区严重缺水。即使在我国气候湿润的地区，在干旱季节有时也缺水。许多重要城市，如北京、沈阳、西安、太原、包头、石家庄、济南等都以地下水作为生活和工业用水的主要水源。当今世界已把水资源危机与能源危机摆在同等重要的位置。因此，寻找和开发地下水，为人类生产、生活服务，是当务之急的一项地质工作。

我国利用地热历史悠久，早在2000多年前就利用温泉治病，温泉水对某些疾病有特殊的疗效。地下热水是重要的、环保型能源。可以直接用于供暖、发电等，我国有丰富的地下热水资源，仅温泉就有2000多个，有广阔的开发利用前景。目前，我国广东丰顺的邓屋、北京附近的怀来、江西的温汤、西藏的羊八井等相继建立了地热试验电站。

地下水中常含有对人体有益的微量元素，可开发为优质的饮用水，称为矿泉水。地下水形成的各种岩溶地貌，是宝贵的风景旅游资源；溶洞等空隙是石油、天然气以及其他一些沉积矿产的贮集场所。

地下水对人类有利也有弊。地下水的地质作用有时造成水土流失，地面基岩裸露，土层贫瘠；有时引起土壤沼泽化或土壤盐碱化，破坏土壤的肥力；有时导致矿山突然冒水，威胁井下安全，影响矿山生产；有的地区因地下溶洞发育，引起地面塌陷，对工程建设具有很大危害。

研究和掌握地下水地质作用的规律，查明地下水的分布和发育状况，用以指导找水、找矿、矿山开采、工程建设施工、城市水资源管理以及保护环境等，是地质工作的一项重要任务。

## 复习思考题

1. 透水层、不透水层、弱透水层分别包括哪些岩土？

2. 绘图表示地下水的垂直分带及承压水的构造条件、水的运动。试说明找寻地下水的有利位置及岩石类型。

3. 我国桂林旅游区属于何种地貌？是怎样形成的？

4. 你的家乡或你熟悉的地方，地下水属于哪种类型？有何特点？

# 学习任务4　冰川的地质作用及其产物的识别

**【任务描述】** 冰川是高纬度和高山地区由积雪形成并缓慢移动着的巨大冰体，是人类重要的淡水资源，对人类生存和环境产生着巨大的影响。冰川地质作用破坏着地面，塑造出许多奇特地貌，并把破坏产物搬运到他处堆积起来，形成特有的沉积物。因此识别其产物及地貌特征，研究其发生、发展变化规律以及对全球古今气候变化、生物演化的影响，是地质工作的任务之一。

**【学习目标】** 掌握冰川的形成、运动和类型，了解冰水沉积物及其地貌，重点掌握冰蚀地貌、冰碛地貌、冰碛物、冰碛岩特征的识别，以及古代冰川作用对地球演化的影响。由于地质历史时期冰川作用数量较少，野外工作中极少接触，因此本任务仅作一般要求。

**【知识点】** 冰川、大陆冰川、山岳冰川、冰水沉积物、冰蚀地貌、冰碛地貌、冰碛物、古代冰川、冰期、间冰期、南华纪大冰期、石炭－二叠纪大冰期、第四纪大冰期、冰碛岩。

**【技能点】** 冰碛岩的识别。

## 一、冰川的一般特征

冰川是在陆地上由积雪形成并以缓慢的速度运动的巨大冰体。它分布在高纬度极地和低纬度的高山地区。现代地球表面有 $1.585\times10^7 km^2$ 的面积为冰川覆盖，约占世界陆地总面积的10%，占全球面积的3%。它们主要分布在南极冰盖和北极区的格陵兰冰盖，其他地区的山岳冰川和山麓冰川较少，全部陆地冰川的总量约有 $2.625\times10^7 km^3$，如果这些冰川全部融化，将使海平面上升约65m。冰川不仅占水圈总水体的1.6%，而且集中了全球淡水资源总量的85%，为水圈的重要组成部分。可见，冰川不仅是一种重要的地质动力，也是人们宝贵的淡水资源。

我国是世界闻名的山岳冰川发育国家之一。据《中国冰川目录》，中国共发育冰川46298条，分布面积 $59400km^2$，冰储量 $5590km^3$，占全球冰川总面积的0.4%，占亚洲山地冰川面积的47.6%。主要分布于西藏、新疆、云南、甘肃、青海等省区。其中西藏、新疆冰川数量多、规模大。

### （一）冰川的形成

冰川是由积雪转变成的冰流。终年积雪区的下部界线，叫**雪线**（图3－4－1，图3－4－2）。

雪线以上的积雪区是冰川的积累区。雪线处年降雪量等于年消融量，雪线以下年降雪量小于年消融量，只能季节性积雪。雪线的位置受降水、气温、雪量、地形等因素影响。

图3－4－1　明朗的昆仑山雪线格外明显

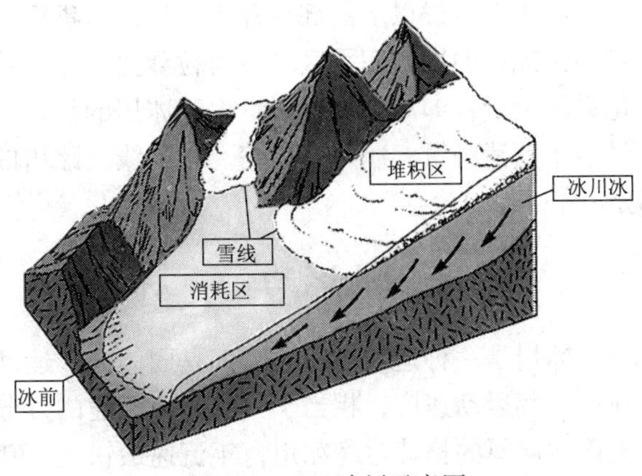


图3－4－2　冰川示意图

**气温：**地表气温既随纬度的增加而降低，又随海拔高度的升高而降低（每升高100m，气温平均下降0.6℃左右）。雪线位置的高度与纬度成正比，即一般在低纬度地区其位置较高，向两极逐渐降低，到极地可降至海平面。如：两极地区因太阳辐射极其微弱，气温很低，降雪从不融化，年复一年积累，形成世界上最大的冰体。两极地区的雪线位于海岸线附近。在非洲赤道附近雪线高度为5700～6000m，在阿尔卑斯山为2400～200m，在挪威为1540m。

**降雪量：**雪线高度与降雪量成反比，降雪量多的地区雪线低，降雪量少的地区雪线高。世界上雪线最高的地方不在赤道附近的高山区，而是位于20°～25°S南美洲安第斯山，雪线高达6400m，是世界上雪线位置最高的地方。这是因为在纬度20°～30°由于降雪量少，蒸发量大，有时反而比赤道地区的雪线位置高。青藏高原也是，雪线一般在5800～5900m。对于冰川的形成，丰富的降雪量比严寒的气候更为重要。阿拉斯加州的东南海岸，是该州最温暖地区，但因这里降雪量大，故冰川极为发育。而北冰洋的陆地，虽然气候非常寒冷，但因降雪量不足而不发育冰川。

**地形：**一般情况下陡坡地带雪线位置较高，缓坡地带雪线位置较低。两极地区冰川的形成与地形关系不大。中低纬度高山区的冰川形成要有可以积雪的相对平坦的地形。另外雪线高度还与山坡向阳背阴、地形突出与隐蔽等有关。在喜马拉雅山地区，由于高山阻挡了印度洋的西南季风，北坡年降雪量少，雪线高度达5800～6200m，南坡降雪最多，雪线高度则下降至4400～4600m。

积雪变成冰川一般要经过雪的沉积、粒雪化及成冰作用三个阶段。在终年积雪区，降雪（小雪花）经过融化、升华又重新冻结变成粒雪，逐年不断积聚起来形成厚层雪，使积雪区底部雪承受的压力不断加大，最后经过长期不断地压实和重结晶成为冰川冰（图3－4－3）。

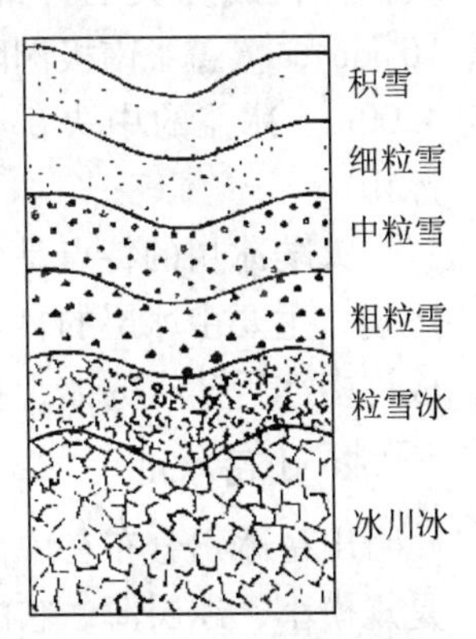


图3－4－3　粒雪盆中的冰雪剖面示意图（据费金深，1979）

冰川冰形成之后，雪线以上的冰川冰积到一定厚度，一般在50m厚度时，在冰层自重压力和重力作用下，顺地面斜坡向低处或自积雪中央区向四周作缓慢流动，形成冰川。

冰川在雪线以上的部分称为冰川的**积累区**，在雪线以下的地带称为冰川的**消融区**。温带高山地区的冰川积累区又称为**粒雪盆**，冰川消融区又称为**冰舌**。如降雪量超过冰舌的融化和蒸发量，即冰川的积累量大于冰川的消融量，冰川因冰量增多而前进。如冰川的积累量小于其消融量，冰川就退缩。在雪线处冰川的积累量和消融量相等，冰川前缘就处于稳定状态。

## （二）冰川的运动

冰川是一种运动着的冰体，是固体流，运动使冰川具有生命力。因此它的运动不同于河流，其运动速度，相当于一般河流流速的万分之一，一年只前进数十米到数百米。规模大而冰层厚的格陵兰岛冰川，年流速最快达1700m，规模小而冰川较薄的山谷冰川，流速较慢，我国冰川科学考察队于1959～1960年期间测定了珠峰北坡冰川运动的速度。绒布冰川最大年流速为64m，东绒布冰川为164m，多数观测点的年流速只有数米到数十米。因此我们肉眼是难以观察到冰川运动的。

引起冰川运动的主要原因是重力和压力。高山区的冰川在其自身重量作用下，从高处流向低处；大陆冰川则因自身冰体的压力，从冰层厚的中心部位流向冰层薄的边缘。

## （三）冰川的类型

按照冰川的形态特征、规模和所处地形的条件可将其分为大陆冰川和山岳冰川两种基本类型。

### 1. 大陆冰川

为大面积覆盖在陆地上，冰层厚度可达数千米的冰流。它的中央厚，向四周变薄，冰川做放射状流动，总的轮廓大致呈盾形，常称为**冰盖**。现在的大陆冰川见于格陵兰岛和南极大陆，形成两大冰盖。格陵兰冰盖，位于北半球高纬度地区，面积为$1.73\times10^6km^2$，约占该岛面积的95%，中部平均厚度约1500m，中心最厚处3400m，将下伏地形全部掩盖，边缘厚度45m。冰体由中央向四周缓慢流动，在边缘形成许多冰舌，有的冰舌注入北大西洋，成为大西洋北部冰山的来源。南极洲冰盖，位于南极极地，面积约$1.32\times10^7km^2$，覆盖了南极洲陆地的97.1%，冰层平均厚度为2300m，中央冰层的最大厚度达4200m。冰盖的中央部分高，顶部宽阔。冰盖边缘伸入海中，常在四周海洋中的形成冰山。

大陆冰川的特点是面积大，冰层厚，地面上绝大部分都为冰川覆盖。其运动不受地形影响，主要由冰层的自重压力使冰体从积雪区的中央部分向四周流动，在边缘部分往往形成许多冰舌。有的冰舌直接伸入海洋，形成冰山。

### 2. 山岳冰川

山岳冰川分布在中低纬度高山区。中国西部的现代冰川，大多数属于这种类型。特点是规模小，冰层薄，它的形成和运动受地形和重力影响。山岳冰川依据地形及形态不同可分为下列几种：

**冰斗冰川**：发育在雪线以上的围椅状洼地中而无明显冰舌流出的冰体。洼地地形有三面壁较陡，前面有一开口，开口处有时地势稍高，呈一冰坎，阻挡冰川外流。

**悬冰川**：发育在雪线以上山坡洼处，悬挂着的冰体。规模小，厚度薄，是冰川发育的雏形，易随温度变化而消失。

**山谷冰川**：当冰斗冰川进一步扩大后，有冰舌流入山谷中，便形成山谷冰川。山谷冰川是发育成熟的冰川，是山岳冰川的主要类型，其长度一般在20～30km。山谷冰川有单式的，由多支汇合成复式的。喀喇昆仑山和帕米尔高原发育有大量山谷冰川，其中喀喇昆仑山最长的冰川长达75km，面积达1180km$^2$，厚950m。帕米尔高原最长的一条冰川达77km，面积为992km$^2$，厚900m。

**平顶冰川**：发育在雪线以上平坦的山顶面上的冰川。平顶冰川扩大时，自中心向周围伸出许多短小冰舌，形成悬冰川和山谷冰川，并连在一起，称山地冰帽。

**山麓冰川**：山谷冰川流出山口到达山麓地带后继续向外漫流，有的可伸展到很远的地方并相互汇合成为面积广阔的冰原。在气候变冷，冰川前进阶段，山岳冰川能发展成山麓冰川，也能进一步发展成大陆冰川。在气候转暖冰川后退阶段，则发生相反的变化。因此，它是山岳冰川和大陆冰川之间的过渡类型。

## 二、冰川的剥蚀作用与冰蚀地貌的识别

### （一）冰川的剥蚀作用

冰川对地面的剥蚀作用，是冰川及其所携带的岩屑和石块对冰床的破坏作用。其作用方式有挖掘作用和磨蚀作用。

**挖掘作用**：冰川向前流动推进时，冰川将冰床底部及两侧基岩破碎，并将破碎物掘走。像耕地犁头翻土一样，故称挖掘作用。其原因一方面冰川本身具有重大压力，可以使冰床底部岩石压碎；另一方面融化的冰水渗入岩石裂缝中后又和冰川冻结在一起，当冰川运动时，连挖带拔加上推铲，使冰床遭受巨大的破坏。此种作用在基岩节理较发育和冰劈作用强烈的地段表现更为明显。尤其是冰床基岩上的凸起，极易被削平，使冰川加深。在冰川流经的谷底和谷壁基岩上常见到光滑而具平行的细刻痕磨光面，称为冰溜面。冰溜面上的刻痕称冰川擦痕，这种冰川擦痕形态像钉子，尖端指向冰川的运动方向。

**磨蚀作用**：冰川携带的岩石碎屑在冰川流动时，像锉刀一样对冰床及两侧岩石刮削、锉磨的过程，称冰川的磨蚀作用。

### （二）冰蚀地貌的识别

冰川破坏刻划岩石的力量是惊人的，它的剥蚀作用要比水流和风大得多。并且冰川携带大量石块进一步刮擦、磨蚀山谷，经过冰川刻蚀的山谷，景色雄伟、奇特。冰蚀作用可形成下列冰蚀地貌。

**冰斗**：由冰蚀作用造成的三面环山，后壁陡峻的半圆形洼地。其出口向山坡前方，开口处剥蚀作用较弱，往往地形凸起一岩坎。冰斗一般发育在雪线附近，是冰斗冰川的源地。因为雪线附近冰劈作用发育，刨蚀作用强烈，所以冰川对洼地的磨蚀和挖掘使洼地加深，洼地的壁因挖掘作用变陡、后退和拓宽，而形成冰斗。冰斗中积水可形成冰斗湖。

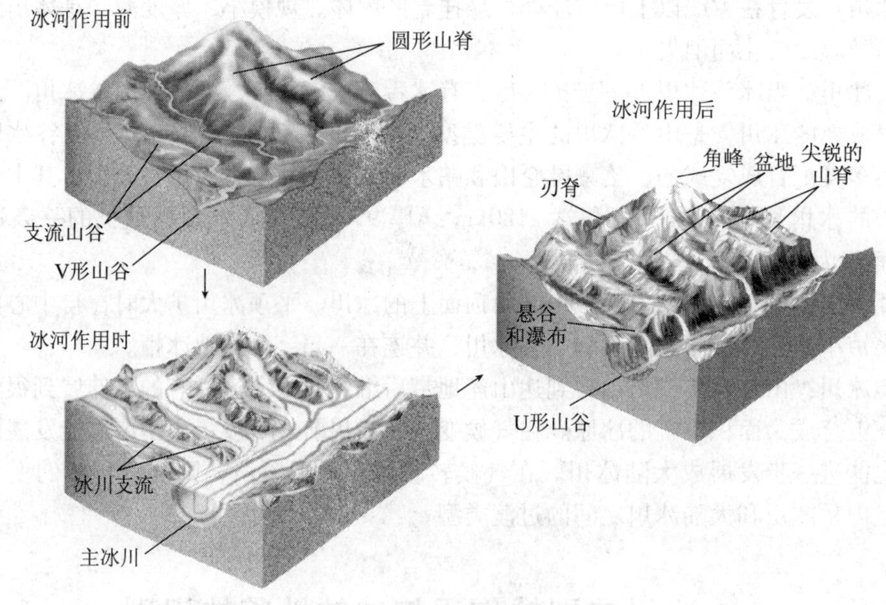


图3－4－4　冰蚀地貌示意图

（据徐士进，2000）

冰斗一般发育于雪线附近，所以冰斗是调查冰川遗迹的重要标志之一。利用冰斗底部的高程可以概略估计出古雪线的高度。

**刃脊与角峰**：山脊两侧相邻两冰斗共同后退，冰斗向山脊方向不断扩大，逐渐靠拢，山脊变得越来越窄，像刀刃或鱼鳍一样，即为刃脊或称鳍脊（图3－4－4）。如果一座山峰有三个或三个以上的冰斗发育，冰斗同时向后啮蚀山坡，可形成锥形的孤峰，成为角峰。角峰是青藏高原中最常见的冰蚀地貌，其中最为典型的是世界第一高峰珠穆朗玛峰。

**冰蚀谷**：又称冰蚀槽或U形谷（图3－4－4）。它是由山谷冰川在流动时，磨蚀和掘蚀冰床岩石而形成的谷地。谷底宽阔，两坡陡立，横剖面呈“U”形。谷底纵剖面有时呈阶梯状，这是与山谷基岩抗刨蚀能力不同及断层、节理的因素有关。冰蚀谷一般起源于冰期前的河谷，弯曲的河谷被冰川的磨蚀、挖掘作用变直、变深、变宽，谷底变平，谷壁变陡。谷底谷壁可有冰川擦痕或冰溜面。谷底洼地可积水形成冰蚀湖。

冰蚀湖是青藏高原较多的冰蚀地貌景观，如纳木错冰蚀湖，呈菱形，面积可达1000$m^2$。

山谷冰川与河流类似，也有主流和支流之分。主谷冰川刨蚀能力高于支冰川，所以谷底加深较快，而支谷冰川谷地加深较慢。支谷冰川与主冰川汇合处，二者谷底不在一个高度上，因此支谷冰川形成的冰蚀谷常悬挂于主冰川形成的冰蚀谷之上，称悬谷（图3－4－4）。悬谷中的流水常可形成壮观的瀑布。

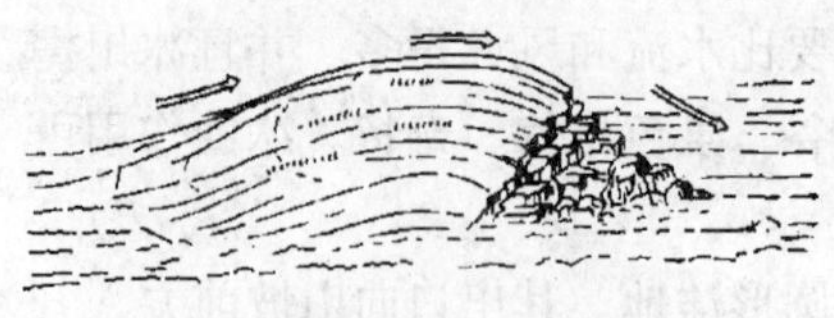

图3－4－5　羊背石

（据夏邦栋，1995）

**羊背石（图3－4－5）**：突起于冰床上的岩丘，经冰川的刨蚀作用后迎冰面受磨蚀作用变平缓光滑，有时见冰溜擦痕，背冰面受冰川挖掘作用变陡，其形状与伏在地面上的羊背相似，故称羊背石。羊背石长轴方向指示冰川流向。因此人们可利用羊背石的分布情况，来了解古代冰川的前进方向。

## 三、冰川的搬运、沉积作用及其产物的识别

### （一）冰川的搬运作用

冰川将冰蚀产物和坠落到冰面上的碎屑物搬运至他处的作用叫冰川的搬运作用。冰川的剥蚀作用与搬运作用同时进行。被冰川搬运的物质称**冰运物**。其搬运的方式有推运和载运。冰川像一辆大型推土机一样，在前进的过程中，挖掘起大量的基底岩石并推向前方，这种搬运方式称**推运**。被推运的碎屑物相互之间可出现磨细现象和擦痕。驮载于冰川表面或冻结在冰川体内（包括冰川底部和两侧）的碎屑物，随冰川一起移动，似工厂的传送带载运物质一样，这种搬运方式称**载运**。载运的这些碎屑物在搬运过程中相互之间没有碰撞，所以无摩擦。但位于冰川底部和边部的碎屑物可以和冰床基岩发生摩擦，使冰运物颗粒逐渐变细，在大碎屑颗粒上可见冰川擦痕。

由于冰川是一种固体流，所以它只有机械搬运作用，且搬运能力很强，不受流速限制，而主要与冰川厚度、规模有关。冰川规模越大，厚度越大者搬运能力越强。可以将直径达数十米、重数万吨的巨石搬运很长的距离。直径大于1m的岩石碎块称漂砾，它可随冰川翻山越岭。当冰川流动到下游时，气温升高冰体消融而变薄，冰川搬运能力减弱，冰川全部消融时，搬运即停止，冰运物也堆积下来。大陆冰川常以冰山的形式将大量的碎屑物带入海洋，与深海沉积物混在一起。

### （二）冰川的堆积作用与冰碛物的识别

冰川全部消融后，冰运物可全部堆积下来。冰运物的堆积过程称为冰川的堆积作用。冰川的堆积物称为**冰碛或冰碛物**；冰碛物固结后称为**冰碛岩**。

位于冰川表面的称表碛；分布在冰川两侧的称侧碛；位于冰川底部的称底碛；陷于冰川内部的称内碛；两条冰川汇合后，相邻的两侧碛汇合形成中碛；分布在冰川末端的称终碛（图3－4－6）。

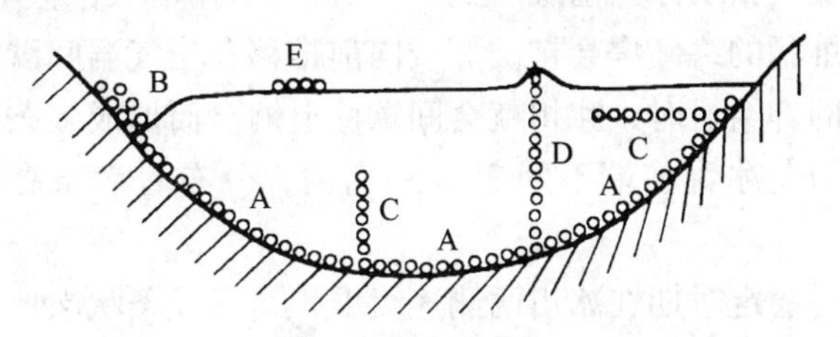


图3－4－6　各种冰碛物位置

（据夏邦栋，1995）

A—底碛；B—侧碛；C—内碛；D—中碛；E—表碛

冰碛物具有以下主要特点：

（1）都是机械碎屑物；

（2）冰碛物大多数是以载运方式搬运的，所以无分选、具棱角、大小混杂，大者为

直径大于1m的漂砾，小者到黏土物质，两者混在一起，无定向排列、无层理；

（3）有的砾石表面由磨光面或冰擦痕，这种具有冰擦痕的冰碛砾石成为条痕石，有的表面有压坑或弯曲形成马鞍形砾石；

（4）冰碛内可保存有寒冷气候的植物孢子和花粉。

上述特征是我们判断冰川作用存在的重要标志。

## （三）冰碛地貌的识别

冰碛地貌是冰川堆积作用形成的各种地貌的总称，常见的有终碛堤、侧碛堤、鼓丘和冰碛丘陵等（图3－4－7）。

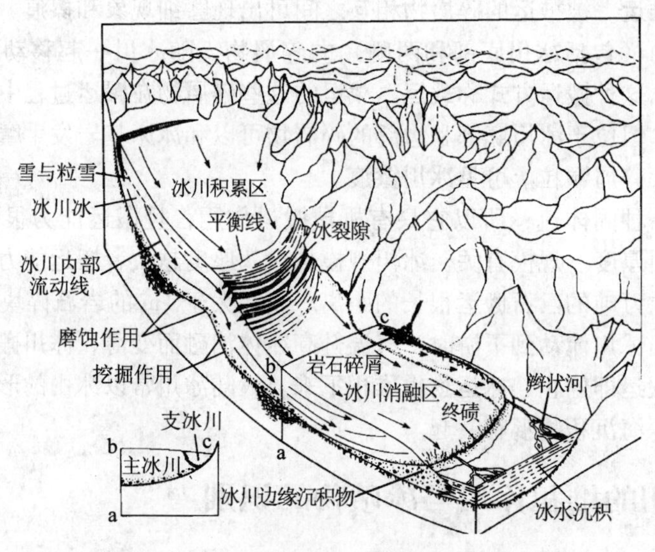


图3－4－7　山岳冰川主要特征及沉积物
（据夏邦栋，1995）

**终碛堤**：冰川将冰碛物携带到它的末端连续堆积，逐渐加厚增高形成的弧状堆积堤坝。当气候较稳定时，冰川前端停留在某一地点，大量冰碛物被冰川带至其前端堆积下来而形成。终碛堤的位置可指示冰川前缘所到的边界。当冰川补给量大于冰前的融化量时，则冰前向前伸展，先堆积的终碛堤会被破坏或向前推移；当气温间歇的明显变暖时，即冰前的融化量大于冰川的补给量时，冰川就会间歇性退缩，而形成多条终碛堤。例如，珠穆朗玛峰北坡的绒布冰川，冰舌前端不到2km距离内，分布着六条高度为60～250m的终碛堤。

**侧碛堤**：冰川暂时稳定时期在冰川两侧连续堆积，形成条状岗地，逐渐加厚增高形成的堤状冰碛地形。侧碛沿冰蚀谷两侧分布，有时数条侧碛堤呈阶梯状分布，形态像河流阶地，为山岳冰川重要的冰碛地形。

**鼓丘**：冰川消融后，在冰川底部形成的流线型岗丘。基底轮廓一般为椭圆形，长轴指向冰流方向，一般迎冰面坡度陡，背冰面坡度缓。主要由黏土较多的冰碛物形成，有的则有一基岩核心。大小差别很大，高度由几米到几十米，长度几百米到一两千米。它常成群分布于大陆冰川终碛堤内侧不远的冰床上。

**冰碛丘陵**：冰碛物构成的丘陵。在冰川后退过程中，由于冰体融化，原来的表碛、内碛、中碛都堆积在底碛之上形成。

### （四）冰水沉积物及其地貌的识别

冰体融化形成的水称为冰水。由冰水搬运和堆积的沉积物为冰水沉积物。冰水沉积物由砾石、砂粒及黏土组成，可堆积在冰层下和冰川边缘地带。其特点是有一定的分选性和层理结构。与河流冲积层的区别是冰水沉积物夹有大漂砾和冰碛透镜体。

冰水沉积物组成的地形主要有下列几种：

**冰水扇**：冰水在终碛堤外形成的扇形堆积体。冰水流出终碛堤后，地形豁然平坦开阔，水流分散，搬运能力减弱，使搬运的泥、砂物质堆积下来。如果冰水扇扩大或多个冰水扇相连则形成冰水沉积平原。

**纹泥**：冰水携带的细小物质流入冰川底部和边缘的湖泊中，在湖底形成的纹层状沉积，称为纹泥。由于季节性的影响，出现浅色和深色物质相间成层的微细层理。夏季冰水量多，搬运来大量的细砂、粉砂并沉积下来，又因氧化强烈，因此沉积物粒粗、色浅、成层稍厚；冬季冰水量少，只有悬浮的细粉砂和黏土等沉积，且因氧化微弱，因此沉积物粒细、色深、成层极薄。纹泥又称季候泥，可以利用纹泥来估算沉积物的年龄进而得出有关冰川年龄。

**蛇形丘**：为冰前或冰下河流堆积物，似蛇状蜿蜒延伸的堤状地形。从横剖面看两侧斜坡对称且较陡，高几十米，长数千米至数十千米，它是由冰下水流通道沉积的砂、粉砂及细砾等冰水堆积物组成的。具有一定的分选性及交错层理。

## 四、古代冰川及其产物的识别

### （一）古代冰川活动

古冰川研究证明，地球有史以来，曾发生过多次大冰期，重要的有三次大冰期，分别发生在南华纪大冰期（新元古代晚期）、石炭－二叠纪大冰期和第四纪大冰期。我们把上述地史时期的冰川称为**古冰川**。

地球历史中气候的冷暖变化是经常发生的，表现在冰川范围的扩大和缩小。气候寒冷时期，冰川大规模增长，分布范围扩大，称为**冰期**；在两次冰期之间气候温暖，冰川不断融化，冰前退缩，分布范围缩小，称为**间冰期**。

**南华纪大冰期**：冰碛岩见于南非、澳大利亚、北美、西伯利亚、印度、非洲、西北欧等地区。在我国见于安徽、湖南、湖北、贵州、广西、云南、浙江、江西、陕豫鄂边界及新疆等地。

**石炭－二叠纪大冰期**：主要分布在南半球，如南非、南美和澳大利亚及印度半岛都发现该期冰川作用遗迹，是大陆漂移说的主要证据之一。

**第四纪大冰期**：是地球历史上最近一次大冰期，分布最广，研究也最详尽。这次大冰期主要发源于两极和格陵兰。南极洲始新世开始局部发育有冰川，中新世南极冰盖达到现在的规模，晚中新世-早上新世时气候转冷使南极冰盖扩大，比现代冰盖大50%。在欧洲，冰盖可达北纬50°附近，在北美，冰盖前缘伸到了北纬40°。在南美、澳大利亚等地均有大规模的冰川作用。在中低纬度地区及赤道附近地区都发育有山麓冰川和山岳冰川，并且曾延伸到较低的位置。

第四纪以前的冰川作用所雕刻的地貌形态已不复存在，确定冰川活动的直接证据是冰碛岩和基岩上留下的冰川擦痕。

第四纪大冰期距今最近，冰川作用形成的冰蚀地貌、冰碛物、冰水堆积物及冰碛地形，保存较完好。欧洲是研究第四纪冰川最早的地区，据长期对阿尔卑斯山冰川地貌遗迹的研究，认为第四纪大冰期至少发生过四次冰期和三次间冰期，即恭兹冰期、民德冰期、里斯冰期和维尔姆冰期。后来又建立了一个更老的多脑冰期和多脑-恭兹间冰期。并以此作为世界性第四纪冰期划分和对比的依据。

在中国，第四纪冰川作用的范围包括东北、西北、西藏、西南等地的山地及高原和东北山区和山麓平原。中国第四纪冰川的研究，始于著名地质学家李四光。李四光根据江西庐山地区的冰碛物、冰蚀地貌及其他冰川作用遗迹，划分出鄱阳、大姑、庐山三次冰期和鄱阳-大姑、大姑-庐山两次间冰期。为中国第四纪冰川地质学研究奠定了基础，并得到国内外同行积极评价。以后有人在中国滇西点苍山海拔3800m左右发现了较庐山冰期晚的冰川遗迹，命名大理冰期。这样，中国第四纪大冰期划分为四次冰期和三次间冰期，并可与欧洲阿尔卑斯山的冰期作对比（表3-4-1）。长期以来，中国到底有没有第四纪冰川受到国际地学界的关注。对我国西部、秦岭太白山、长白山天池和台湾中央山脉的第四纪冰川的存在没有异议，但有些学者对中国东部冰川遗迹持有不同看法。目前，这场学术争论仍在继续，尚需进一步的研究和讨论。

**表3-4-1　中国冰期与欧洲冰期对比表**

| 中　国 | 欧洲阿尔卑斯地区 |
|---|---|
| 大理冰期 | 维尔姆冰期 |
| 庐山-大理间冰期 | 里斯-维尔姆间冰期 |
| 庐山冰期 | 里斯冰期 |
| 大姑-庐山间冰期 | 民德-里斯间冰期 |
| 大姑冰期 | 民德冰期 |
| 鄱阳-大姑间冰期 | 恭兹-民德间冰期 |
| 鄱阳冰期 | 恭兹冰期 |

## （二）冰川作用的影响

冰川作用可以引起一系列地质作用，尤其对全球气候和生物发展的影响极大，特别是现代冰川，直接影响着人类的生存环境。

地球上冰川的作用可引起海平面的升降。在冰期，地球上气候转冷，大量海水从海洋转移到陆地以冰的形式储存在冰川里，从而海平面下降；在间冰期，气候转暖，冰体融化，冰川融水大量流入海洋，使海平面上升。例如，第四纪最大的一次冰期中，世界大陆有32%的面积为冰川覆盖，大量的水分以冰的形式停滞在大陆上，致使海面下降130m，陆地面积扩大。研究表明，第四纪冰川最盛时期，欧洲的英伦三岛与欧洲大陆相连，现在的北海及我国的渤海、黄海和东海当时是陆地，台湾岛与大陆也是相连的。在间冰期时，由于海平面的升高，陆地面积缩小，使沿海许多陆地被海水淹没。

冰川的作用还可引起地壳均衡调整而发生升降运动，因为庞大冰体的重量对地壳的压力是很大的，地壳在冰体巨大压力持久作用下，可发生下沉。当冰川融化后，原来被冰层压陷的地壳发生均衡调整而回升。例如加拿大哈得孙湾地区，由于庞大冰体压陷而使该区降到海平面以下，自冰体融化以后，地面每年以2mm的速度上升。据计算，要使地面恢复到原有高度，还要上升80m，约4万年。

冰川作用使河川水系发生改变，冰川前进时，使河流改道，有的因冰体阻挡形成湖泊，有的为冰川所代替。当冰川退缩后，冰川作用形成的洼地也积水成湖，冰融水使冰体边缘河流的水量大增，它是河水的重要来源。据资料统计，每年约有$5.64\times10^{10}m^3$融水补给中国西部河流，占全国河川径流量的2%，相当于黄河入海的多年平均径流量，是西北河流水资源的重要组成部分。

寒冷的冰期和温暖的间冰期的多次交替，导致气候带的转移、动植物的迁徙甚至绝灭。在冰期寒冷的气候和大面积冰体覆盖，使生物的生活空间减少以及营养物质的缺乏，导致不适应寒冷气候的动物，特别是大型的哺乳动物大量的死亡，如第四纪，北美就发生过大型陆生哺乳动物大规模绝灭的事件。

冰期，喜冷植物向南迁移，温带植物为寒带植物所代替，间冰期，喜暖植物分布范围将扩张。在地层剖面中可明显地看到喜冷和喜暖植物群的交替现象。通过孢粉分析，可以了解气候冷暖交替变化的情况。

冰川对气候的变化反应十分敏感。近几十年来，地球因温室效应平均气温上升，冰川面积在缩小并变薄。人们估计如果全球变暖继续以目前速率发展，不久的将来大部分冰川将消亡。随着冰川的加速消融，对冰川补给性河流而言，虽然短期内增加了径流，但最终会导致河流枯竭，从而破坏全球水资源的平衡，对世界生态环境产生深远影响。冰川消融加快将引发全球气候异常，导致洪水泛滥、泥石流等地质灾害，还会导致海平面上升，沿海是世界人口密集、经济发达的地区，到时必将影响人类的生存和经济发展，已引起世界各国极大的关注。

## 复习思考题

1. 大陆冰川和山岳冰川的主要特征是什么？
2. 比较冲积物与冰碛物的异同。
3. 三大古冰期的特征及其分布如何？
4. 冰川的存在对气候有什么影响？

# 学习任务5　海洋地质作用及其产物的识别

【任务描述】海洋是地球上最大的沉积场所，占陆地表面75%的沉积岩中绝大部分是海洋沉积形成的。因此识别各类沉积物及沉积岩，恢复工作区古地理、古气候环境，分析区内构造运动特征，建立地层年代顺序，总结工作区地球历史变化发展情况，是野外地质工作的基本技能和任务。

【学习目标】掌握海水的运动方式、地质作用的特征（过程），重点掌握滨海、浅海、半深海、深海的沉积作用及其产物的识别。掌握海水进退作用与所产生的地质现象之间的因果关系。

【知识点】海洋、浮游生物、游泳生物、底栖生物、波浪、潮汐、洋流、浊流、海蚀地貌；滨海环境、水下砂坝、滨海机械沉积特征、潟湖、潟湖化学沉积特征、潮坪沉积特征；浅海环境、浅海机械沉积特征、浅海化学沉积特征、浅海生物沉积特征；半深海环境、半深海沉积特征；深海环境、深海沉积特征；海平面升降、海进海退序列。

【技能点】滨海机械沉积特征、潟湖化学沉积特征、潮坪沉积特征；浅海机械沉积特征、浅海化学沉积特征、浅海生物沉积特征；半深海沉积特征；深海沉积特征；海进海退序列特征的识别。

## 一、海洋的一般特征

广阔蔚蓝的海洋，美丽而又壮观。海洋的存在是地球与其他星球差别中最重要、最突出的特征。它孕育了生命，并以无比宽阔的胸怀容纳百川，是地球上最大的沉积场所，占陆地表面75%的沉积岩中绝大部分是海洋沉积形成的。在漫长的地球历史中，沧海桑田、海陆变迁，海洋起着极为重要的地质作用。

海洋是地球上广大而连续分布的咸水体的总称，是地球水圈最重要的组成部分。地球上的水约有97%存在于海洋中；海洋占地球表面积的70.8%，覆盖的面积达$3.61\times10^8km^2$。

海洋是由海和洋构成的。一般近陆为海，远陆为洋，水体相通。大洋约占海洋面积的89%。水深一般在3000m以上，最深处可达10000多米。不受陆地的影响。洋底地貌可以分为大洋中脊和深海盆地两大单元（图3－5－1）。现今全球分布着四大洋：太平洋、印度洋、大西洋、北冰洋。海的面积约占海洋的11%，水深比较浅，平均深度从几米到两三千米。海紧连大陆，受陆地、河流、气候的影响较大。通常被岛弧、半岛或其他水下高地所隔开的水域称为**边缘海**（图3－5－1），如南海、菲律宾海、加勒比海等；深入大陆内部，通过海峡与相邻的海洋、海湾进行有限沟通的水域被称为**内陆海**（陆表海），如渤海、波罗的海等。海底地貌单元有：大陆架、大陆坡、大陆基、岛弧、海沟和弧后盆地

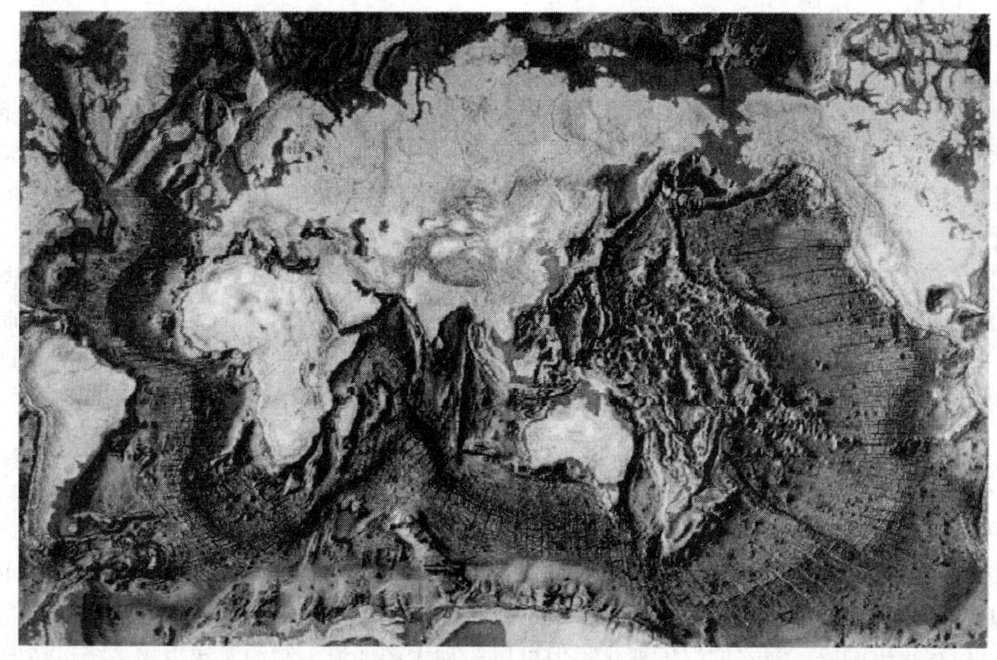

图3-5-1　全球洋底地貌图

(图3-5-1)。

海洋一直以其宽阔的胸怀容纳百川及其携带的物质，调节全球环境系统，支撑着生命的繁衍，也是维系人类可持续发展的资源宝库。

## (一) 海水的化学组成

海洋水（简称海水）是指含有多种溶解物质的水溶液，其中水约占96.5%，其他物质约占3.5%。海水中溶解的化学元素约有80余种，主要成分见表3-5-1。其中以$Cl^-$、$Na^+$离子最多，所以海水是咸的。海水中溶解的气体主要有$O_2$和$CO_2$。海水中尚含有Au、Ag、Ni、Co、Mo、Cu等数十种微量和稀有元素。如果把海水加以提炼，可得到$4\times10^{16}$t盐，$5.5\times10^{6}$t黄金，$4\times10^{8}$t白银，海底铁矿储量是陆地储量的30倍。广泛分布的洋底锰结核，是一种Mn、Fe、Ni、Co、Cu等多金属结核，总储量达$2.74\times10^{9}$t。洋底沉积物中Mn、Co、Ni、Cu的金属储量，可供人类开采使用1万年以上。目前不少发达国家正在积极从事深水开采方法的研究，我国也在开展这方面的研究工作。

表3-5-1　海水的主要成分

| 成分 | 含量/($g\cdot kg^{-1}$) | 成分 | 含量/($g\cdot kg^{-1}$) |
|---|---|---|---|
| $Cl^-$ | 19.35 | $HCO_3^-$ | 0.14 |
| $Na^+$ | 10.76 | $Br^-$ | 0.067 |
| $SO_4^{2-}$ | 2.71 | $Sr^{2-}$ | 0.008 |
| $Mg^{2+}$ | 1.29 | $B^{3+}$ | 0.004 |
| $Ca^{2+}$ | 0.41 | $F^-$ | 0.001 |
| $K^+$ | 0.39 | 总计 | |

## （二）海水的物理性质

**海水颜色：**海水的颜色决定于海水对阳光的吸收与散射状况。海水对阳光中红、橙、黄等色光吸收较强，而对蓝、紫等色光散射较强，所以海水多呈蔚蓝色。如果沿岸海水中泥砂颗粒较多或水生生物繁盛，则颜色呈黄或红、绿色。如红海海水富含红色藻类，海面呈红色。我国黄海则因黄河携带大量泥沙而呈黄色。

**海水盐度：**海水盐度是指海水中全部溶解固体与海水质量之比。全球海洋的平均盐度约为35‰。一般来说，边缘海和陆表海，气候对海水盐度的影响非常明显，降水充沛及有江河注入的海域含盐度较低；降水稀少、蒸发量大的海区（如红海）含盐度高达40‰以上。在开阔的大洋里，海水的不断运动、充分循环，使含盐度趋于均匀，为35‰。

**海水温度：**海水的温度主要来自太阳辐射。海洋表层温度分布不均，在赤道海区，是25~28℃，最高可达35℃，在中纬度海区为10℃左右，在极地海区可降低到0℃以下，最低可达-10℃。全球海水平均水温为17.4℃，比全球年平均气温14.3℃，高出3.1℃。此外，海水温度随着海水深度增加而降低，但表层海水中热的传导仅限于200~300m以内，300m以下海水温度变化很小，一般在2~3℃之间。

值得指出的是，海水的温度变化不但可以驱动大洋环流，制约海洋生物系统运转的速率，而且还会出现定期表层水温异常升高，造成鱼类大量死亡的现象——“厄尔尼诺”现象，给人类带来巨大的灾难。“厄尔尼诺”现象已成为全球气候异常的“罪魁祸首”，是当今世界气候研究的主要课题之一。

**海水密度：**海水密度略大于纯水的密度（纯水在4℃时密度为1g/cm$^3$），约为1.022~1.028g/cm$^3$。它随温度、盐度和压强而变化。温度升高，密度减小；盐度增加，密度增大；气压加大，密度增大。

**海水压力：**海水的压力随深度增加而加大。海水深度每增加70m，其压力增加$1.013\times10^5$Pa。水深1000m处，压力为$1.0013\times10^7$Pa，这种压力可使木材的体积压缩至1/2而下沉。水深7600m处的压力可以使空气密度变得像水一样大。

## （三）海洋中的生物

浩瀚的海洋是孕育生命的摇篮，哺育着形形色色的海洋生物。地球的生物资源80%以上在海洋中，种类多达20万种以上。根据其生活方式分为三种类型。

**底栖生物：**是指固定生活在海底上的生物。如珊瑚、腕足类、苔藓虫等。

**游泳生物：**是指能在海洋中主动游泳的生物。如鱼类、乌贼等。

**浮游生物：**是指在海水中没有行动能力，随水漂泊、随波逐流的海洋小生物。如藻类，海生动物有孔虫、放射虫等。

此外，海水及海底沉积物中还生活着数量巨大的细菌。1cm$^3$海水中的细菌可达50万个以上，1cm$^3$的海底沉积物中细菌数高达千万至数亿个。细菌不但具有极大的繁殖能力，而且大多数细菌有分解有机质的功能，形成还原环境，能为某些矿产的形成提供有利的条件。

绝大部分海生生物骨骼（介壳）的成分是$CaCO_3$，硅藻、放射虫及硅质海绵等生物

骨骼的成分为 $SiO_2$。海洋生物的遗体是海洋沉积物质的重要来源之一。

## (四) 海水的运动

海水总是永不停息地运动着，有波浪、潮汐、洋流和浊流等运动形式。

### 1. 波浪

海洋上有规律的波状起伏的水面，称为波浪。它主要是由风摩擦海水而引起，也可因潮汐、海底地震及大气压的剧烈变化而产生。

波浪的外形高低起伏。波形最高部分称为波峰；波形最低处称为波谷；相邻两波峰或两个波谷之间距离称为波长；波峰到波谷的垂直距离称为波高（图3－5－2）。**波峰、波谷、波长、波高为波浪的四要素**。此外，波形作周而复始的运动时，重复一次所经历的时间，称为**周期**。波形在单位时间内前进的距离称为**波速**。

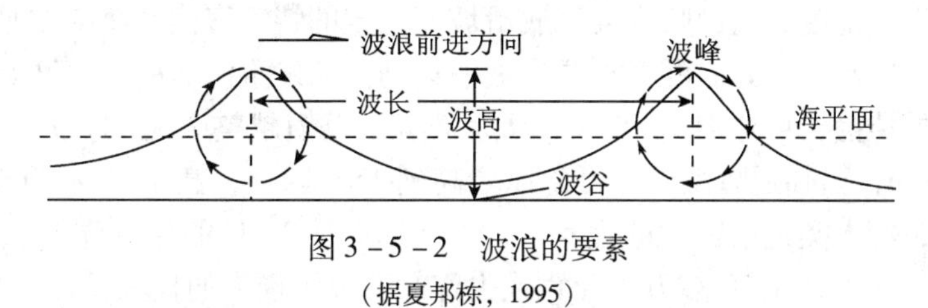


图3－5－2　波浪的要素

（据夏邦栋，1995）

波浪发生时，波的传播是海水质点在平衡位置上作有规律的往复圆周运动的结果，海水质点并没有发生明显的水平位移（图3－5－3）。如同陆地上风吹动下滚滚向前的麦浪一样。

波浪的大小与风速、风向以及风的持久性有关。通常情况下（2～4级风），波高大约在1～2m，波长在40m范围以内。大风暴时波高可达15～30m，最大波长可达800余米。由于海水的内摩擦作用，水质点的圆周运动半径会随深度增加而变小，以至消失。波浪作用的深度一般不超过波长的1/2，此时的深度界面就是波浪底部，称为**波（浪）基面**（图3－5－3）。正常浪的作用范围大致在水深20m左右。

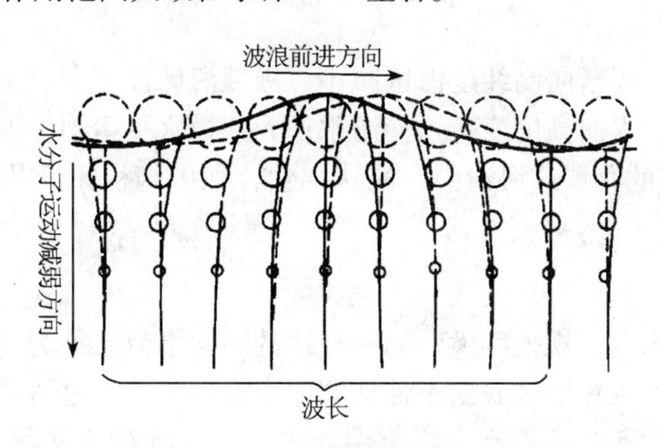


图3－5－3　波浪传播及影响深度

（据夏邦栋，1995）

波浪在向海岸方向传播时，由于水深越来越浅，水质点的运动将受到影响。当海水的深度小于1/2波长时，水质点的运动受到海底摩擦阻力的影响，使波高逐渐加大，而波长逐渐减小，波峰逐渐变尖，圆周运动变成了椭圆运动，逐渐形成不对称的破浪形态，最终形成翻卷浪和拍岸浪（图3－5－4）。

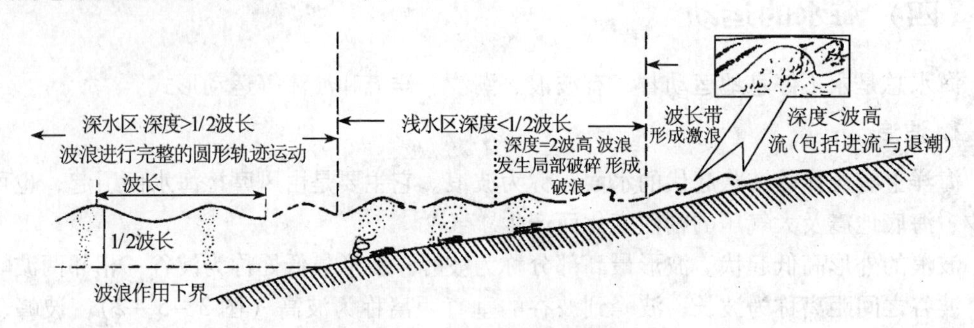


图3－5－4　浅水区波浪的变化

（据成都地质学院普通地质学教研室，1978）

**海啸**是由海底地震、火山喷发或海底滑坡而产生的特殊海浪，海啸波是从海底将能量传给水体的，所以水体在海底深部也具有波浪运动。从发生海啸的海底开始，波前锋会以极快的速度向外传播，可达480～800km/h，甚至可以横越整个大洋。海啸波在深海区波高一般30～60cm，当临近海滨时，可急速增高到15m以上，甚至可达30m，以其强大的动能冲击海岸，给人类造成巨大的灾难。2004年12月24日的印度洋海底地震引发的海啸，波及十几个国家，使20多万人死亡或失踪，造成了极大的损失。

**2. 潮汐**

由于月亮和太阳的吸引力而产生的海水面周期性涨落的现象称为潮汐。因月亮比太阳离地球近得多，所以月亮对潮汐的影响也远大于太阳。月球绕地球旋转一周所需的时间为24小时51分，故同一地点每隔12小时25分就有一次涨潮，在两次涨潮之间即发生落潮。涨潮时海水面最高处为高潮，落潮时海水面最低处为低潮，二者的高差称为**潮差**。同一地段，潮差大小取决于日月与地球的关系，当月地日三者位于同一线上时，即朔望月潮差最大，称为**大潮**（图3－5－5A，C），发生在农历初一、十五之后1～2天；上弦月或下弦月潮差最小，称为**小潮**（图3－5－5B，D），发生在农历初八、九、二十二、二十三后1～2天。

潮汐从低纬度海区逐渐向高纬度海区减小，极地海区没有大、小潮的区别。

由潮汐引起的海上水面高度变化迫使海水作大规模水平运动，形成潮流。潮流流速一般4～5km/h，在狭窄的海峡或海湾中，流速加快，如中国杭州湾的钱塘江潮，流速高达18～22km/h。

**3. 洋流**

海洋中一种流速稳定、规模巨大，而有规律的定向水流，称为洋流（海流）。

地球上稳定的盛行风在地球表面不停地朝固定方向刮，通过风对水面的压力和风与水面的摩擦力而使海水不断向前移动，洋流由此形成，这种洋流又称为风洋流（风海流）。此外，洋流也有因各地海水密度、盐度、温度不同而引起。

根据洋流的温度与所流经海域的温度比较，可将洋流分为暖流和寒流。如赤道海域的洋流流向高纬度的海区为暖流，反之称为寒流。

洋流的流动既有水平方向的，也有垂直方向的，控制的因素除上述的盛行风，海水密

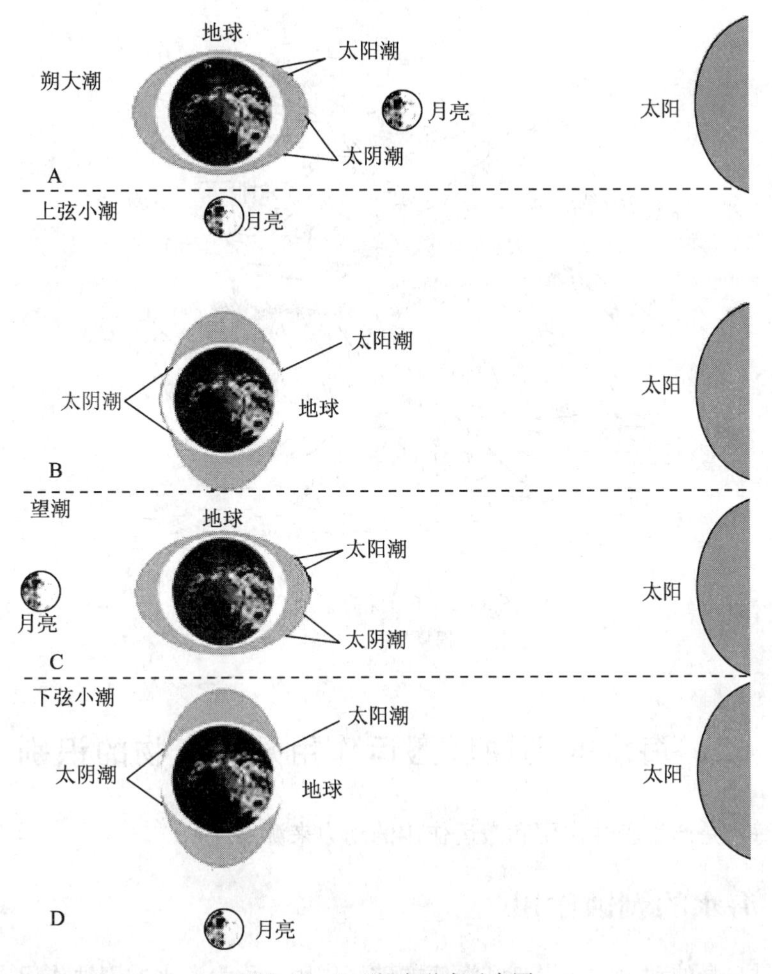


图3－5－5　潮汐形成示意图

度差，温度、盐度外，还受地转偏向力、海底地形、海岸轮廓、岛屿等因素制约。洋流的速度一般不超过0.5～1.5m/s。

**4. 浊流**

浊流是一种特殊的局部性海水流动，是由碎屑物和水混合而成的、在重力作用和其他因素触发下，沿大陆架和大陆坡以较快的速度向下流动的浑浊沉积物流。

浊流发源于大陆架之上或大河流的河口前缘。此处厚度大而松散的堆积物（砂、泥，有时携带砾石），在暴风浪、潮流、地震及火山等触发下，与海水搅和在一起，在重力作用下向下流动，而形成浊流。并在大陆基堆积形成海底沉积扇（图3－5－6）。

浊流的存在已为诸多事实所证明。如深海勘探发现在大洋盆底有生活在浅水环境中的底栖动物介壳（或骨骼）、陆生植物碎片、分选良好的砂质堆积物。只有能量强大的浊流才能将其搬运到大洋盆底。另外，1929年大西洋大滩地震，引起海底滑坡并形成速度约19.1m/s的浊流，冲断了海底电缆，并在约$1.6\times10^5km^2$范围内，深海成因的黏土沉积物上面堆积了0.4～1m厚的粉砂物质。

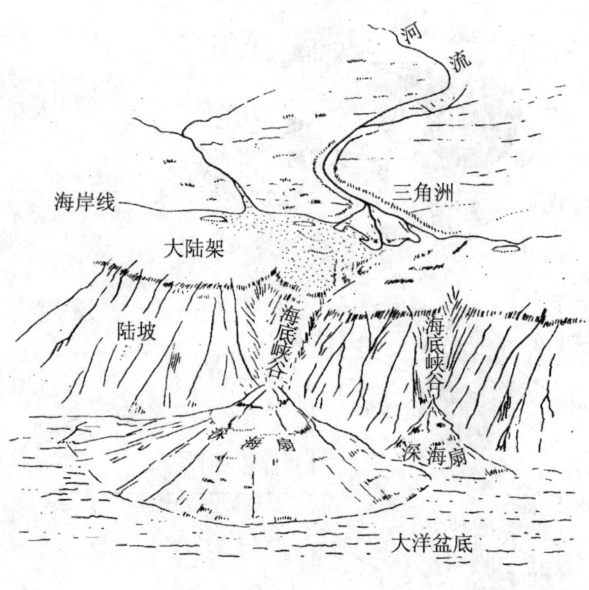


图3－5－6　深海扇示意图
（据夏邦栋，1995）

## 二、海水的剥蚀、搬运作用及其产物的识别

运动的海水是产生剥蚀作用和搬运作用的动力来源。

### （一）海水的剥蚀作用

海水通过自身的动力对海岸带和海底的破坏作用，称为海水的**剥蚀作用**，简称**海蚀作用**。海蚀作用盛行于滨海带，它以冲蚀和磨蚀这两种机械动力作用方式，塑造出特殊的海岸地貌，并对大陆架以及大陆坡也产生影响。另外，在海洋中还有一种剥蚀作用是以海水的化学溶解作用方式进行的，称为**溶蚀作用**。

**1. 海水的冲蚀作用**

强烈运动中的海水具有很大的动能，尤其是在滨海带浅水处，波浪转变为拍岸浪，对海岸进行着强烈的冲蚀作用，曾在苏格兰海岸测得每平方米岩石面上要接受30t的冲击压力。1877年，在苏格兰威克港的一场罕见的强风暴中，巨大的海浪竟将一个重2600t的混凝土块从码头上卷起，掷落到海港的入口处。由此可见，海浪如此巨大的冲击力，再加上被它卷着的石块一起对海岸的岩石进行强烈地冲蚀，能使破坏力成倍增长，尤其是当海岸岩石裂隙发育时，其破坏力更为显著。

基岩海岸的岩石，在永不停息的海浪冲击下，就会被冲蚀出许多岩洞。这些岩洞称为海蚀穴或海蚀凹槽。天长日久，海蚀穴不断加深和扩大，使上部岸岩悬空失去支撑发生崩落，形成陡峭的崖壁，称为海蚀崖。除此以外，还可以见到由海浪冲蚀作用造成的海蚀柱、海蚀拱桥等海蚀产物（图3－5－7）。

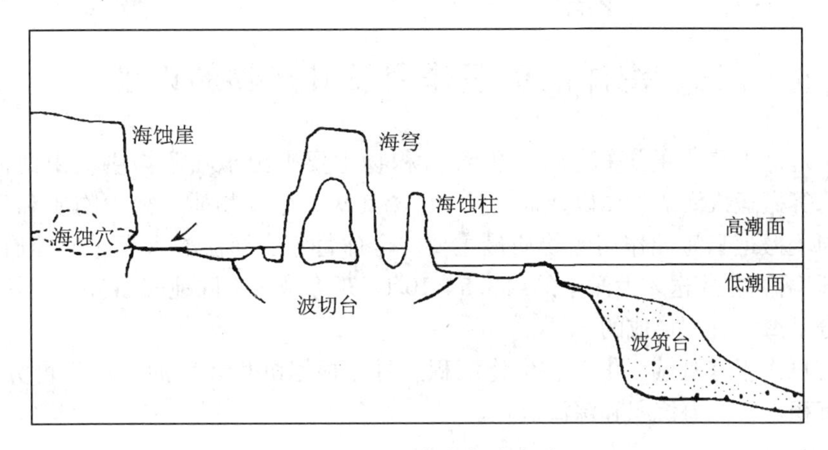


图3－5－7　岩岸海蚀地形
（据K. W. 汉布林，1980）

**2. 海水的磨蚀作用**

海浪冲击海岸破坏基岩，退流时把被破坏的岩石碎块席卷而去，同时磨蚀海底。接踵而来的海浪又携带着这些碎屑冲击海岸，形成更大的破坏，退流又把岩石碎屑带向海洋并磨蚀海底。如此重复，周而复始，造成海蚀崖向大陆方向节节后退，并使水下基岩被磨平，形成海蚀平台，称为**波切台**（图3－5－7）。如果地壳上升，波切台就成为高于海平面的海蚀阶地。破碎的岩块在滨海的底部来回滚动，磨蚀海底又相互摩擦，成为磨圆度很好的砾石和砂，并在适当的水底斜坡上堆积起来，形成一个平缓的堆积台地，称为**波筑台**（图3－5－7）。

**3. 浊流的侵蚀作用**

浊流饱含岩屑沿大陆坡向下运动，规模大，速度快，具有很强的侵蚀、搬运能力，在大陆坡上切割出V字形海底峡谷（图3－5－6）。海底峡谷既是浊流侵蚀的产物，又是浊流运行的通道。它对海底沉积物的堆积和海底地貌形态的塑造起着重要的作用。

## （二）海水的搬运作用

海水在进行海蚀作用的同时，又对海蚀产物和河流带来的物质进行搬运，其中波浪是海水搬运作用的主要动力。拍岸浪可以卷起浅处的碎屑泥沙向海岸搬运，退流又把碎屑泥沙搬回海中，岸流能沿着海岸进行搬运。当潮水进入海湾或河口时，搬运能力就增大。涨潮时，可向大陆方向搬动泥沙，落潮时可向海洋方向搬运泥沙。如杭州钱塘江的出口处，本应形成三角洲，但实际上却没有形成三角洲，究其原因之一就是落潮时，潮水将江水带来的河口沉积物席卷而去，而成为向外海呈漏斗状展开的三角港。

洋流主要搬运一些细小的泥沙和漂浮物质，搬运距离可达数千米。

海水的搬运作用具有明显的分选性。一般较粗、较重的颗粒搬运的距离较近；较细、较轻的颗粒搬运的距离较远。海水不但进行机械搬运，而且还能进行化学搬运。海水（洋流）将其溶蚀的物质与陆源化学物质进行长距离的搬运到广阔的海域，成为海洋化学沉积的主要物质来源。

## 三、海洋的沉积作用及其产物的识别

海洋是地球上最大的沉积场所。海洋沉积物主要来源于陆源物质（由河流、冰川、风、地下水等搬运入海的物质以及海蚀产物），其次为生物物质、火山物质和宇宙物质，其中又以河流搬运和海蚀作用的物质最主要。全球每年由河流输入海洋的碎屑物总量约 $2\times10^{10}$t。以溶运方式送入大洋中的约 $3.5\times10^{9}$t。现今地球上陆地表面75%是沉积岩，其中绝大部分是海洋沉积形成的。

海洋沉积作用有机械、化学和生物沉积三种，根据沉积环境的不同又可分为滨海沉积、浅海沉积、半深海沉积和深海沉积。

### （一）滨海的沉积作用及其产物的识别

滨海是波浪、潮汐作用强烈的近岸水域，其下界达浪基面。滨海发育的宽度与沿岸区地貌、岩性相关，在基岩海岸区狭窄，平坦海岸区宽广。

**1. 滨海区的划分**

依据海水运动和滨海区的地势特点，滨海区分为三个带（图3－5－8）。

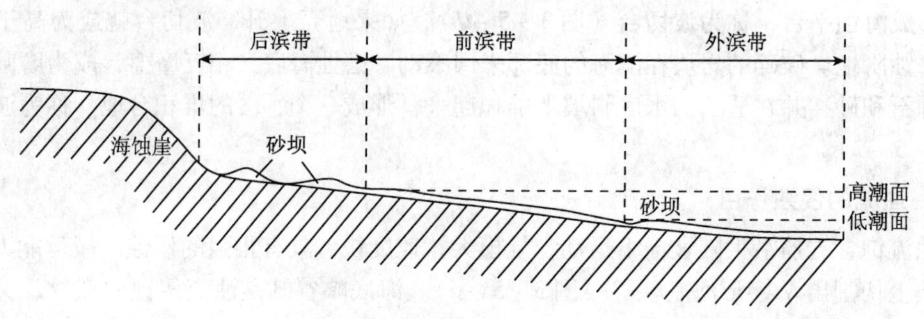


图3－5－8　滨海带划分示意图

（据夏邦栋，1995）

**潮下带（又称外滨带）：**其上界为低潮线，下界为波基面。宽度由数十米至数百米不等。这里的波浪能搅动水下沉积物并有沿岸流作用。

**潮间带（又称前滨带）：**它介于高潮线与低潮线之间，构成海滩的下部或主体。在平坦海岸区可达数千米，在基岩海岸区狭窄。由于潮汐作用，这里时而暴露，时而淹没，加之波浪作用强烈、沉积物受到强烈搅动。

**潮上带（又称后滨带）：**它是潮间带超出高潮线以上的平坦地带。只有特大高潮和风暴浪才能将其淹没，构成海滩的上部。

**2. 滨海的沉积特征识别**

滨海沉积又称海岸沉积，以机械碎屑沉积为主，只有在特定的环境下，才有化学沉积。

（1）基岩海岸的机械碎屑特征：①沉积物中的碎屑以粗砂、碎石为主，可形成砾石滩或砂滩；②砾石的磨圆度较好，其长轴方向与波前锋平行，砾石最大的平面向着海洋倾斜；③砂质沉积物成分较单一，通常以石英砂为主，有少量贝壳砂，圆度与分选性良好。常有化学性质稳定，密度大的重砂矿物富集，例如金、锡石、锆英石、金红石、独居石等，形成滨海砂矿；④砂质沉积物层理清楚，交错层、波痕发育。

（2）低平海岸的机械碎屑沉积特征：①以泥质和碳酸盐沉积为主，形成泥滩（常见砂质透镜体）和鲕状灰岩、竹叶状灰岩；②沉积物具水平纹层结构，常见交错层理和泥裂构造；③宽阔的潮上带，终年潮湿，若植物大量生长，可形成泥炭、煤。

（3）潟湖沉积：浅平的海岸若有砂坝（砂堤）、砂嘴发育，阻隔或半阻隔外海水域，就可形成潟湖（图3－5－9）。砂坝是在浪基面附近或进浪与退流相遇处，动能的减弱或抵消使挟带的泥沙堆积下来形成的。砂嘴是在海岸的凸出部分由沿岸流或两股反向岸流相遇时，能量减弱或抵消使沙粒堆积，久之即形成伸向大海的沙嘴。

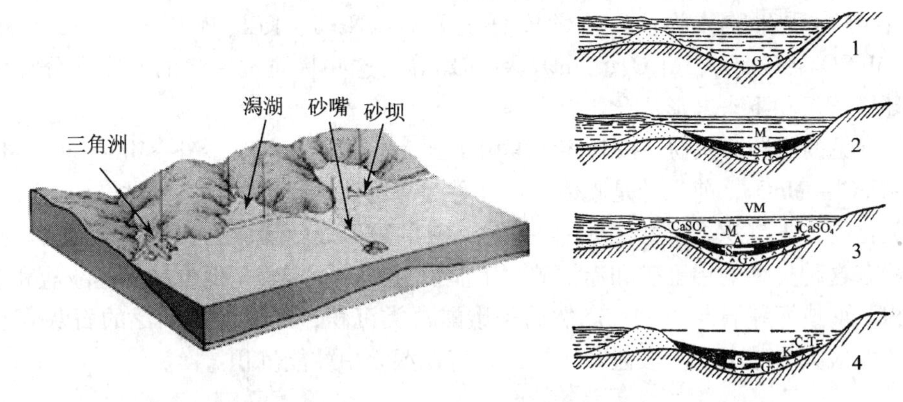


图3－5－9　潟湖及其形成示意图

（右图1～4示意砂坝和盐类矿物（黑色）形成过程）

潟湖沉积特点：①以泥砂质沉积为主，水平层理发育；②气候干热地区的潟湖内常形成膏盐矿床，如我国四川自贡盐矿。

（4）潮坪沉积：潮坪是指以潮汐为主要水动力条件的滨海环境，在坡度极缓的海岸带，形成平坦宽阔的坪地。其主体介于高潮线与低潮线之间，宽度可达数千米，往往与潟湖相伴出现在其周围。潮坪沉积若以砂质为主称为砂坪，若以泥质为主称为泥坪。

## （二）浅海的沉积作用及其产物的识别

### 1. 浅海环境

浅海位于大陆架之上，是低潮线以下至200m水深的海区。在此范围内的沉积称为浅海沉积，又称大陆架沉积。

各地浅海带的宽度不等，从几千米至上千千米。位于被动大陆边缘者宽，如北冰洋的欧亚沿岸、北美的白令海等，浅海带宽达千余千米。位于活动大陆边缘者窄。如太平洋东岸的中南美洲浅海带极窄，甚至缺失。我国东部诸海浅海岸宽度为100～500km。

浅海带阳光充足，海水温暖，常有海流作用，波浪有时可波及海底，因此水体较动荡，具有良好的通气条件及稳定的盐度，加之离陆地较近，接纳着由陆地带来的大量物质，富含营养，故海洋生物极为丰富，90%以上的海洋生物在浅海中大量繁殖。浅海是海洋生物的乐园。

**2. 浅海的沉积特征识别**

浅海区是海洋沉积作用最主要的沉积场所，它接纳由陆地带来的大量碎屑和溶解物质，常形成巨厚的各类型沉积物，绝大多数沉积岩属于浅海沉积形成的。按其沉积方式分为机械沉积、化学沉积和生物沉积三种类型。

**浅海机械沉积特征识别**：浅海机械沉积的碎屑物质主要来源于陆地，部分来自海蚀作用产物；沉积物颗粒比滨海为细，砾石极少见。由近岸到浅海深处，沉积物由粗到细：粗砂-中砂-细砂-粉砂（粉砂质黏土）；沉积物具有极好的水平层理，常含有较完整的动物遗体，贝壳等。

**浅海化学沉积特征识别**：浅海化学沉积物是来自海水溶蚀和河流、地下水从陆地上溶运来的溶解物质和胶体物质，化学成分主要有：NaCl、KCl、$MgCl_2$、$CaSO_4$、$MgSO_4$、$CaCO_3$、$MgCO_3$、$FeCO_3$、$Al_2O_3$、$MnO_2$ 及 $SiO_2$ 等。这些物质按一定的顺序和分异作用在不同的环境下沉积下来，形成化学沉积物。

浅海常见的化学沉积物，按其溶解度由小到大，顺序是：Fe→Al→Mn→$SiO_2$→$P_2O_5$→$CaCO_3$→NaCl→$MnO_2$，前几种是胶体，后几种为真溶液。呈胶体状态的铁、铝、锰以氧化物或氢氧化物首先沉积下来（图3-5-10），有的可形成鲕状、豆状和肾状结构。我国华北诸省就有这种类型的铝土矿和赤铁矿，工业价值很大。接着是低价铁的硅酸盐和铁的碳酸盐沉积，形成海绿石与菱铁矿。然后是碳酸盐类沉积，形成分布广泛的石灰岩和白云岩。溶解度最大的碱金属硫酸盐和卤盐，只有在潟湖中才能沉积。

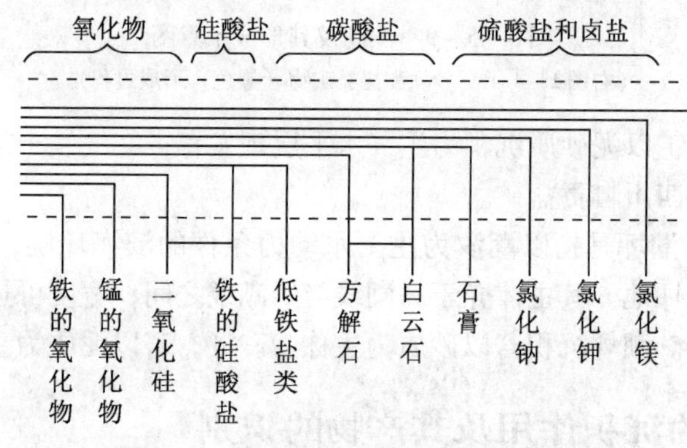


图3-5-10　海洋化学沉积和分异作用

**浅海生物沉积特征识别**：浅海生物大量死亡后，其骨骼或外壳在原地或被波浪等搬运到适当环境沉积下来，形成由生物遗骸组成的沉积物，经成岩作用形成生物沉积岩。如贝壳灰岩、珊瑚礁灰岩、有孔虫灰岩及硅藻岩等。

珊瑚是浅海固着底栖生物，珊瑚礁是由群体生活的珊瑚动物形成的。群体珊瑚的生活条件要求较高。一般在水深 $<50$m、氧和阳光充足、水温在20℃左右、水质清洁不含泥沙、含盐度正常的环境中生活。其躯体呈树枝状，由许多 $CaCO_3$ 小管构成，珊瑚虫就生活于管中。珊瑚不断繁殖、长大，形成巨大的珊瑚礁，构成海中岛屿，如我国的南沙、西沙群岛等。

浅海中有大量的生物，特别是微生物。它们死亡后埋藏在泥沙中，在缺氧的环境下，受到一定的温度、压力和细菌的分解作用，有机质就转化成石油、天然气。我国大陆架海域辽阔，蕴藏着丰富的石油和天然气资源。

## （三）半深海的沉积作用及其产物的识别

### 1. 半深海区环境

半深海是位于大陆坡上的水域，水深为200～3000m。其宽度数十千米到数百千米不等，波浪作用不能影响到海底。本带生物以浮游及游泳生物为主，靠近浅海部位有少量种属单调的底栖生物。

### 2. 半深海沉积物特征识别

半深海大多数地方的沉积物只有少量来自陆地，大部分沉积物是海洋生物遗体形成的软泥。在火山活动地带，软泥中还夹杂有火山灰。在热带河口附近，还有一种热带红色风化土构成的红色软泥。

## （四）深海的沉积作用及其产物的识别

### 1. 深海区环境

深海是位于大洋底（洋盆）上的水域，水深大于3000m，是海洋的主体部分，范围宽广，洋盆内地貌地势复杂，可发育平顶海山、深海平原、大洋中脊（参见图8－1）。高等生物极少，但在浅层海水中繁殖着大量的藻类、放射虫及有孔虫等低级生物。具有较特殊的浊流沉积，化学沉积作用较微弱，沉积速度十分缓慢。

### 2. 深海沉积物特征识别

深海主要是浊流沉积物以及浮游生物的遗体、海底火山口喷发的物质、宇宙尘埃等组成的各种软泥、金属泥和锰结核。

**浊积物：**沉积物主要来自大陆，依靠浊流的搬运，沿海底峡谷冲入深海盆地，在峡谷口处形成深海扇，填平了海底起伏的地形，形成巨大的海底平原。由于浊流的多次频繁运动，常表现为陆源碎屑沉积物与深海软泥互层，形成由粗到细的韵律性重复变化。

**软泥：**①生物软泥，含有丰富的（常占50%以上）生物骨骼，主要是浮游生物骨骼，其余为泥质及粉砂物质。按其成分分为钙质软泥与硅质软泥两类。属于钙质的有抱球虫（有孔虫之一种）软泥及翼足虫（属于软体动物）软泥；属于硅质的有放射虫软泥及硅藻软泥（常含有硅质海绵骨针）。它们分别以其占主导的有关生物种属而命名。②深海黏土，主要为黏土构成，含大量火山碎屑（主要为火山灰），生物很少，$CaCO_3$ 含量微弱，颜色多为红色。

同成分软泥的分布与气候有明显关系。硅藻软泥主要分布在位于寒冷气候带的海洋，放射虫软泥主要分布于热带的海洋，钙质软泥与热带及温带气候有关。如太平洋洋底沉积物的分布表明这一特点（图3－5－11）。

**金属泥和锰结核：**①金属泥，富含重金属元素的泥状沉积物。自1965年科学家首次在红海海底约2000m深处发现金属泥后，现已在大西洋、太平洋、印度洋的洋脊上陆续发现了许多类似的金属泥，2005年我国海洋科考也在印度洋发现金属泥，2012年“蛟龙

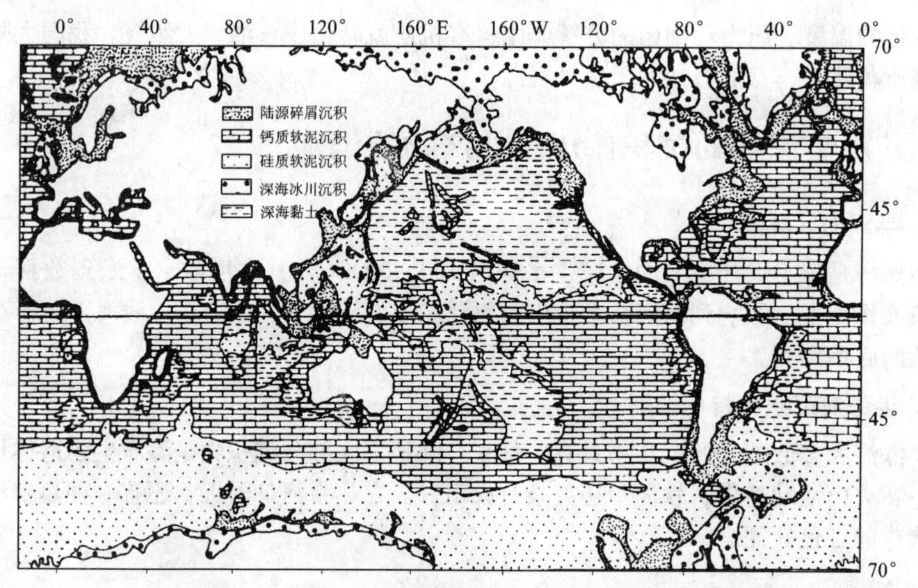


图3－5－11　全球深海沉积物分布图

（据吴泰然，2003）

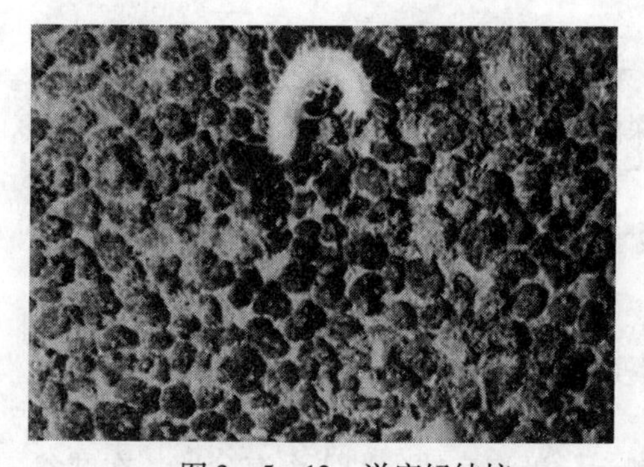

图3－5－12　洋底锰结核

号”载人深海探测器可探测7000m以下洋底，使我国深海探测研究进入了世界前列。金属泥产出部位具有海水温度高、含盐度高、重金属含量高的“三高”特点。例如：厄瓜多尔西部加拉帕戈斯附近的东太平洋洋隆上发现有厚约30～40m的金属泥，总体积达$8\times10^6m^3$，含有丰富的Cu、Ag、Cd、Mo、Pb、V、Zn等元素。②锰结核，是海底的一种多金属结核，具有工业价值的金属元素主要有Mn、Fe、Ni、Co、Cu、Zn、Mo等20余种有用金属，同时还浓集了10余种稀有元素及放射性元素，如U、Ce、Nb等（图3－5－12）。其含量超出地壳正常丰度的100倍以上，主要分布在中太平洋和东北太平洋、大西洋、印度洋洋底沉积物的表层。据初步估计太平洋中有锰结核$7.5\times10^{12}t$，而且每年以$1.4\times10^5t$的速度在形成中。如夏威夷以西约$1\times10^7km^2$的范围内普遍发现有富含Co的锰结核，估计储量达$5.7\times10^{10}t$，其样品含Mn 31%、Co 2%、Ni 0.8%。

海底沉积物中Mn、Co、Ni、Cu金属的储量，远远超出大陆上同类金属的储量，是维系人类可持续发展的资源宝库。

## 四、海平面变化及其产物的识别

### （一）海平面升降与海进海退序列

海平面是指海洋水体与大气圈之间的界面。海平面高度不是固定不变的。短暂的变化是由潮汐、波浪、大气压变化等因素引起，只具局部意义。长期变化是由构造运动、海水体积、海盆容积、大地水准面变化等因素引起，表现为海水大规模的进退，具有广泛而重要的地质意义。

海平面上升，海水向大陆侵进，海岸线向大陆方向迁移，称为海进。海进的沉积序列，在纵向剖面上表现为沉积物粒度下粗上细（图3－5－13A）。海平面下降，海水后撤，海岸线向海洋方向迁移，称为海退。海退的沉积序列，在纵向剖面上表现为沉积物粒度下细上粗（图3－5－13B）。根据地壳中沉积岩的沉积序列，就可以推测地质历史时期海陆分布的变化和海岸线的迁移，以及构造运动规律、古气候的演变等，进而结合生物的演化特征恢复地球的发展历史。

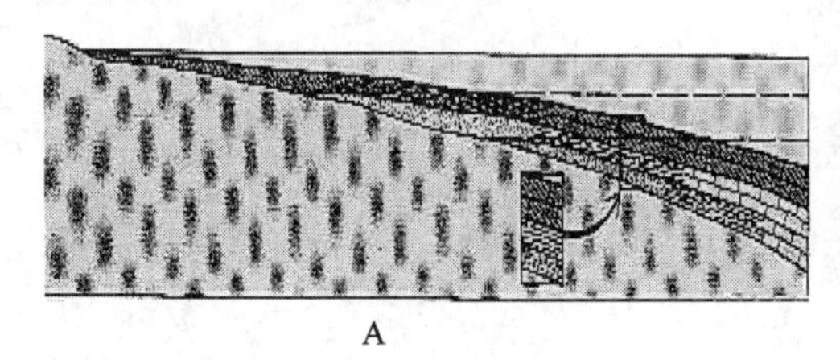

A

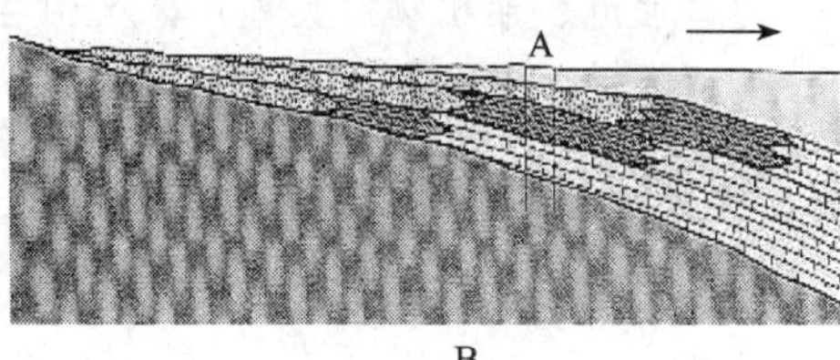


B

图3－5－13　海进（A）和海退（B）的沉积序列

## （二）海平面变化的原因及意义

**构造运动：** 构造运动可以使大区域范围的地壳抬升或沉降。当地壳抬升时，海平面下降，海水变浅，并逐渐退出该地区，形成海退；当地壳沉降时，海平面上升，海水向大陆侵进，形成海进。

**海水体积变化：** 在海洋容积不变的情况下，海水体积的变化会引起海平面变化。海水体积变化的影响因素有气候变化（冰川的消长）、密度体积效应、地幔水的排出和海水进入地幔等。其中气候变化引起冰川消长影响最大，如第四纪冰期与间冰期的海平面升降差达100～200m。

**海盆容积变化：** 在海水体积不变情况下，海盆容积变化，也能引起海平面变化。海盆容积变化原因有沉积物充填、洋底扩张和板块俯冲速度变化、地壳均衡补偿和区域性构造运动。

**大地水准面变化：** 地球运动轨道参数、地球自转速率与地球大地水准面是处于相对平衡的。它们的变化必然会打破原有的平衡，从而调整大地水准面的形状来适应新的轨道参数和地球自转速率。如地球自转速度加快，离心力增大，导致海水向赤道集中，使高纬度地带海平面下降，低纬度地带海平面升高。

值得指出的是，海平面上升是一种持续性的地质灾害，造成海岸后撤、陆地面积缩小。研究表明，全球大部分海平面在上升。在过去100年间海平面上升约10～20cm，每年约上升1.5mm。随着全球环境的不断恶化，预测至2100年，将再上升50～60cm。许多岛屿将从地球上消失，大量沿海城市将受到生存威胁。到时洪灾顿生、海岸侵蚀加剧，这是人类面临的一个重大生存环境问题。所以，研究过去海平面升降的原因和规律，对于恢复地球历史、认识现在、预测未来海平面变化具有重大意义。

## 复习思考题

1. 论述海与洋的区别点。
2. 海洋生物有哪几种类型?
3. 海水有哪些运动形式?
4. 海水的剥蚀作用有哪几种方式?
5. 滨海的环境分带及沉积特征如何?
6. 阐述浅海环境及沉积特征。
7. 阐述半深海、深海的环境及沉积特征。
8. 何谓浊流、浊积物?其地质意义何在?
9. 何谓海进、海退序列?图示之。

# 学习任务6　湖泊、沼泽地质作用及其产物的识别

**【任务描述】** 与奔腾的江河、波涛汹涌的海洋相比，湖泊和沼泽是水圈中比较宁静的水体，在地质作用过程中以沉积作用为主，其中往往堆积形成许多重要的矿产资源：煤、石油、盐、碱、铁等。因此识别各类沉积物及沉积岩，恢复工作区古地理、古气候环境，寻找各类矿产，是野外地质工作的重要任务之一。

**【学习目标】** 掌握湖泊、沼泽的成因、沉积作用的特征（过程），重点掌握煤、石油、盐、碱、铁等矿产的形成过程及其特征的识别。

**【知识点】** 湖泊、湖泊的成因、淡水湖、半咸水湖、咸水湖、湖泊的消亡；石油、盐、碱、铁等矿产的形成；沼泽、沼泽的成因；煤、泥炭等矿产的形成。

**【技能点】** 湖泊、沼泽沉积物（岩）及煤、石油、盐、碱、铁等矿产特征的识别。

## 一、湖泊的地质作用及其产物的识别

### （一）湖泊一般特征

湖泊是陆地上较大的集水盆（洼）地。现代湖泊遍布世界各地，其总面积为 $2.7\times10^6km^2$，约占陆地总面积的1.8%。世界最大的湖泊是俄罗斯、伊朗等五国分界处的里海，为咸水湖，面积达 $4.363\times10^5km^2$。世界最大的淡水湖是北美的苏必利尔湖，面积达 $8.86\times10^4km^2$。世界最深的湖泊是俄罗斯的贝加尔湖，水深达1637m。湖泊所处位置最高的是我国青藏高原的纳木错，湖面海拔4718m；最低的是巴勒斯坦、约旦两国间的死海，它的水面比海平面低395m。

我国是多湖泊的国家，大约有2万多个湖泊，总面积达 $75610km^2$。面积在 $100km^2$ 以上的湖泊有100多个，面积在 $1km^2$ 以上的有2800多个。主要分布在东部平原和青藏高原两大湖区。比较著名的有青海湖、鄱阳湖、洞庭湖、纳木错、罗布泊、呼伦池、兴凯湖（中俄界湖）、太湖、滇池、洪泽湖、西湖等。

湖水主要来自大气降水、地面流水和地下水，其次是冰川融水和残留海水。湖水的来源深受气候和地形的影响。一般情况下，位于高山顶的火山口湖，主要靠大气降水；温湿气候区的湖水主要来源于大气降水、河水及地下水；干旱气候区的湖水来源以地下水与间歇性的地面流水为主；高寒气候区的湖水主要来自冰融水。

湖水的化学成分与湖盆的岩性、流入水的成分、所在地区的气候、土壤及岩性等密切相关，尤其是气候影响最大。通常，潮湿气候区泄水湖的湖水成分中常含较多的 $Ca(HCO_3)_2$ 和有机质；干旱气候区不泄水湖泊的湖水成分中常含大量的 $NaCl$、$Na_2SO_4$ 等盐类，有机质极少。

**1. 湖泊的成因**

形成湖泊的必备条件：有一个储水的盆（洼）地，具有足够的水源供给。湖盆的形成原因很多，既有内力地质作用形成的，也有外力地质作用形成的。

（1）内力地质作用形成的湖盆

**构造湖：** 湖盆由构造运动形成的湖泊。①由于构造运动使大块陆地沉降而形成的湖泊，如里海、洞庭湖、鄱阳湖等；②由构造运动产生出的褶皱、断层所构成的凹陷部分形成的湖泊，如阿尔及利亚的向斜湖、中国内蒙古的呼伦湖、东非裂谷带上的湖泊、俄罗斯的贝加尔湖。我国昆明的滇池就是在一个大背斜上由断层形成的（图3－6－1）。南京的玄武湖是因断层产生的洼地，后经流水侵蚀和人工加工而成。

图3－6－1　昆明的滇池

图3－6－2　长白山天池

**火山湖：** 火山口中贮水所形成的湖，称为火山口湖，如长白山天池（图3－6－2）、云南腾冲大龙潭湖等。火山喷发溢出的熔岩堰塞河流或其他水域，可形成熔岩堰塞湖，著名的黑龙江省五大连池就是因火山熔岩流阻塞了纳漠尔河的支流后形成的。

（2）外力地质作用形成的湖盆

几乎所有的外力地质作用都可以形成湖盆，但通常规模小，湖水较浅，湖盆的轮廓较不规则。

**河成湖：** 河流截弯取直改道后，被遗弃的河床形成牛轭湖。湖北的尺八口和内蒙古的乌梁素海皆为著名的牛轭湖。河流的中下游冲积平原的低洼处也可积水成湖。

**冰川湖：** 在高山、高原及高纬度地区由冰川的刨蚀作用形成的湖盆。如美国与加拿大交界地带著名的苏必利尔湖、休伦湖、伊利湖、安大略湖和密歇根湖等五大湖泊；冰碛物堵塞河床或冰川谷中的洼地积水形成的湖泊称冰碛湖，如新疆天山天池以及青藏高原上的湖泊。

**海成湖：** 湖盆由海水侵蚀和沉积而成。海岸地带由于砂坝和砂嘴封闭海湾而成的潟湖就是海成湖，如宁波的东钱湖和杭州的西湖。

**岩溶湖：** 岩溶地区因溶蚀塌陷形成的湖盆。我国云南东南部、贵州西部、广西西部均有密集分布的溶蚀－陷落湖群，如云南的异龙洞、八仙洞。

**风蚀湖：** 干旱地区因风蚀、风积作用形成的湖盆，如甘肃敦煌月牙湖（图3－6－3）。

此外，由于山崩、滑坡堵塞河道，以及人工修筑水库等都可以形成湖泊。其实有很多湖泊的形成并不止一种因素，而是多种因素共同作用的结果。

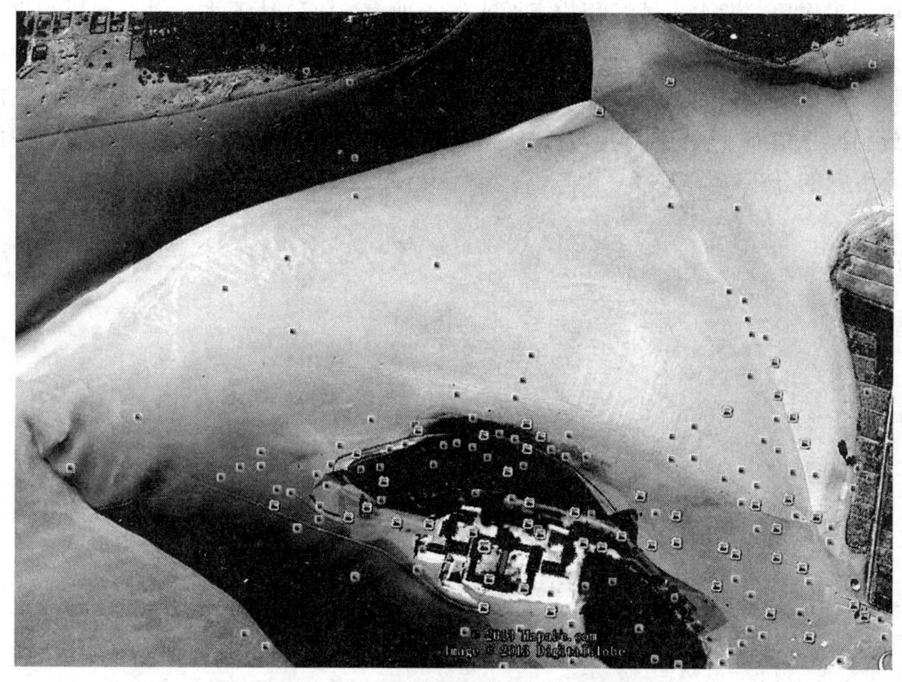

图3－6－3　甘肃敦煌鸣沙山下月牙湖
（据谷歌地球）

**2. 湖泊的分类**

（1）按湖泊与径流的关系分为：①吞吐湖（泄水湖），既有河水流入湖中，又有湖水流入更大的河流中，如洞庭湖、鄱阳湖；②外吞吐湖，只有湖水外流，往往是河流的源头，如西藏南部的玛那萨罗沃池；③终点湖（不泄水湖），有入无出，河水流入湖中而终止，多见于干旱地区，如青海湖与吉兰泰盐池。

（2）按湖水含盐分的程度分为：①咸水湖（矿湖、矿化湖），湖水盐度大于24.7‰，是重要的盐矿产地，里海是世界上最大的咸水湖，察尔汗盐湖是我国较大的钾盐产地；②半咸水湖，盐度为0.3‰～24.7‰，青海湖就是半咸水湖；③淡水湖，盐度小于0.3‰，大部分湖泊都是淡水湖。

## （二）湖泊的沉积作用及其产物的识别

湖泊地质作用可分为剥蚀、搬运和沉积作用。作用方式与海洋中相同，只是由于湖水是相对宁静的水体，对湖盆的剥蚀作用及产物的搬运作用较弱，只有在湖泊较大、湖浪作用较强时，可形成湖蚀穴、湖蚀凹槽、湖蚀崖、湖蚀平台等地形。因此，湖泊的沉积作用占主要地位。湖泊是大陆上重要的沉积场所。

**1. 潮湿气候区湖泊的沉积作用**

潮湿气候区的湖泊多为吞吐湖，湖水由河流、地下水补给，水量充沛，一般为淡水湖泊。注入湖泊的水常带入大量的碎屑物和化学溶解物质，加上湖泊中生物繁盛，因此，其沉积作用方式既有机械沉积，也有化学沉积和生物沉积。

**机械沉积作用**：湖水机械沉积物主要来源于地表流水、地下水、风、冰川和火山作用带来的各种物质，以及湖蚀产物和大量生物残骸。经水流反复作用，较粗的砾、砂沉积在沿岸一带，形成湖滩、砂洲、砂坝及砂嘴等类似于海岸带所见的各种堆积地形，在河流入湖处形成湖滨三角洲。较细的粉砂及黏土等则被搬运到湖心堆积下来。在湖盆的平面上显示出同心带状的分布（图3-6-4）。

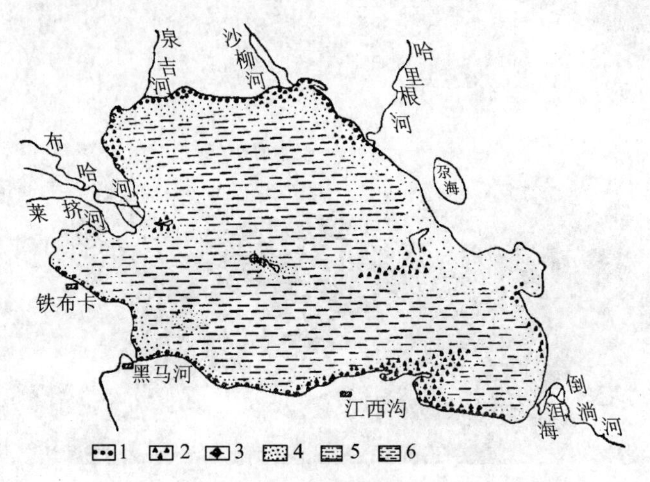


图3-6-4　青海湖机械沉积物平面分布图

（据成都地质学院，1978）

1—砾石；2—砂砾；3—砂；4—粉砂和淤泥；5—淤泥；6—生物暗礁

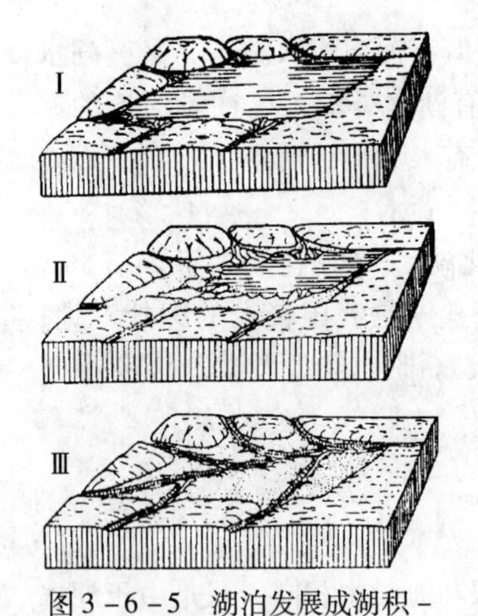


图3-6-5　湖泊发展成湖积-三角洲平原示意图

（据成都地质学院，1978）

Ⅰ—初期，三角洲很小；Ⅱ—过渡时期，湖泊缩小变浅；Ⅲ—晚期，湖泊消亡，出现湖积-三角洲平原

入湖河流携带大量泥沙，在湖滨可形成三角洲。三角洲不断扩大，相邻的三角洲逐渐连接，使湖泊逐渐淤塞变小、消亡，最终成为被河流所贯通的湖积三角洲平原或沼泽（图3-6-5）。这时很难区分是河流还是湖泊的沉积物，常统称为河-湖沉积物。曾是我国第一大淡水湖的洞庭湖，注入的河流众多，大河就有湘、资、沅、澧四水和长江的四口（松滋、太平、藕池、调弦），它们每年带入的大量泥砂使洞庭湖迅速缩小。据20世纪30年代出版的《辞海》记载，当时洞庭湖面积有5000$km^2$，1954年时尚有3915$km^2$，但至1998年只有2691$km^2$，近几年退耕还湖后增加约554$km^2$，现今约3000$km^2$。按如此的淤塞速度，如果没有人工疏浚，洞庭湖不出百年即会被淤满而消失。

湖泊的生命周期取决于气候条件、自然地理因素和构造作用的活动程度，其沉积作用过程就是湖泊逐渐淤塞和消亡的过程。因此，在地质历史中，湖泊的寿命是短暂的。

**化学沉积作用**：潮湿气候区气温高，水量充沛，生物繁盛，化学风化和生物风化作用强烈，元素的活动性也较强，不仅易溶的元素如Cl、S、K、Na、Ca、Mg等元素能呈离子状态被流水带入湖中；就是一些活动性不强、难溶的元素，如Si、Mn、P、Fe、Al等，也可以呈胶体或被吸附的状态由流水带入湖中。由于泄水湖中水量充沛，易溶盐类不能达到饱和状态难以沉淀而被河水带走。由 Ca、Mg 等组成的较易溶解的盐类和由 Fe、Mn、Al、Si、P 等组成的难溶盐类，可在一定条件下相继发生沉积，形成铁锰矿床。

如水的 $Fe(OH)_3$ 的胶体溶液可以与湖水中的电解质发生中和，或与湖水相混后因酸度降低而沉积，析出氢氧化铁。此外带入湖中的 $Fe(HCO_3)_2$ 溶液因生物化学作用，可以发生分解、氧化，产生氢氧化铁沉淀。其反应式为：

$$4Fe(HCO_3)_2 + O_2 + 2H_2O \rightarrow 4Fe(OH)_3 \downarrow + 8CO_2 \uparrow$$

这样形成的氢氧化铁，称为褐铁矿。它呈团块状、透镜状或不规则层状，夹于碎屑沉积物中。与褐铁矿共生的可能有锰矿、铝土矿等。如江苏太湖、苏北平原的现代湖泊以及山西鲁平的古近－新近纪湖泊沉积物中就有铁锰矿床产出。

在生物繁盛地区，湖底的有机质腐烂分解后放出 $CO_2$ 和 $H_2S$ 并形成强还原环境。这种环境能使重碳酸亚铁或硫酸亚铁转变成黄铁矿，其反应式为：

$$Fe(HCO_3)_2 + 2H_2S \rightarrow FeS_2 \downarrow + 3H_2O + CO_2 \uparrow + CO \uparrow$$

或 $FeSO_4 + 2H_2S \rightarrow FeS_2 \downarrow + 2H_2O + SO_2 \uparrow$

如果气候冷湿，有较弱的氧化作用，在细菌的协同作用下可形成菱铁矿。其反应式为：

$$Fe(HCO_3)_2 \rightarrow FeCO_3 \downarrow + H_2O + CO_2 \uparrow$$

在有较丰富的磷质参与下还可形成作磷肥用的蓝铁矿（$Fe_3(PO_4)_2 \cdot 8H_2O$）。

当重碳酸钙 $Ca(HCO_3)_2$ 溶液被带入湖后，在适当的温度、压力条件下，并因生物吸收了水中的 $CO_2$，使碳酸钙过饱和而沉积下来，经成岩作用形成石灰岩及泥灰岩等。

**生物沉积作用及石油的形成：**温暖潮湿的气候使各类生物繁盛，有生长在湖滨的乔木、浅水中的草本植物以及大量生活在水中的菌类、藻类和动物。这些生物死亡后沉于湖底，与泥质沉积物一起构成了湖底的有机质泥层。湖底缺氧的环境使厌氧细菌繁殖，并对有机质泥层发生作用，经成岩作用转变成胶状腐殖煤、沥青黏土或油页岩。

在特殊的条件下，富含动物遗体的巨厚腐殖泥层，在较高温度（100～200℃）和压力（约 30MPa）的作用下，有机质逐渐分解和合成为碳氢化合物（烃类），经细菌和其他复杂的物理化学过程，可以形成石油和天然气。我国大庆、胜利和大港油田等，就是湖沼或湖成三角洲环境生成的。

在温带较冷地区的淡水湖泊中，常有大量硅藻繁殖，死亡后可堆积成为疏松多孔的硅藻土，是生产吸附剂、耐火材料、充填材料等的重要原料。

**2. 干旱气候区湖泊的沉积作用**

干旱气候区湖水主要来自河流（多为间歇性河流）、地下水或融雪水。湖泊多属于终点湖（不泄水湖）。

湖泊的机械沉积作用往往随季节而变化。雨季或洪水季节，洪流和河水带入较多、较粗的碎屑物沉积下来。多数时候水量较小或无，一般为粉砂和黏土质物质沉积。此外，风的搬运作用也可把风成沙、风成黄土带入湖中沉积。

由于干旱气候区的条件恶劣，生物稀少，生物作用极弱，因此湖泊中生物的沉积作用极少，仅在某些湖泥沉积中含少量的有机质。

干旱气候区的湖水补给量远远小于蒸发量，湖水被蒸发很少外流，含盐度不断增大，

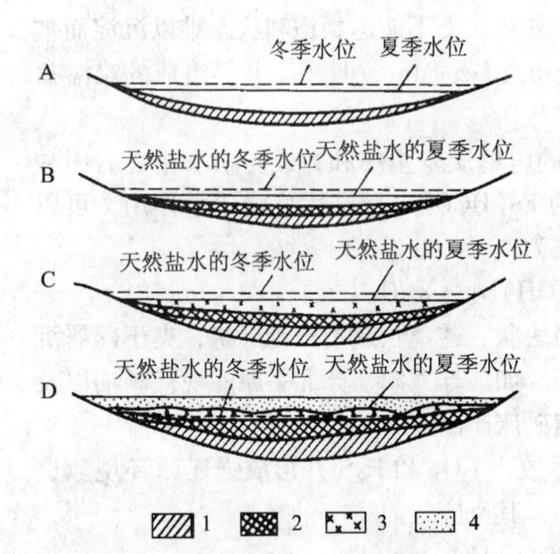


图3-6-6　干旱区盐湖沉积阶段示意图
1—碳酸盐；2—硫酸盐；3—氯化物；4—砂层。
A，B，C，D—盐湖发展顺序：A—咸水湖；B—盐水湖；C—干涸盐湖；D—砂层掩埋下的盐湖

形成盐类沉积，往往形成重要的盐类矿产。因此，湖泊的化学沉积作用占显著地位。其沉积作用可出现下列四个阶段（图3-6-6）：

**碳酸盐沉积阶段**：在湖水逐渐咸化过程中，溶解度最小的碳酸盐首先沉积。其中以钙的碳酸盐（方解石与白云石）最早沉积，镁、钠的碳酸盐（苏打 $Na_2CO_3 \cdot 10H_2O$，天然碱 $Na_2CO_3 \cdot NaHCO_3 \cdot 2H_2O$ 等）次之，钾的碳酸盐最后沉积。因此称为碱湖。这一阶段有较多的碎屑物沉积，盐类沉积混杂在其中。这类湖泊见于我国内蒙古以及黑龙江、吉林西部。

**硫酸盐沉积阶段**：由于湖水进一步咸化，溶解度较高的硫酸盐也相继沉积，生成石膏（$CaSO_4 \cdot 2H_2O$）、芒硝（$Na_2SO_4 \cdot 10H_2O$）、硫酸镁石（$MgSO_4 \cdot 2H_2O$）和无水芒硝（$Na_2SO_4$）等。这些盐类多数味苦，故又称为苦湖。在此阶段的湖泊沉积中碎屑物较少，石膏、芒硝等可成为独立的夹层。新疆、青海、吉林、内蒙古等地均有这类盐湖。

**氯化物沉积阶段**：湖水在含盐度超过24‰～25‰时，就转变为天然盐水——卤水，并析出溶解度最大的氯化物，如岩盐（NaCl）、光卤石（$KCl \cdot MgCl \cdot 6H_2O$）等，极少有碎屑物质混入，称为盐湖。是盐湖沉积的最后阶段。如内蒙古吉兰泰盐湖，青海柴达木的茶卡盐湖、柯柯盐湖、察尔汗盐湖等。

上述盐类沉积顺序不仅表现在垂直剖面上，即由下往上依次为碳酸盐类、硫酸盐类和氯化物；也常反映在平面分布上，即从边缘向中心由碳酸盐类向氯化物的演变。

**盐湖干涸与盐层埋藏阶段**：当湖泊全被固体盐类填满后，湖面全部干涸。固体盐层可遭受风化、剥蚀或被其他沉积物所覆盖，成为埋藏的盐矿床。

盐湖的化学沉积物不仅是重要的化工原料，而且由于它还含有溴、碘、锂、铷、锗等数十种微量元素，因此也是制药、冶金和尖端工业的重要原料。

## 二、沼泽的地质作用及其产物的识别

### （一）沼泽的成因

沼泽是陆地上潮湿积水、有大量嗜湿性植物生长并有泥炭堆积的地方。沼泽地区的潜水面位于地面附近，土层常年处于过湿状态。世界上沼泽分布面积约为 $3.5\times10^6 km^2$，占陆地面积的2.3%。我国沼泽分布很广，面积较大且分布较集中的地区有东北的三江平原、西部的柴达木盆地、松潘草地及羌塘内陆河区。沼泽的成因有以下几种。

**湖泊的沼泽化**：大多数湖泊可因机械沉积作用和生物沉积作用而逐渐淤积，使湖底填高，湖水变浅，湖水面缩小，植物带逐渐从湖边向湖心移动，最后整个湖泊变为沼泽

(图3－6－7)。

**河流泛滥地的沼泽化**：河漫滩、阶地面或冲积平原、三角洲的低洼地带，由于河水泛滥，积水难以排除而形成沼泽，如黄河口至天津一带由黄河三角洲沼泽化形成的渤海海滨沼泽。

**海岸带的沼泽化**：潮湿气候区广大的低平海岸带，因潮水浸漫、滞水发生沼泽化，如深圳红树林沼泽。因潟湖或海湾被淤塞也可形成沼泽。

还有地下水位极浅的地段、泉水涌出的地方以及森林、草地，因排水不良，地面终年潮湿而成沼泽。

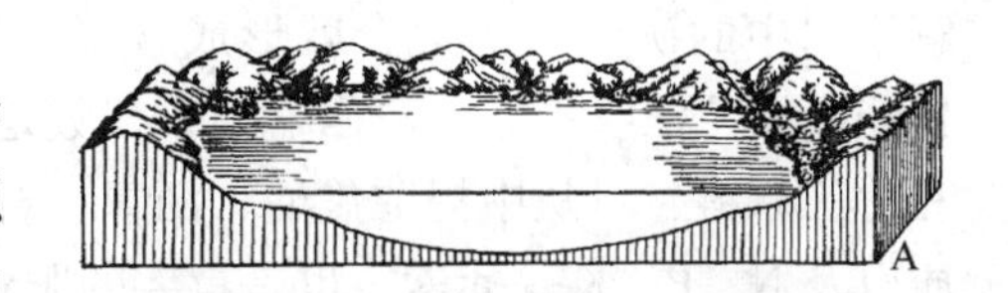


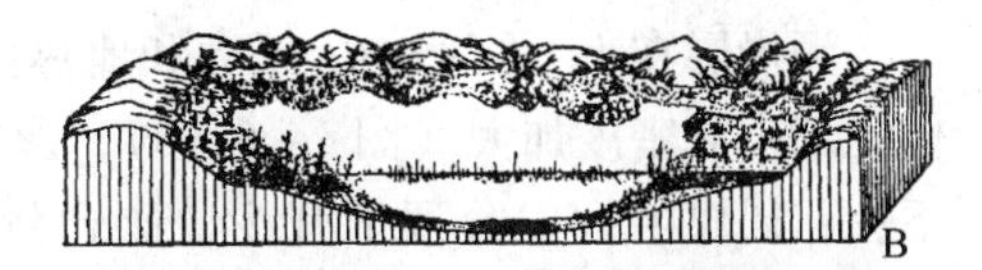


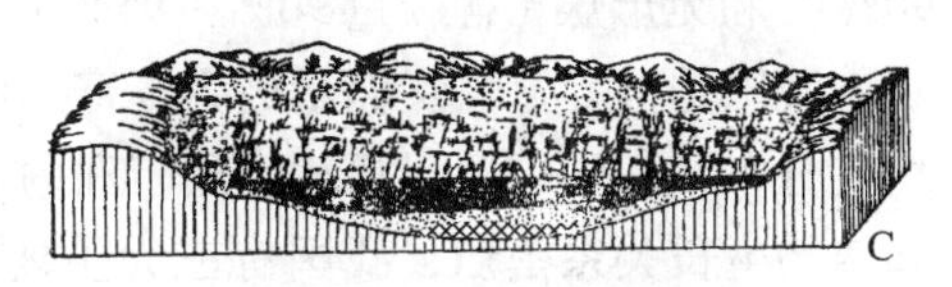


图3－6－7　湖泊沼泽化示意图

A—发展初期，河口处形成小规模的三角洲；B—发展中期，三角洲进一步扩大，湖滨逐渐沼泽化，形成湖滨沼泽；C—发展晚期，湖泊消失，全为沼泽所代替

## (二) 沼泽的沉积作用与煤的形成

除滨海沼泽外，大部分沼泽处于相对静止状态的积水浸泡中，因此沼泽的地质作用实质上只有沉积作用，而且主要是生物沉积作用。

沼泽中生长着大量嗜湿性植物，其死亡后在湖底或沼泽中堆积，并不断被上覆植物尸体和泥沙掩埋，处于氧气不足的还原环境下，受到细菌的菌解作用形成腐殖质，同时释放出 $CO_2$ 和 $CH_4$ 等气体。这些腐殖质与泥砂及溶

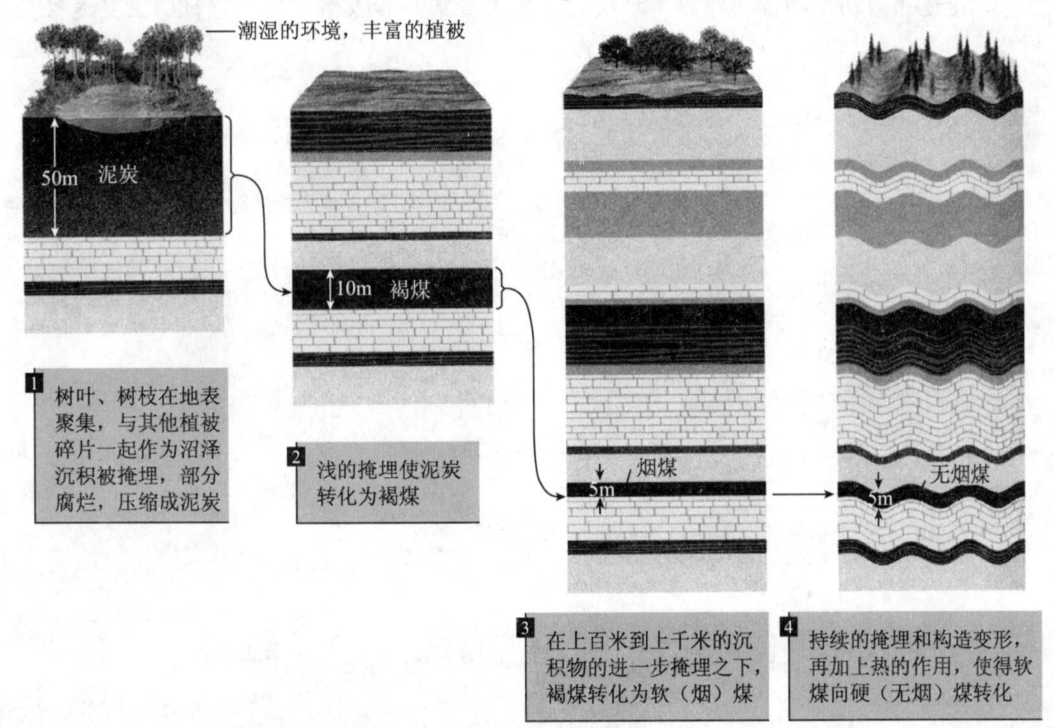


图3－6－8　煤的形成过程示意图

（据徐士进，2000）

解于水中的矿物质等混合就形成含碳量达60%的泥炭。我国泥炭广泛分布于华北平原、松辽平原、江汉平原和滇西盆地，多数是第四纪以来形成的。泥炭的用途很多，可作燃料和化工原料，可从中提取焦油、沥青、石蜡和草酸等工业产品，同时泥炭中含有大量腐殖质以及N、P、K等元素，也是重要的肥料。

泥炭层在上覆沉积物的压力和地热作用下，经压实、脱水、胶结、聚合等成煤作用，体积缩小而密度加大（图3-6-8），形成褐煤（含碳量60%~70%）。如果成煤作用继续下去，褐煤中挥发分逐渐减少，碳含量不断增高，便逐渐转化成烟煤（含碳量70%~90%）和无烟煤（含碳量90%~95%）。

我国是世界上煤炭储量极为丰富的国家之一，已探明的储量居世界第三位。全国各地均有分布，其中山西、河北、辽宁和内蒙古是我国主要的产煤基地。由于煤的形成与气候和植物生长关系密切，我国有三大主要成煤时期：①石炭-二叠纪，主要为滨海沼泽煤田，以烟煤和无烟煤为主；②侏罗纪，为内陆湖泊沼泽煤田，以烟煤为主；③古近-新近纪，也是内陆湖泊沼泽煤田，多为褐煤。

## 复习思考题

1. 湖泊与沼泽在成因上有何不同？各形成何种矿产？
2. 湖泊在不同气候条件下形成的沉积物有什么不同？
3. 简述干旱气候下湖泊的化学沉积特征。
4. 简述煤、石油的成因。
5. 简述当前国际和国内能源市场状况（上网查询）以及解决能源危机的主要途径。

# 学习任务7　风的地质作用及其产物的识别

**【任务描述】** 风力剥蚀和破坏基岩，并能搬运堆积砂和尘土，是气候干旱、半干旱地区重要的地质营力。荒无人烟的大沙漠、西北的黄土高坡、北京的沙尘暴都是它的“杰作”。因此识别各类堆积物及沉积岩，恢复工作区古今地理、气候环境，研究分析全球气候变化，是野外地质工作的任务之一。

**【学习目标】** 掌握风的地质作用特征及其产物——荒漠与黄土的特征及成因识别。由于地质历史时期保留下来的地质现象较少，野外工作中极少接触，因此本任务仅作一般要求。

**【知识点】** 风、风蚀地貌、岩漠、砾漠、风积地貌、风积物、沙漠、黄土、荒漠。

**【技能点】** 风积物、荒漠的识别。

大气圈对流层中空气的近水平运动称为风。你可千万别陶醉于“和风细雨”、“春风扑面”的浪漫之中。风的地质作用对岩石的破坏、迁移、堆积，所造成的独特的地貌地形，真可谓鬼斧神工、巧夺天工。在气候潮湿、地面植被茂密的地区，风力不易产生地质作用。在气候干旱、半干旱地区，风可促使地表岩石破碎、物质迁移、地形改观，产生显著的地质作用。因此，风是这些地区主要的地质作用之一。

## 一、风的剥蚀作用及风蚀地貌的识别

### （一）风的剥蚀作用

风自身的力量和所携带的砂土对地表岩石进行破坏的地质作用，称为**风的剥蚀作用**，简称**风蚀作用**。包括吹扬和磨蚀两种作用方式。

**吹扬（吹蚀）作用：** 风力使地面岩石遭到剥蚀、破坏，并将地表砂粒和尘土扬起吹走的作用。吹扬作用在风速大、地面干燥、植被稀少及松散物覆盖区甚为强烈。吹扬作用常与磨蚀作用一起发生的。

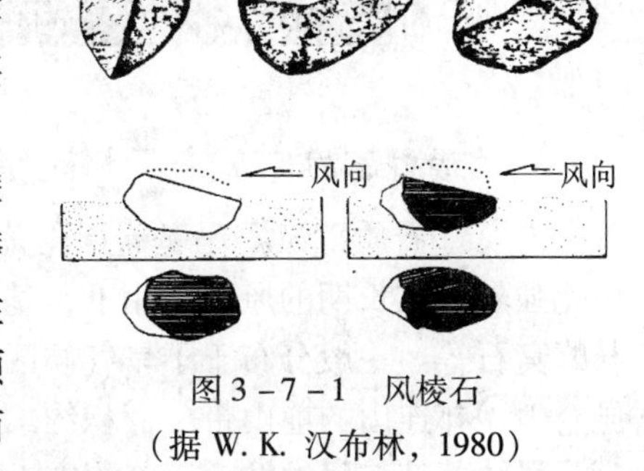

图3－7－1　风棱石
（据W. K. 汉布林，1980）

**磨蚀作用：** 风力扬起的碎屑物对地表的冲击和摩擦以及碎屑物颗粒之间的冲撞和摩擦作用，称风的磨蚀作用。磨蚀作用强度取决于风力的大小、地面性质。风速大，地面岩石松散，则扬起的碎屑物多且颗粒大，磨蚀能力强。砾石常被磨蚀成多个磨光面，而且边棱清晰鲜明，这种石块称为风棱石。原地的风棱石可以用来判断风向，风成沉积物中定向排列的风棱石可以用来判断古风向（图3－7－1）。

## （二）风蚀地貌的识别

### 1. 风蚀洼地

由松散物质组成的地面，因风蚀而形成的洼地。洼地的底面如达到地下水面，便成为沙漠中的绿洲。

### 2. 风蚀谷、风蚀残丘和雅丹地貌

由暴雨、洪流形成的经风蚀作用而扩大的谷地称为风蚀谷。常常蜿蜒曲折，宽窄不一，底部崎岖不平。随着风蚀谷不断扩大连接，地面仅残留许多孤立的高地，称为风蚀残丘，高度一般为10～20m。层叠状的平顶残丘，犹如毁坏的古城堡称为风蚀城，并拥有一个特别的名称“雅丹”。新疆东部吐鲁番盆地的库姆达格沙漠北部以及柴达木盆地西部都有由古近－新近纪砂岩、页岩及泥岩所构成的风蚀城（图3－7－2）。

图3－7－2　风蚀城

### 3. 岩漠（石质荒漠）

岩漠（石质荒漠）是基岩裸露荒无人烟的地区。由于气候干旱、植被不发育、物理风化强烈，在长期的风蚀作用下，基岩裸露，常形成各种风蚀产物，如风蚀蘑菇、风蚀柱与蜂窝石等。一般分布于干旱气候区大山脉的前缘低山地带。我国岩漠主要分布在天山、昆仑山、祁连山的前山带，面积约$1.6\times10^5km^2$。

**风蚀蘑菇与风蚀柱：**因气流在近地面部分所含的砂粒较多，一些孤立突出的岩石近地

面处被磨蚀较多，形成上大下小的蘑菇状地形称为风蚀蘑菇（图3－7－3）。垂直节理发育的岩石经长期风蚀后，形成孤立的柱状岩石，称为风蚀柱。

图3－7－3　风蚀蘑菇

图3－7－4　蜂窝石

**蜂窝石（石窝或风蚀壁龛）**：形成于陡峭石壁上大小不等、形状各异、似蜂窝状的孔洞和凹坑（图3－7－4）。

**4. 砾漠**

砾漠是地势起伏平缓、由砾石组成的荒无人烟的地区，蒙古语称为戈壁。它们原为内陆山前冲积－洪积平原，由于长期的风蚀作用改造而形成的。其中细小碎屑物被风搬运走，保留下较粗大碎屑。这些砾石常被磨蚀成风棱石。我国砾漠主要分布在河西走廊、柴达木和塔里木等盆地边缘的山前，面积约为$2.4\times10^5km^2$。

## 二、风的搬运作用及其产物的识别

风把从地表吹扬起来的松散碎屑物质搬运到他处的过程，称为**风的搬运作用**。风的搬运能力极强，一般与风力的大小成正比；与碎屑物的粒度大小成反比。由于风力的强弱、被搬运物质的大小和密度不同，风的搬运方式也不同，以悬移、跃移和蠕移三种方式进行。

**悬移**：细而轻的砂粒在风力的吹扬下，悬浮于气流中移动的方式，简称悬移（图3－7－5）。颗粒越细搬运距离越远。当风速达5m/s时，就能使粒径小于0.2mm的砂粒悬移。而粒度小于0.05mm的粉砂粒可长期随风飘扬至很远的地方。如我国新疆、内蒙古的尘土被风吹送到中、东部形成黄土高原，以致更远。

**跃移**：砂粒在风力的作用下以跳跃方式前移，简称跃移（图3－7－5）。是风力搬运作用中最主要的方式，其搬运量约为总搬运量的70%～80%。跃移物多是粒径为0.2～0.5mm的砂。

**蠕移**：当风速较小或者地面砂粒较大（粒径大于0.5mm）时，砂粒沿着地面滚动或滑动，称为蠕移（图3－7－5）。在风速较低时，它们时行时止，每次只能移动几毫米。随着风速增大，不仅移动距离增大，而且移动的砂粒增多，甚至整个地面的砂粒都向前移动。蠕移的搬运量占风力总搬运量的20%左右。

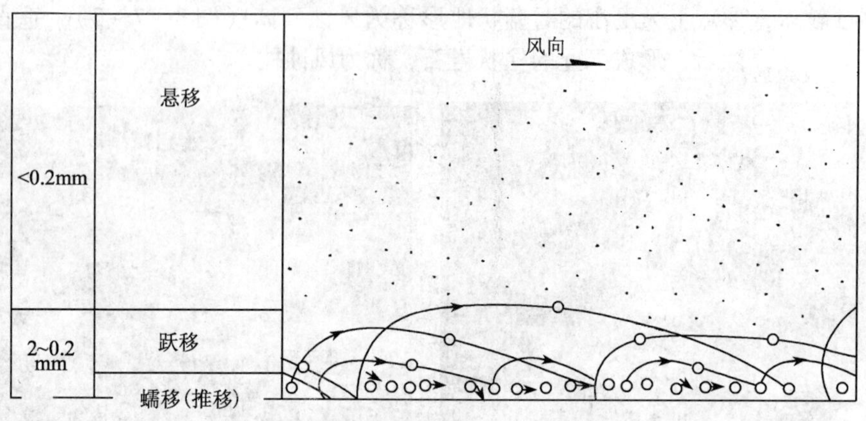


图3-7-5　风砂运动的三种形式

（据北京大学等，1979）

占搬运量90%的跃移和蠕移的物质主要是0.2~2mm的砂，它们主要富集在离地面高度30cm以下，尤其是在10cm以下，紧贴着地面运行，其搬运距离一般较近。形成大沙漠，掩没农田和村庄，对人类生态环境破坏极大。

## 三、风的堆积作用及其产物的识别

风搬运的物质，由于风速的减弱发生沉降堆积，或因地面上各种障碍物（如山岳、石块、树木、草丛、建筑物等）的阻挡而发生遇阻堆积，形成**风积物**。

### （一）风积物特征的识别

（1）全为碎屑物，主要是砂、粉砂以及少量黏土级的碎屑物，粒度在2mm以下。颜色多样，但主要为黄色、灰色、红色等。

（2）极好的分选性，是陆相沉积物中分选性最好的，这是由风搬运的高度选择性所决定的。

（3）极高的磨圆度，由于气流中砂粒的碰撞几率较大，即使是很细的粉砂也具有较高的圆度，砂粒常被磨成毛玻璃球状。这是其他类型沉积物中所没有的。

（4）碎屑中矿物成分以石英、长石等为主，还可见到一定数量的辉石、角闪石、黑云母等。

（5）常见有规模极大的斜层理和交错层理，其形成与风积物移动形式有关。

### （二）风积地貌的识别

风积地貌主要有两类，一类由风成砂堆积的地貌——沙漠；另一类为粉砂和尘土堆积的地貌——风成黄土。它们在空间分布上有严格的规律性，粗的碎屑物首先堆积下来形成沙漠，随后是细砂、粉砂，最后堆积的是黄土。

**沙漠**：是气候干旱（年降雨量小于250mm或蒸发量大于降水量）、地势较平缓、风成沙大片覆盖的地区。风成沙成片分布，在风力作用下形成沙堆，然后进一步发展演化成大小不等、形态各异的沙丘（图3－7－6），如新月型沙丘、横向沙丘、纵向沙丘、星状沙丘。

图3－7－6　塔克拉玛星状沙丘

（据夏邦栋，1995）

图3－7－7　敦煌附近沙埋庄园之一

（兰州冰川冻土沙漠研究所摄）

沙丘在风的持续吹动下，能较快地向前移动，每年移动距离可达数米至数百米。它可以掩没田园、村庄和道路，给人们带来极大地危害（图3－7－7）。如甘肃民勤县原有青松堡、沙山堡、南乐堡等20多个村庄和2万多亩土地，近300年来在风沙的不断侵袭下，几乎全被埋没了，仅剩下3个村庄和3000多亩土地。

**风成黄土：**是另一种风积地貌，是干旱、半干旱地区一种特殊的第四纪沉积物，是由风携带着悬移物质（粉砂和尘土）吹向远方，随着风力的减弱而沉降下来，形成黄土。

风成黄土为棕黄色的疏松土状堆积物；层理不显但垂直节理发育；矿物主要为石英和长石，还有较多的黏土矿物和不稳定矿物，与下伏基岩无关。当风成黄土形成后，往往遭受其他地质作用，从而发生再剥蚀－搬运－再沉积，形成次生黄土。

黄土主要分布在沙漠的外围、半干旱气候区的草原地带。世界上黄土分布面积占整个陆地面积的1/10。广泛见于我国的黄土高原、乌克兰、阿根廷、美国中部、捷克、苏丹等地。我国是多黄土的国家，黄土的面积达$6\times10^5km^2$，约占我国陆地总面积的6.6%。主要分布在阴山以南、秦岭以北的辽阔地区，包括山东、河北、河南、山西、陕西、甘肃、青海、新疆等省（区），主要围绕沙漠由西北到华北直到东北呈弧形带状展布。一般厚度为30～80m，最大厚度为400m，西北厚，东南薄。最大厚度见于陕西、甘肃一带（图3－7－8）。

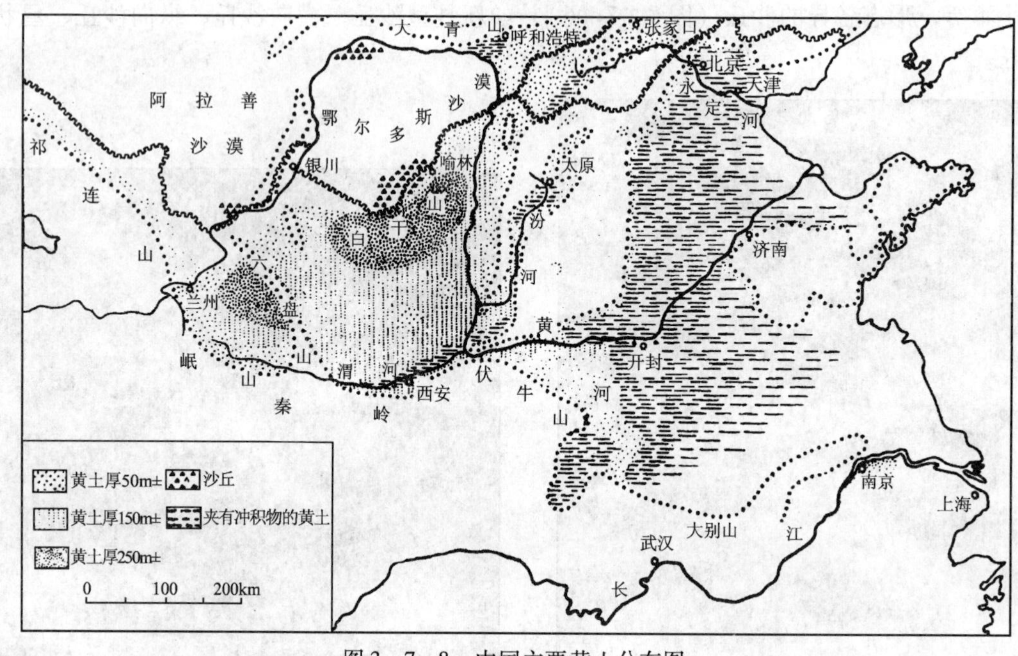


图3－7－8　中国主要黄土分布图

## 四、荒漠化的识别及危害

**荒漠**包括岩漠、砾漠（戈壁）、沙漠、泥漠，是指气候干旱、降雨量极少、植被十分缺乏、地面裸露的“荒无人烟”的地区。**荒漠化**过程主要是由风的地质作用产生的，风对地表物质的破坏、搬运和沉积，构成了荒漠化全部过程。荒漠化有两个重要的影响因素：自然因素和人为因素。自然因素有气候干旱、降雨量极少；人为因素有滥伐森林、盲目开垦、过度放牧、过量地取用地下水等，破坏了自然界的生态平衡从而加速了荒漠的扩

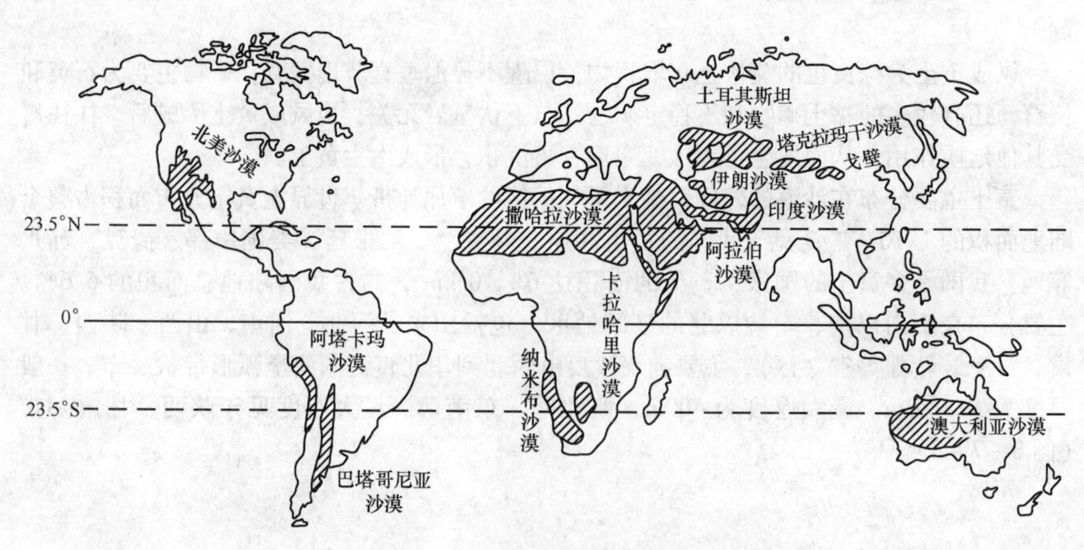


图3－7－9　世界荒漠分布图

大，极大地威胁着人类的生存。

全球荒漠的面积约占陆地总面积的30%，主要集中在南北半球10°~45°的纬度带，气候极度干旱的三种地区：①亚热带高压带控制区，许多著名的大沙漠都分布在这一带上。如撒哈拉沙漠、阿拉伯沙漠、塔尔沙漠、卡拉哈里沙漠、澳大利亚西部沙漠等；②内陆干旱盆地，如中亚地区、我国西北部、蒙古、美国西部等；③寒流经过的沿海地区，如南美西部海岸、非洲西南部海岸等（图3-7-9）。

我国荒漠化土地面积为$2.674\times10^6 km^2$，占国土总面积的27.9%（图3-7-10）。沙化土地每年仍以$2460km^2$的速度在扩展，相当于每年损失一个中等县的土地面积。

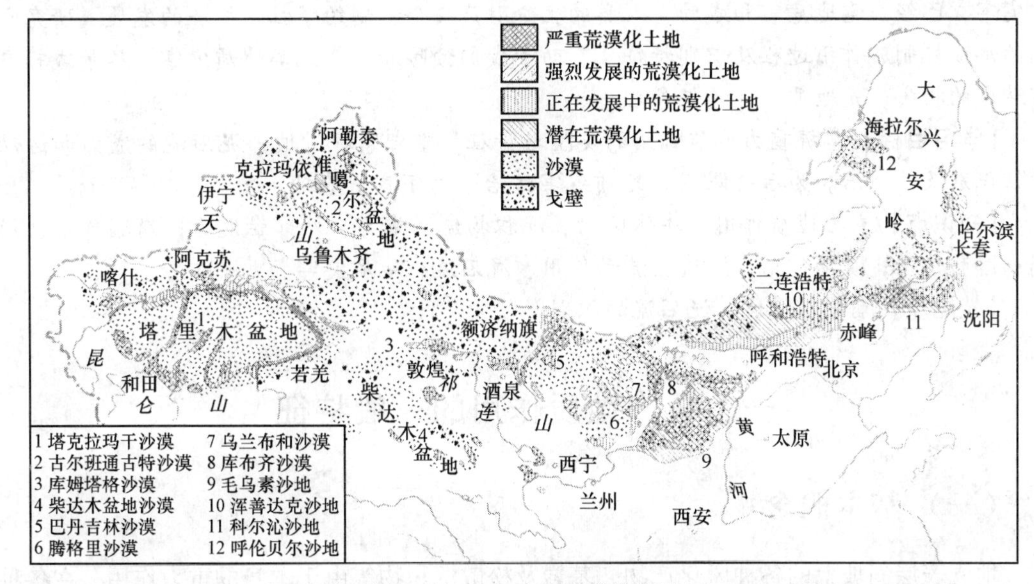


图3-7-10　中国荒漠分布图

## 复习思考题

1. 风积物与冲积物有何不同？
2. 简述黄土的形成原因。
3. 简述荒漠的概念、类型及其危害。

# 学习任务8　重力地质作用及地质灾害的识别

**【任务描述】** 由重力地质作用形成的崩塌、滑坡、泥石流是分布最广、数量最多的地质灾害，已经严重地危害和威胁着人类的生命财产安全，制约了社会经济的发展。研究它们的形成机制、作用过程及识别特征，有助于我们预防和治理此类地质灾害，尽量减轻灾害造成的损失，是地质工作的任务之一。

**【学习目标】** 掌握重力地质作用的类型与特征；重点掌握滑坡、泥石流的成因和运动特征识别及其防治。为后续课程“地质灾害防治”打下良好基础。

**【知识点】** 重力地质作用、块体运动、沉积物流、重力、外部触发力；崩塌作用、崩塌；潜移作用；滑动作用、滑坡；流动作用、泥石流；地质灾害。

**【技能点】** 崩塌、滑坡、泥石流的识别。

## 一、重力地质作用的一般特征

### （一）基本概念

地壳表层斜坡上的各种风化产物、基岩及松散沉积物等由于本身的重力作用，在各种外因促成的条件下产生的运动过程称为**重力地质作用**。通常发生在山坡、海岸、河岸、海底峡谷的岸坡等地，往往形成块体运动、沉积物流，是改造地表形态、促使地壳变化发展的重要动力之一，也是当今人类需要重点防治的地质灾害。因此，它是环境地质、工程地质、采矿工程等研究的重要研究课题。

重力作用是所有内外力地质作用的重要能源之一，贯穿于整个地质历史时期。而下面所讨论的重力地质作用，是以重力为主要动力的地质作用形式，与前面论述的地质作用相比有很大的特殊性：它是一种固体或半固体物质（通常称为块体）在重力作用下的运动，同时块体本身既是作用的动力也是作用的对象。例如一块巨石由高处快速向下崩落时，它们碰撞和破坏沿途的基岩，另一方面也在撞碎本身。统一完成破碎、运移及堆积过程。

### （二）动力来源

产生重力地质作用的动力来源于内外两个方面：块体自身的重力与外部的触发力（主要是水）。

**重力作用**：地表的岩石处于斜坡位置时，是否能保持稳定取决于两种作用力的对比。其一是来自于物体重力（$G$）沿斜坡的下滑分力（$F_1$），它具有使物体沿斜坡向下运动的趋势；其二是物体的摩擦阻力（$f$）（图3－8－1）。

当摩擦阻力大于下滑分力，物体就能保持稳定状态，一旦两力趋于平衡，物体便趋向于运动。一旦加入外部的触发力，打破了平衡，物体就发生运动。山坡越陡，下滑分力越大，因此高山深谷、降水量充沛的山区重力地质作用最易发生。

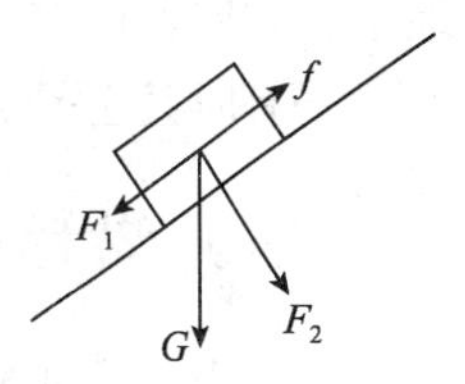

图3-8-1　物体受力情况

**外部的触发力：**主要为水的加入、冰雪的覆盖等增加了运动体的重量，同时减小了土体内部质点间的内聚力以及岩块与基底之间的摩擦阻力，从而促使物体发生运动。而风、雷电闪击、洪流与浊流、地震等突然的推动力可以触发本来是平衡的物体发生运动。同时地形、气候、岩石性质及地质构造特征等因素，都可能影响重力地质作用的发生和分布。因此，重力地质作用具有一定的普遍性和相当的复杂性。

## 二、重力地质作用的类型及地质灾害的识别

根据重力地质作用的力学性质、作用过程及运动特点划分为：崩塌作用、潜移作用、滑动作用、流动作用。

### （一）崩塌作用及崩塌灾害的识别

崩塌作用分为崩落作用和塌陷作用。

**崩落作用：**是指岩石块体以急剧快速的方式与基岩脱离、崩落、沿斜坡滚滑并在坡脚堆积的整个过程。崩落作用是一种最为常见的重力地质作用，在以物理风化作为主的高山地区最易发生，在河岸、海崖等局部地形陡峻地区也常常发生。尤其是地震引起的崩落，可以达到相当大的规模，造成巨大的破坏。崩落作用产生的岩石块体、碎石、砂泥等堆积在斜坡底部常形成倒石堆（图3-8-2），是一种暂时性堆积，它们不久将被雨水、流水或海浪搬走，规模不会很大，在古代沉积岩中很少保存下来。

图3-8-2　倒石锥

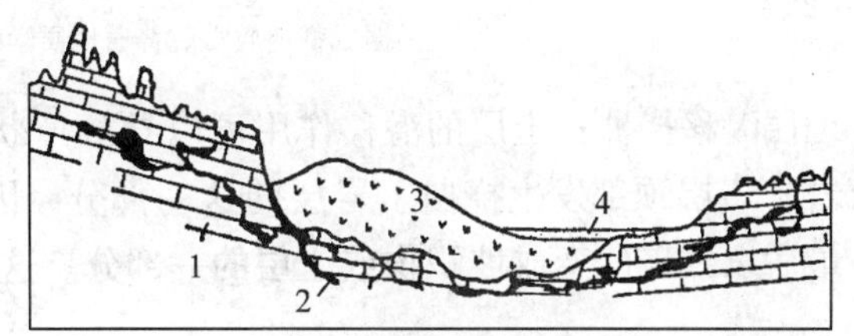

图3-8-3　云南路南石林地区一个岩溶塌陷构造示意图

（据成都地质学院普通地质学教研室，1978）

1—中二叠统石灰岩；2—溶洞系统；3—中二叠统玄武岩；4—第四系堆积

**塌陷作用：**主要发生在岩溶地区。由于地下存在纵横交错的溶洞系统，悬在地下空洞上方的岩石在重力的作用下塌陷下来，造成地面陷落。岩块填入深坑形成角砾或角砾岩。它们有时使新地层嵌入老地层中。著名的云南路南石林周围，在下二叠统石灰岩形成的凹

地中，残留着许多上二叠统的玄武岩（图3-8-3）。塌陷造成的破坏往往是突然的、快速的、有时甚至是灾难性的。但也有时是缓慢的，甚至可以保存陷落岩块的清晰产状。

## （二）潜移作用及潜移灾害的识别

地表土石层或岩层在重力的作用下发生缓慢位移变形的运动过程称为**潜移作用**，又称为**蠕动作用**。具有以下特点：①位移量小，运动速率极为缓慢，每年数毫米至数厘米。但长期积累可造成破坏。②位移量、运动速率主要受堆积物性质、地形及外动力因素所控制。③移动体与不动体间没有明显的滑动面，两者之间呈连续的渐变过渡关系，属于黏滞性运动。

潜移作用的发生除重力作用外，还常与土体的反复冻融、干湿或冷暖的交替有关。因而主要发育于温湿气候区和寒湿气候区。常见的有：

**土层潜移**：斜坡表层的岩土，在重力的作用下会沿斜坡向下方缓慢移动，经实测山坡的坡角为33°时，其土体蠕移速度为0.02mm/a。蠕移的速度虽小，但其累积的效果却很显著，常造成斜坡表面各种物体的变形破坏，如电线杆、土墙倾倒，铁路、公路扭曲，树木歪斜等（图3-8-4）。

图3-8-4　土层潜移及其后果综合示意图
（据成都地质学院普通地质学教研室，1978）

**地层潜移挠曲**：土层的潜移作用可以导致产状近于直立的、较为塑性的（泥质岩或泥灰岩）岩层顶部发生挠曲。岩层的这一部分，因长期被潜移的土层拖曳弯曲后裂隙增加，最后以致破碎变成坡积物或土层的一部分。这种褶曲通常称为**重力褶曲**。

## （三）滑动作用及滑坡灾害的识别

广泛发育于斜坡上的岩土混合体沿着一个或几个滑动面向下滑移的过程，称为**滑动作用**。

滑坡是滑动作用最典型的产物。参与滑坡的有土体中夹杂的巨大岩石块体、不太坚硬的层状沉积岩、崩塌堆积物和松散的坡积物等。滑坡体的规模变化很大，体积可以差别很大，小的只有数立方米，大的可以达到数亿立方米。发育条件十分复杂。滑坡作用所涉及的范围可能是整个斜坡，也可能是斜坡的一部分。

一个发育完整的典型滑坡构造通常由以下一些单元组成：滑坡体、滑坡面、滑坡壁、滑坡台地、滑坡鼓丘、滑坡裂隙等（图3－8－5）。

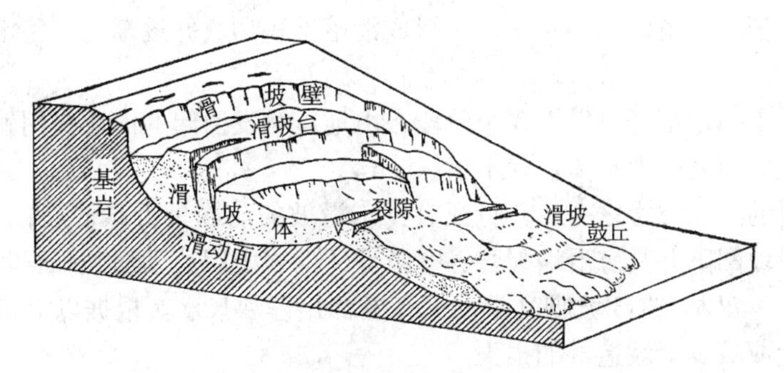


图3－8－5 滑坡综合图解

（据成都地质学院普通地质学教研室，1978）

滑坡作用通常要经过潜移变形、滑移破坏和趋向稳定3个演化阶段：

**潜移变形阶段**：滑坡发育初期类似于蠕动作用，主要是重力的作用导致滑坡体的缓慢下移，滑坡体的后部与滑坡壁逐渐分开，形成滑坡裂隙。坡脚先是潮湿然后渗出浊水，这表明滑动面已大部形成，但尚未全部贯通。

潜移变形阶段时间可短可长，短的仅有几天，长的可以数年甚至更长。如四川雅砻江1967年6月发生的崩落性大滑坡，早在1960年山体已经开始变形，经过长达7年的缓慢变形才发生大规模的滑坡。$6.8\times10^7m^3$ 的土石泻入河中，堆成高达175～355m的石坝，使雅砻江断流9天。随后，河水溢流溃坝，形成了水头高达40m的洪水，冲毁了下游的农田和房舍，因事先警报，幸无人员伤亡。

**滑移破坏阶段**：滑坡体继续向下滑落时，滑坡体与滑坡壁之间的裂隙越来越大，坡脚常渗出大股浑浊泉水，水的加入破坏了滑坡体与滑动面之间的联结力。当滑坡体与滑动面之间的摩擦力小于滑坡体重力的下滑分力时，滑坡就发生了，所以滑坡作用被认为是水－重力作用的典型。

2004年9月5日重庆万州区铁峰乡吉安村先后两次发生滑坡，滑坡后缘高程720m，前缘高程437m，滑坡长度1237m，宽度389m，滑坡厚度10～20m，滑坡总体积约 $9.60\times10^6m^3$，是在降雨诱发下形成的大型基岩滑坡。由于及时发现险情，及时组织撤离，避免了1250人的人员伤亡。是地质灾害群测群防的成功案例（图3－8－6）。

图3－8－6 万州区铁峰乡吉安村滑坡全景

**渐趋稳定阶段**：滑坡体向下运动到一定的位置受到地形的限制，如平缓的地形或河谷的阻隔等，动能消失，滑坡体停止运动，形成滑落堆积物，并逐渐趋于稳定，在新的条件下取得新的平衡。

滑坡作用并不一定都经过以上3个阶段，由地震触发引起的滑坡作用就没有阶段的划分，常常伴随地震而发生滑动体快速下滑。

滑坡是重要的地质灾害之一，其特征有：①滑坡的前缘呈舌状伸展，并涌起成鼓丘；后缘可以形成滑坡凹陷并具有滑坡裂隙；②滑坡体的岩土因扰动而破碎，其上的树木可形成东倒西歪的“醉汉林”；③坡脚（滑动面）常渗出浑浊泉水。根据以上特征应尽早做好预防预报，避免或减少滑坡造成的损失。

现代人工开山使山坡变陡，破坏了岩土内部的平衡，常因此引发滑坡，造成人为地质灾害。

常用的滑坡调查研究方法有：①遥感方法，通过遥感图像的解译判定滑坡；②工程地质勘测法，主要进行区域地质背景调查，岩体结构、力学特性调查，确定滑坡的平面分布、物质组成、滑面位置、滑动方向、总体特征和总体积等；③物探方法，利用专门的仪器对滑坡进行探测，以便确定滑坡的地质条件、范围和深度，测定滑坡的滑动现状、预测滑动破坏时间等。

对滑坡进行调查研究的目的是为了防治，避免滑坡灾害。对滑坡进行防治时一般应对症下药，综合治理。常用的滑坡防治方法有以下几种：①排截水工程，有外围截水沟、内部排水沟、排水盲沟、排水钻孔、排水廊道、灌浆阻水等；②卸荷减载工程，这是一种简便易行的方法，滑坡减重能减小滑体下滑力，增加滑坡体稳定性；③坡面防护工程，主要目的是防止水对坡面和坡脚的冲刷，又分为砌石和喷射混凝土、挡水墙和丁字坝等治理方法；④支挡工程，是治理滑坡经常采用的有效措施之一，主要包括：抗滑挡墙、抗滑桩和锚固（锚杆和锚索）等治理方法。

## （四）流动作用及泥石流灾害的识别

**流动作用**是指大量积聚的泥、粉砂、砂、岩石块等与水混杂在一起，在重力作用下，沿着斜坡（谷地）流动的过程。最典型的流动作用是岩石块、泥土和水的混合流动，称为**泥石流**。滑坡是以块体的形式运动，而泥石流则是以重力流（沉积物流）的形式运动。

图3-8-7　泥石流造成的破坏

### 1. 泥石流的特点

爆发突然，来势凶猛，历时短暂，具有强大的破坏力，常发生在降雨或融雪季节。一旦泥石流爆发，顷刻间，水夹杂着大量的泥石形成的山洪泥流，凶猛地沿山坡及沟谷倾泻直下，其中经常滚动着几十吨重的巨大石块。泥石流的“头”部可掀起十余米高的石浪，冲击崖坡、铲刮谷底，摧毁前面的一切障碍。数以亿计的土石方拥至山口平缓地区，冲毁道路、掩埋田园村庄，常给人民生命财产、国家经济建设带来很大危害（图3－8－7）。

1970年5月，秘鲁乌阿斯卡雷山区由于地震，触发巨大的冰崩雪崩，随即诱发了泥石流，使一座城市顷刻掩埋于乱石之下，2万居民来不及走避，造成极其严重灾害。1921年，苏联哈萨克斯坦天山北坡爆发泥石流，约$3\times10^6m^3$的沙泥石块冲进阿拉木图城，伤亡和损失极为严重。我国也是泥石流多发地区。

**2. 泥石流的形成条件**

形成泥石流必须具备三个基本条件：

（1）大量固体物质的供给。在爆发泥石流的沟谷附近，常因经历了强烈的构造运动（发生断裂和褶皱）使岩石破裂；或因冰川活动，风化和剥蚀作用等，使岩石破碎，形成大量松散堆积物。这些堆积物在重力作用下通过崩塌、滑坡等方式与水流混合，形成泥石流。

（2）较陡峻的沟谷地形。一条典型的泥石流，从上游到下游一般可以分出三个区段，像一条头大腰细尾巴散开的金鱼（图3－8－8）。

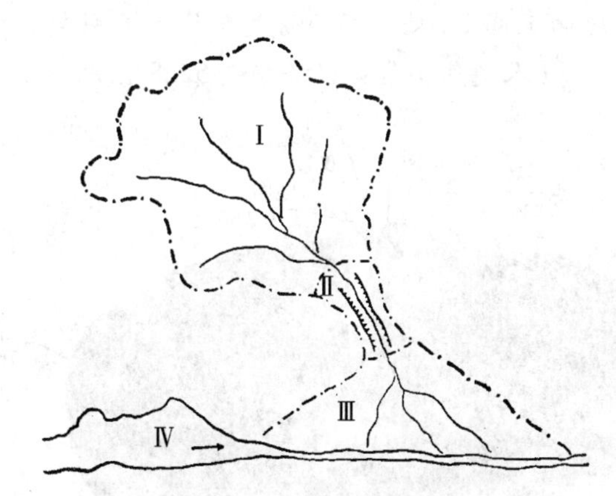


图3－8－8　泥石流示意图

（据成都地质学院普通地质学教研室，1978）

Ⅰ—形成区；Ⅱ—流通区；Ⅲ—堆积区；Ⅳ—湖泊。点划线为分区界线；锯齿线示峡谷

上游叫形成区，一般为多面环山、一面出口的圈椅形凹地。凹地内沟谷呈鸡爪状分布，深切分割着次一级山峰，地形陡峻，坡度在30°～60°以上。山体岩石破碎，聚集了大量风化岩屑，常形成巨厚的堆积物。

中游叫流通区，多为一个狭窄的沟谷，沟床一般为陡坎或瀑布，断面呈V字形。

下游叫堆积区，一般位于沟口平缓开阔地带，因动能聚减，形成泥石流堆积。其堆积物大小混杂无分选无层理，常具擦痕和撞击痕，往往形成扇形、垄岗状等乱石堆。

（3）短时间内有足够的水量供给。降雨或融雪使松散堆积物充分湿润饱和达到流塑状态，形成强大的水动力条件，是重力－水作用的典型。在山区，连续降雨之后，又遇暴雨时，最易爆发泥石流。而在高山冰川发育和积雪地区，泥石流的爆发常与突然增温、暴雨天气或雪崩有关。某些地区泥石流可以频繁发生，甚至一年内可发生多次。

泥石流的调查研究方法与滑坡调查相似。泥石流的防治一般采取生物措施和工程措施两类。生物措施是通过种植乔、灌木、草丛等植物，充分发挥其滞留降水、保持水土、调节径流等功能，从而达到预防和制止泥石流发生或减小其规模，减轻其危害程度的目的。

**3. 泥石流防治的工程措施**

在泥石流的形成流通堆积区内，采取相应的治理工程（如蓄水、引水工程，拦挡、支护工程，排导、引渡工程，停淤工程及改土护坡工程等），一般在沟谷上游以治水为主，中游以制土为主，而下游则以排导为主，以控制泥石流的发生和危害。

重力地质作用在海底也有极其广泛的分布。主要表现为海底滑坡、滑塌以及沉积物流。其规模往往比陆地上的大得多。浊流是水下重力地质作用最常见的形式（关于浊流的地质作用请参看学习情境3学习任务5）。

资料表明，全国共发育有较大型崩塌3000多处、滑坡2000多处、泥石流2000多处，中小规模的崩塌、滑坡、泥石流则多达数10万处。全国有350多个县的上万个村庄、100余座大型工厂、55座大型矿山、3000多千米铁路线受崩塌、滑坡、泥石流的严重危害。仅2012年除北京、上海和宁夏外，全国28个省（区、市）都发生了地质灾害，共发生14322起（图3－8－9）。其中，滑坡10888起、崩塌2088起、泥石流922起、地面塌陷347起、地裂缝55处、地面沉降22处，95.5%是自然因素引起、4.5%是人为因素诱发的，共造成375人死亡，259人受伤，直接经济损失52.8亿元。

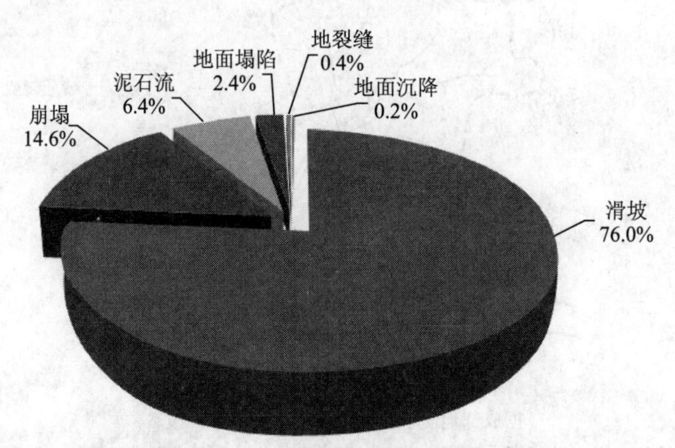


图3－8－9　2012年我国地质灾害类型

（据中国地质环境监测院）

这些触目惊心的数字说明，崩塌、滑坡、泥石流等地质灾害已经严重地危害和威胁着人类的生命财产安全，造成了巨大的经济损失，制约了社会经济的发展。必须采取有力措施减少人为破坏，加强地质灾害预报、预防工作，尽量减轻灾害造成的损失。

## 复习思考题

1. 水在重力地质作用中起着何种作用？
2. 滑坡形成的条件有哪些？有何识别标志？
3. 泥石流形成的条件是什么？与洪流有何差别？

# 学习任务9　成岩作用与沉积岩的识别

**【任务描述】**高山为什么昂然挺拔？平原为什么广漠低平？因为山地是由坚硬的岩石构成的，平原却是由松散冲积物堆积起来的。地表各种松散沉积物，只有经过固结成岩作用之后，才能形成坚硬的沉积岩。沉积岩是陆地表面分布最广（约占75%）的岩石，是前面所述各类外力地质作用保留下来的物质记录。通过沉积岩的识别，可以恢复工作区古地理、古气候环境，分析区内构造运动特征，建立地层年代顺序，寻找外生矿产，总结工作区地球历史变化发展情况，是野外地质工作的基本技能和任务。

**【学习目标】**掌握成岩作用类型及其产物；了解沉积环境、沉积相与外生矿床的一般类型；重点掌握地壳表层物质演变与外力地质作用的关系，沉积岩的特征、分类以及岩石的识别方法，基本能够识别几种常见的沉积岩。为后续课程“岩石学”“矿床类型识别”打下良好基础。

**【知识点】**成岩作用类型：压固脱水作用、胶结作用、重结晶作用、微生物及有机质的作用；沉积岩识别特征：颜色、结构（碎屑结构、泥质结构、晶粒结构和生物结构）、构造（层理构造：水平层理、斜层理、交错层理、递变层理，层面构造：波痕、泥裂等）；沉积岩分类：碎屑岩、泥质岩、碳酸盐岩；沉积环境与沉积相：陆相、海陆过渡相和海相；外生矿床类型：风化矿床、沉积矿床。

**【技能点】**沉积岩、沉积相的识别。

## 一、成岩作用的一般特征

在自然界中，岩石的风化剥蚀产物经过搬运、沉积而形成松散的沉积物，这些松散沉积物必须经过一定的物理、化学以及其他的变化和改造，才能固结形成坚硬的岩石。这种使各种松散沉积物变为坚固岩石的作用叫作**成岩作用**。广义的成岩作用还包括沉积过程中以及固结成岩后所发生的一切变化和改造。成岩作用主要包括以下几种方式（图3-9-1）。

### （一）压固脱水作用

在沉积物不断增厚的情况下，下伏沉积物受到上覆沉积物的巨大压力，使沉积物孔隙度减少，体积缩小，密度增大，水分排出，从而加强颗粒之间的联系力，使沉积物固结变硬。压固作用不仅可以排出沉积物颗粒间的附着水，而且还使胶体矿物和某些含水矿物产生失水作用而变为新矿物，例如蛋白石（$SiO_2 \cdot nH_2O$）变成玉髓（$SiO_2$），褐铁矿（$Fe_2O_3 \cdot nH_2O$）变为赤铁矿（$Fe_2O_3$），石膏（$CaSO_4 \cdot 2H_2O$）变为硬石膏（$CaSO_4$）等。矿物脱水后，一方面使沉积物体积缩小，另一方面使其硬度增大。

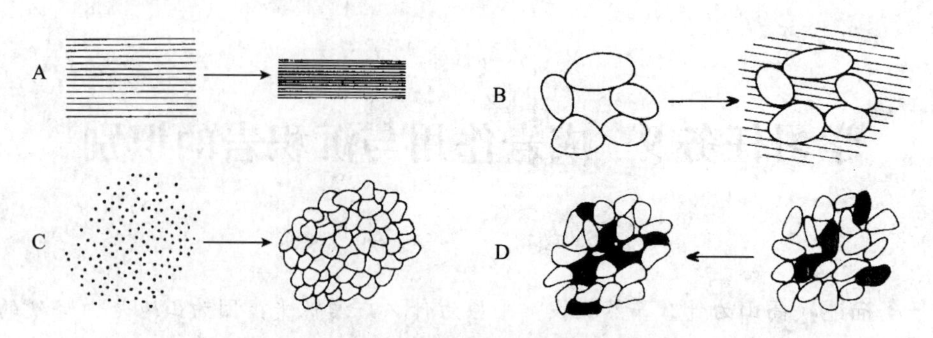


图3－9－1　固结成岩作用的几种途径

（据夏邦栋，1995）

A—压固作用；B—胶结作用；C—重结晶作用；D—新矿物生长

压固脱水作用是泥质沉积物成岩过程中的主要作用，其孔隙度可以由80%减少到20%。同时，上覆岩石的压力使细小的黏土矿物形成定向排列，从而常使黏土岩具有清晰薄层层理（页理构造）。

### （二）胶结作用

碎屑沉积物中有大量的孔隙，在沉积过程中或在固结成岩后，孔隙被矿物质所填充，从而将分散的颗粒黏结在一起，称为胶结作用。常见的胶结物有硅质（$SiO_2$）、钙质（$CaCO_3$）、铁质（$Fe_2O_3$）、黏土质、火山灰等。这些胶结物质可以来自沉积物本身，也可以是由地下水带来的。砾岩和砂岩就是砾石和砂粒经胶结作用形成的，所以胶结作用是碎屑岩的主要成岩方式。

### （三）重结晶作用

沉积物在压力和温度逐渐增大情况下，产生压溶和固体扩散等作用，导致物质质点重新排列组合，使非晶质变成晶质，细小的晶粒变成粗大的晶粒，这种作用称重结晶作用。重结晶后的岩石，孔隙减少，密度增大，岩石更趋致密坚硬。重结晶作用是各类化学岩、生物化学岩普遍而重要的成岩方式。

### （四）微生物及有机质的作用

原生沉积物中一般含有大量的微生物，有喜氧的、有厌氧的，因而常改变溶液的酸碱度和氧化还原环境，使溶液中某些物质沉淀或结晶形成岩石。例如Fe、Mn、Cu等金属硫化物、氢氧化物的形成就与细菌活动有一定的关系。

## 二、沉积岩特征的识别

沉积岩是由沉积物在一定的埋藏条件下，经过复杂的成岩作用所形成的层状岩石。是否经过固结是沉积岩与沉积物的根本区别。不同的环境条件下形成不同的沉积岩，岩石中的矿物成分、颜色、结构、构造、生物（化石）等特征往往具有较大的差异，是识别沉积岩的重要依据。

## （一）沉积岩中的矿物特征

沉积岩物质的来源很多，但主要来自于先成岩石（岩浆岩、变质岩和先成的沉积岩）风化、剥蚀作用的破坏产物，因此沉积岩中的常见矿物有石英、白云母、黏土矿物、钾长石、钠长石、方解石、白云石、石膏、硬石膏、赤铁矿、褐铁矿、玉髓、蛋白石等。

沉积岩是在常温、常压条件下由外力地质作用形成的。那些只能形成于高温条件下的矿物，如岩浆岩中常见的橄榄石、辉石、角闪石、黑云母、中性及基性斜长石等，在外力地质作用下不能生成，也难以抵抗外力地质作用的破坏而长期稳定存在；相反，石英、钾长石、钠长石及白云母等，具有适应温度变化的能力且化学性质较稳定，因而它们是岩浆岩与沉积岩共有的矿物；而黏土矿物、石膏、硬石膏、方解石以及白云石等则是在地表条件下形成的沉积岩特征性矿物，在岩浆岩中一般难以出现甚至不能存在。因此，岩石中矿物成分及其组合特征是识别岩石的重要依据。

## （二）沉积岩的颜色特征

沉积岩形成于地表及其附近，受当时的古地理古气候等环境控制，因此具有各种各样的颜色。其颜色主要决定于它的岩石成分和沉积时的古地理环境，是沉积岩命名的依据之一，是野外岩石命名必不可少的内容。例如，由石英颗粒组成的石英砂岩，多为白色、灰白色；由正长石颗粒组成的长石砂岩，常显示肉红色、黄白色。有时岩石的颜色是由于其中混入的某些微量成分染色而呈现的，往往反映了形成时的古气候等环境特征。例如岩石中含有少量的 $Fe_2O_3$，就会呈现红色，说明当时为气候干燥炎热的氧化环境；如含有少量的 FeO，就会呈现绿色；含有微量 $MnO_2$，便会呈现黑褐色；含有一些有机碳质，常常呈现灰、黑色，说明当时为温暖潮湿的还原环境；高价铁与低价铁的比例不同，又会呈现紫红、棕红、绿灰、黑色等。有时岩石的颜色是在成岩后经受风化作用所产生的次生色，例如岩石中含有黄铁矿，在风化过程中可以变成褐铁矿，从而把岩石染成黄褐色。次生色的特点是颜色深浅不均，分布不均，或者呈斑点状。

描述岩石的颜色，常用复合名称描述，次要颜色在前，主要颜色在后，有时还加上深浅表示程度，如紫红色砂岩、蓝灰色页岩、浅灰色白云岩等。

## （三）沉积岩的结构特征

沉积岩的结构指沉积岩颗粒的性质、大小、形态及其相互关系。主要有碎屑结构、泥质结构、化学结构和生物结构。这些结构是识别划分沉积岩的重要依据。

### 1. 碎屑结构

碎屑结构通常由两部分物质组成，即碎屑物和胶结物。碎屑物可以是岩石碎屑、矿物碎屑、生物碎屑以及火山碎屑等。胶结物质指填充于碎屑孔隙之间的物质如钙质、硅质、铁质以及石膏、海绿石和有机质等。此外，在粗碎屑孔隙间填充了细碎屑物质（细砂、粉砂、泥等），这种细碎屑填充物质又称为杂基或基质（图3－9－2）。

碎屑物有不同的大小、形状及组成，是碎屑岩进一步分类命名、描述鉴定的依据。

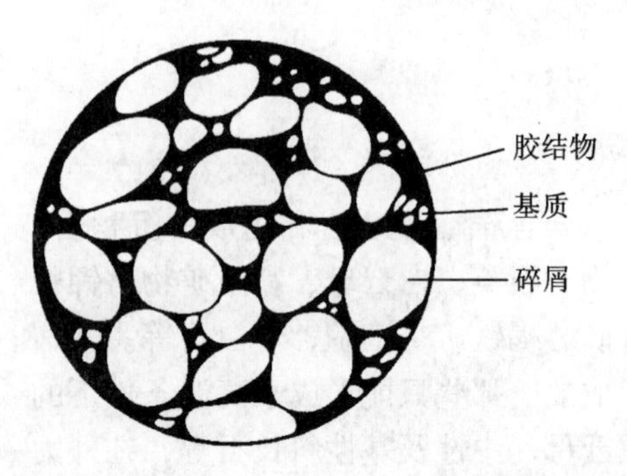

图3-9-2　碎屑、基质和胶结物
（据夏邦栋，1995）

**粒度**：碎屑颗粒的大小称为粒度。按碎屑粒径大小可分为：

砾状结构　　粒径 >2mm

砂状结构　　粒径 2~0.05mm

粉砂状结构　　粒径 0.05~0.005mm

**分选性**：碎屑颗粒粗细的均匀程度。大小均匀者，为分选良好；大小混杂者，为分选差。

**磨圆度或圆度**：碎屑颗粒棱角的磨损程度。棱角全部磨损者称为圆形；棱角大部分磨损者称为次圆形；棱角部分磨损者称为次棱角形；棱角完全未磨损者称为棱角形。

**2. 泥质结构**

泥质结构是指由极细小（<0.005mm）的黏土矿物所组成的、比较致密均一和质地较软的结构。有时见有鲕状及豆状结构，是在沉积过程中黏土质点围绕核心凝聚而成的同心圈层结构。黏土矿物在沉积过程中常平行定向排列（因黏土矿物多呈薄片状、层状），层层积累。故多具清楚的薄层理构造。

**3. 化学结构（晶粒结构）和生物结构**

由各种溶解物质或胶体物质沉淀而成的化学沉积岩常具有化学结构，如某种化学成分沉淀后，在一定条件下常同时结晶，形成等粒他形结构。此外，某些岩石由呈生长状态的生物骨骼构成格架（如珊瑚等），格架内部充填以其他性质的沉积物，称为生物骨架结构。

## （四）沉积岩的构造特征

沉积构造是指沉积岩形成时所生成的各个组成部分的空间分布和排列形式。它不仅构成沉积岩的重要宏观特征，而且还反映了沉积岩的形成环境。有以下主要类型：

**1. 层理构造**

**层理**：是因不同时期沉积作用的性质变化，使沉积岩的颜色、矿物成分、碎屑的特征及结构等在垂直方向上表现出的成层现象。是沉积岩最特征、最基本的沉积构造。层理中各层纹相互平行者称为水平层理，层纹倾斜者称为斜层理，相互交错者称为交错层理（图3-9-3）。

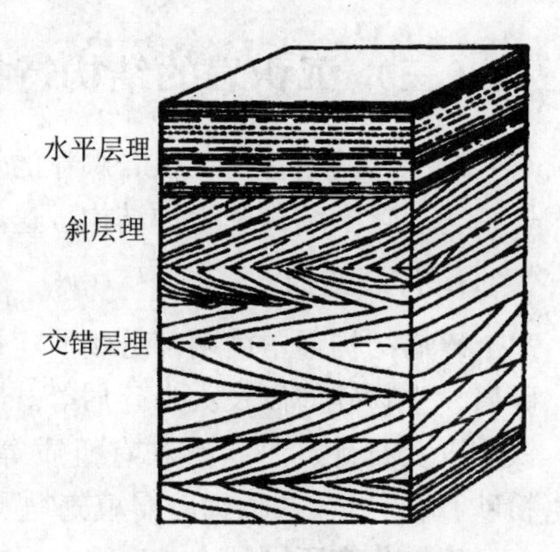

图3-9-3　层理的类型

**层面**：分隔不同性质沉积层的顶、底界面称为层面。该沉积层就称为岩层。沿岩层层面往往最易劈开。层面可以是平的，也可以是波状起伏的。

**岩层厚度**：岩层的顶面和底面的垂直距离称为岩层厚度。层厚可以薄如纸，也可厚达1m以上。层厚可以反映在单位地质时间内沉积的速度及沉积环境的变化频率。根据层厚可以分为：

块层　　　厚度 >1m

厚层　　　厚度 1 ~0.5m

中厚层　　厚度 0.5 ~0.1m

薄层　　　厚度 0.1 ~0.01m

微层　　　厚度 <0.01m

岩层的厚度在横向上常有变化，只是有的变化较小较稳定，有的则逐渐变薄，甚至消失尖灭。

**夹层与互层**：如果大多数为岩性基本均一的岩层，中间有少量其他岩性的岩层，称为夹层，如砂岩夹页岩，炭质页岩夹煤层等；如果岩层由两种以上不同岩性的岩层交互组成，则称为互层，如砂、页岩互层，页岩、灰岩互层等。夹层和互层反映构造运动或气候变化所导致的沉积环境的变化。

**递变层理**：在一个层内碎屑颗粒粒径由下向上逐渐变细（图 3 –9 –4）。它的形成常常是因沉积作用发生在水流速度和强度逐渐减弱的情况下。如果出现相反的情况，即同一层内碎屑颗粒由下往上逐渐变粗者，称为反递变层理。

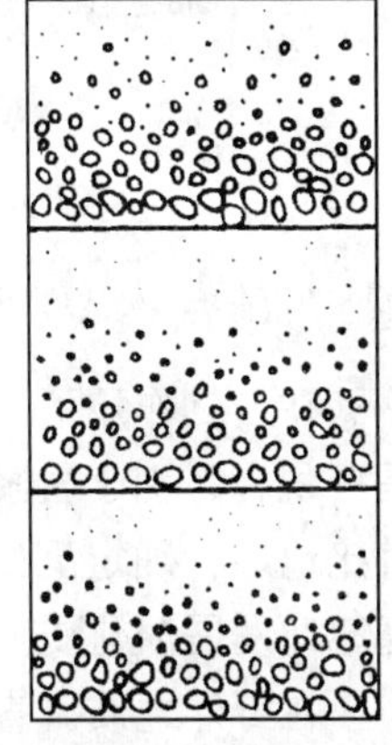

图 3 –9 –4　递变层理

（据夏邦栋，1995）

**2. 层面构造**

在沉积岩层面上常保留有各种自然作用产生的一些痕迹，是恢复岩层沉积时的地理环境的重要依据。

**波痕**：由流水、波浪、潮汐、风力等作用产生的波浪状构造，保留在碎屑岩层的顶面（化学岩中少见），最常见的是流水波痕和浪成波痕。波痕反映浅水（河流、滨海、湖滨等）沉积环境（图 3 –9 –5）。

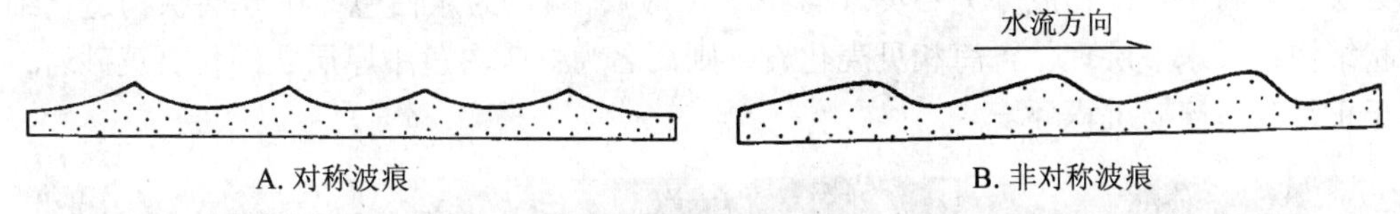


图 3 –9 –5　波痕

（据夏邦栋，1995）

**泥裂**：是滨海或滨湖地带泥质沉积物暴露水面后失水变干收缩而成，由岩层表面垂直向下的多边形裂缝。裂缝向下呈楔形尖灭。刚形成的泥裂是空的，地质历史中形成的尾裂均已被砂或其他物质所填充（图 3 –9 –6）。利用泥裂可以确定岩层的顶底，即裂缝开口方向为顶，裂缝尖灭方向为底。泥裂常指示海滨、河床、湖滨等浅水环境及阳光充足的干燥气候条件。

**3. 结核**

在沉积岩中某种成分的物质聚积而成与围岩成分有明显区别的团块，称为结核。其形状有球状、椭球状、透镜体状、不规则状等。其内部构造有同心圆状、放射状等。如石灰岩中常见的燧石结核，含煤沉积物中的黄铁矿结核。

图3-9-6　现代泥裂（A）和岩石中泥裂（B）

（引自 C. K. Seyfert & L. A.，Sirkin，*Earth History and Plate Tectonics*）

## （五）沉积岩中的生物（化石）特征

在自然作用下，保存在沉积岩中的古生物遗体或遗迹，称为**化石**（图3-9-7）。这是沉积岩区别于岩浆岩类的重要特征之一。根据化石可以研究生物的演化规律，进行划分对比地层，确定沉积岩的形成时代，而且还可以了解和恢复沉积时的地理、气候环境，恢复地球发展演化史。

在野外地质调查工作中，首要任务是识别岩石，其识别方法就是观察认识描述记录岩石中的矿物成分、颜色、结构、构造、生物（化石）等特征，然后确定详细的岩石名称。命名原则为：**颜色+构造、结构+次要矿物+主要矿物+岩石基本名称**。例如，在野外见到某层的岩石中，矿物成分为石英（含量>90%），颜色为灰白色，中厚层状构造，细粒砂状结构，具水平层理，含海相贝壳化石，则命名为：灰白色中厚层状细粒石英砂岩，形成于正常浅海碎屑沉积环境。

图3-9-7　沉积岩中的化石

# 三、沉积岩的分类及常见沉积岩的识别

## （一）沉积岩的分类

沉积岩按成因及结构，可以分为五大类：陆源碎屑岩类、火山碎屑岩类、泥质岩类、碳酸盐岩类及其他岩类。再按粒度、成分、固结程度等细分（表3－9－1）。

表3－9－1　沉积岩的分类

| 陆源碎屑岩（按粒度） | 火山碎屑岩（按粒度） | 泥质岩类（按固结程度） | 碳酸盐岩类（按成分） | 其他岩类（按成分） |
|---|---|---|---|---|
| 砾岩（>2mm） | 集块岩（>64mm） | | | 铝质岩 |
| 砂岩：粗砂（2～0.5mm） | | 黏土 | 石灰岩 | 铁质岩 |
| 砂岩：中砂（0.5～0.25mm） | 火山角砾岩（64～2mm） | | 白云岩 | 锰质岩 |
| 砂岩：细砂（0.25～0.05mm） | | 泥岩 | 泥灰岩 | 硅质岩 |
| | | | 介壳灰岩 | 磷质岩 |
| 粉砂岩（0.05～0.005mm） | 凝灰岩（<2mm） | 页岩 | | 蒸发岩 |
| | | | | 可燃有机岩 |

## （二）常见沉积岩的识别

### 1. 陆源碎屑岩类

这一类岩石是由母岩风化和剥蚀作用的碎屑物质所形成的岩石，具碎屑结构。根据粒度分为砾岩、砂岩、粉砂岩。

**砾岩、角砾岩**：由直径在2mm以上的碎屑（含量大于50%）组成的岩石。砾石为圆形或次圆形者为砾岩，砾石为棱角形或半棱角形者为角砾岩。根据砾石成分进一步定名。如砾石主要为石英者，称为石英砾岩（角砾岩）；砾石成分复杂时称为复成分砾岩（角砾岩）（图3－9－8）。

形成环境：洪流、河流、冰川、滨海、断层等。

图3－9－8　砾岩、砂岩、页岩、石灰岩（从左至右）

**砂岩**：由2～0.05mm的碎屑（含量大于50%）胶结而成的岩石。碎屑成分主要为石英、长石、岩屑（生物碎屑）。按照碎屑粒径大小可分为粗粒砂岩（2～0.5mm），中粒砂岩（0.5～0.25mm），细粒砂岩（0.25～0.05mm）。砂岩的进一步定名应根据颜色、碎屑成分、胶结物或基质成分、碎屑粒径综合考虑。如岩石颜色为灰白色，碎屑主要是石英，其次为长石，胶结物为$CaCO_3$，粗粒碎屑，则定名为灰白色钙质长石石英粗砂岩；岩石中碎屑主要为石英，其次为岩屑，基质为黏土质，粗粒碎屑，则定名为灰白色黏土质岩屑石英粗砂岩。在野外多数情况下，胶结物或基质成分肉眼难以确定，可根据碎屑特征定名，如称为紫红色长石细砂岩，灰白色岩屑石英细砂岩等。当碎屑成分与胶结物成分肉眼都难以判别时，也可以仅根据颜色命名，如紫红色砂岩、灰绿色砂岩、灰黑色砂岩等。

形成环境：洪流、河流、湖泊、风积、滨海、浅海、半深海等。

**粉砂岩**：由0.05~0.005mm的碎屑胶结而成的岩石。碎屑成分以石英为主，次为长石，并有较多的云母和黏土类矿物，胶结物以铁质、钙质、黏土质为主。其进一步定名的原则与砂岩相同，但一般着重考虑其颜色与胶结物成分。

形成环境：洪流、河流、湖泊、冰水湖、风积、滨海、浅海等。

**2. 泥质岩类**

泥质岩是由黏土矿物组成并常具有泥质结构（粒径$<0.005$mm）之岩石。黏土矿物主要来源于母岩的风化产物，即陆源碎屑黏土矿物。主要矿物有高岭石、水云母、蒙脱石等，结晶微小（0.001~0.002mm），多呈片状、板状、纤维状等。除了黏土矿物外，泥质岩中可以混有不等量的粉砂、细砂以及$CaCO_3$、$SiO_2$、$Fe_2O_3 \cdot nH_2O$等化学沉淀物，有时含有机质。

泥质岩在沉积岩中分布最广。性软，抗风化能力弱，在地形上常表现为低山低谷。按固结程度分为：

**页岩**：固结较好，具薄层状页理构造，往往致密不透水，常保存有良好的动植物化石。

**泥岩**：固结中等，中厚层状、致密、页理不发育。

**黏土**：固结较差，细腻质软，颜色浅淡为主。典型代表有高岭土、膨润土等。

泥质岩常含有一定量的混入物，可有各种颜色：含有机质者呈黑色，含氧化铁者呈红色，含绿泥石、海绿石等呈绿色，是泥质岩描述、命名和恢复古环境的依据之一。如紫红色铁质页岩、黑色炭质页岩、黄褐色钙质泥岩、灰白色黏土等。

形成环境：洪流、河流、冰水湖、湖泊、风成黄土、滨海、浅海、半深海、深海等。

**3. 碳酸盐岩类**

这类岩石是由方解石和白云石等碳酸盐矿物组成的沉积岩。成分常较单一，具有结晶粒状结构、隐晶质结构、鲕状结构、豆状结构或具有生物结构、生物碎屑结构等。主要岩石类型为石灰岩和白云岩。

**石灰岩**：主要由方解石矿物组成。颜色常为灰色、灰黑色或灰白色；性脆，硬度小于小刀；滴盐酸剧烈起泡。由于石灰岩易溶，在石灰岩发育地区常形成石林、溶洞等喀斯特地貌。根据结构和成因分为：化学石灰岩、结晶灰岩、生物碎屑灰岩（礁灰岩）、鲕状灰岩、竹叶状灰岩（砾屑灰岩）。石灰岩是生产石灰、水泥的主要原料（图3-9-8）。

形成环境：湖泊、滨海、浅海等。

**白云岩**：主要由白云石矿物组成。颜色常为浅灰色、灰白色，少数为深灰色；硬度较石灰岩略大，遇稀盐酸不起泡或微弱起泡；岩石风化面上常具刀砍状溶沟。按结构分为：

碎屑白云岩、微晶白云岩、结晶白云岩等。按成因可分为：原生白云岩、交代白云岩（或次生白云岩）等。原生白云岩是在干热气候条件下的咸水湖、海环境的产物，具有一定的指相意义。

形成环境：湖泊、滨海、浅海等。

石灰岩与白云岩的化学成分相近，形成条件有密切联系，因而在石灰岩和白云岩之间，因方解石、白云石二者含量比例不同，可有多种过渡岩石：石灰岩－含白云质灰岩－白云质灰岩－灰质白云岩－含灰质白云岩－白云岩等。两者之间鉴别要点是：遇冷的稀盐酸后，前者起泡较强烈，后者微弱起泡。

## 四、沉积环境与沉积相的识别

**沉积环境**：是指一个具有独特的物理、化学和生物条件的自然地理单元（如河流环境、湖泊环境、浅海环境等，图3－9－9）。

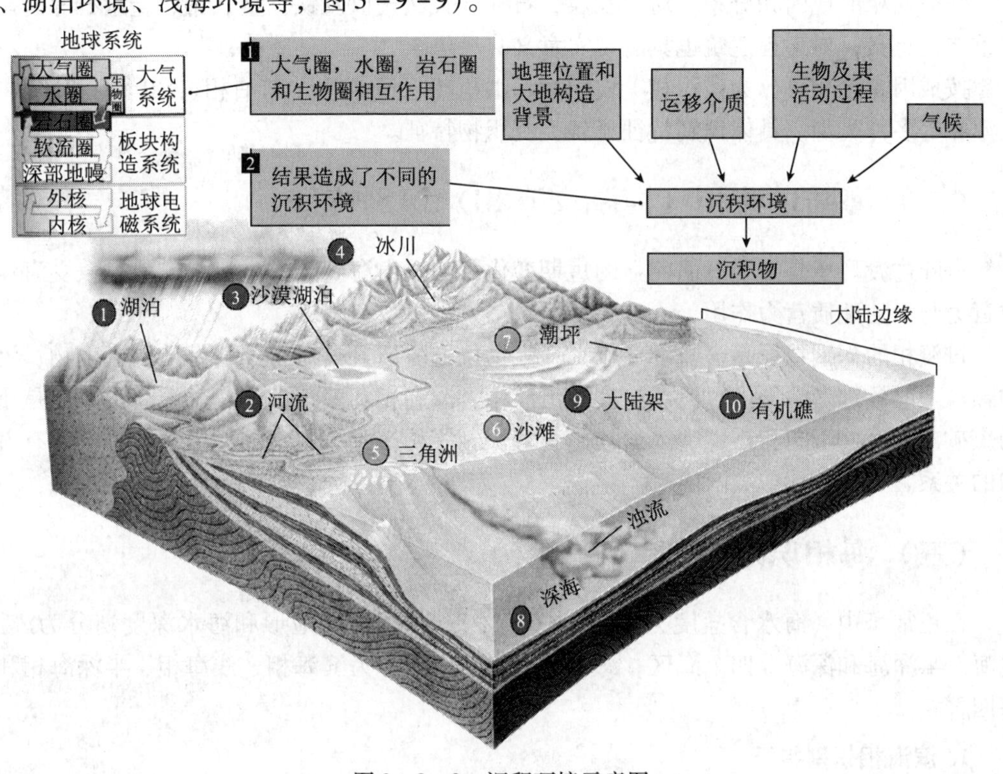


图3－9－9　沉积环境示意图

（据徐士进，2000）

**沉积相（也称岩相）**：是特定的沉积环境的物质表现，即在特定的沉积环境中形成的岩石特征和生物特征的综合。沉积相在横向上（空间上）和纵向上（时间上）的变化称为相变。

沉积相的主要识别标志有：①沉积岩的组分，如海绿石、磷块岩、鲕状赤铁矿、鲕绿泥石和针铁矿等只能在特定的海洋环境中以自生矿物形式出现；②沉积岩的结构，如颗粒大小、磨圆度、分选性等反映搬运距离和沉积环境；③沉积岩的构造，如层理、波痕、生物遗迹、干裂、结核等，提供了搬运介质（水、风、冰等）性质及其运动状况的信息；④生物（化石）门类及其生态组合，如海洋生物化石、陆生生物化石等，可以有效地鉴别海洋或大陆环境。

沉积相一般可分为陆相、海陆过渡相和海相三大类型，识别特征如下：

## （一）陆相识别特征

大陆上地形复杂，气候变化大，沉积介质多样，因而陆相沉积类型繁多。陆相沉积在空间分布上是不稳定的，相变更为显著。同时代沉积物，即便在小范围内也常常是不连续的。

陆相识别特征为：沉积物一般以碎屑物和黏土为主，除大型湖泊外，化学沉积少见。沉积物层理和结构、构造类型多种多样。陆相沉积物中含有淡水生物和陆生植物遗体（化石）。

研究陆相的成因和分布，对寻找煤、石油、天然气以及铁、金、铂、金刚石等砂矿有着重要的意义，对工程建筑也具有现实意义。

按成因，陆相可分为残积相、坡积相、洪积相、河流相、湖泊相、沼泽相和冰川相、荒漠相等多种类型。具体识别特征见各类沉积物特征。

## （二）海陆过渡相（海陆交互相）识别特征

海陆过渡环境是指受海面明显的短期变化影响，由海到陆的过渡地带，它兼受海洋地质营力与大陆地质营力作用。

过渡相的识别特征是含盐度变化大；生物化石少而且具有特殊的海陆混合生物；沉积物颗粒一般较细。常见的过渡相有滨海沼泽相、潟湖相和三角洲相。①滨海沼泽相是重要的煤矿产地；②潟湖相产钾盐、岩盐、石膏、硼等矿产；③三角洲相与石油等矿产有着密切的关系。

## （三）海相识别特征

在正常海中（海水含盐度为3.5%±0.2%），根据海底地形和海水深度划分为滨海、浅海、半深海和深海等四个海区；海相沉积也相应地分为滨海相、浅海相、半深海相和深海四种相型。

### 1. 滨海相识别特征

滨海区位于潮汐地带，波浪作用强烈，环境动荡，不适宜生物生长。沉积物比较复杂，以碎屑（砾石、砂、粉砂）沉积为主，其次有黏土质及少量碳酸盐岩。常见到的岩石有砾岩、砂岩、粉砂岩等；岩层呈似层状、透镜状；化石少，保存不完整，有时夹有陆生生物；常见到交错层、波痕、雨痕和泥裂等原生构造。滨海相有关的矿产有石油、天然气等。

### 2. 浅海相识别特征

浅海区位于大陆棚地带，地势平坦，水深0～200m，是海生生物的乐园。沉积物除砂、粉砂和黏土质外，有大量的碳酸盐沉积。常见到的岩石有化学和生物化学成因的碳酸盐岩、碎屑岩和黏土岩类。常具特有的礁灰岩和海绿石矿物；岩层稳定，一般为水平层理；化石丰富，生物门类众多；常见有鲕状、豆状、肾状以及竹叶状等原生结构。主要有铁、锰、磷、铝等沉积矿产。

**3. 半深海相识别特征**

半深海区位于大陆斜坡地带，水深在200～2000m之间。水深，光线不能透射，温度低而食物少，不适于底栖生物生存。生物少，以浮游生物为主。沉积物为黏土质和碳酸盐类，常见岩石为黏土岩和化学岩，化石稀少。

**4. 深海相识别特征**

深海区位于深海盆地，水深大于2000m。这里黑暗无光，温度低而压力大，仅有少量漂浮生物。沉积物主要为深海黏土和生物软泥。近大陆斜坡可见浊流沉积物，为陆源碎屑沉积物与深海软泥互层，形成由粗到细的韵律性重复变化。常见岩石为黏土岩和浊积岩，化石极为稀少。

沉积相和相变的研究（**岩相分析**）是再造古地理的基本手段。对某一地区从老到新的全部地层进行岩相分析，可以得出该地区沉积环境，即古地理的变迁史；而对不同地区、同一时代地层岩相及岩相变化的研究，就能重建该时代的地理景观（图3－9－10）。

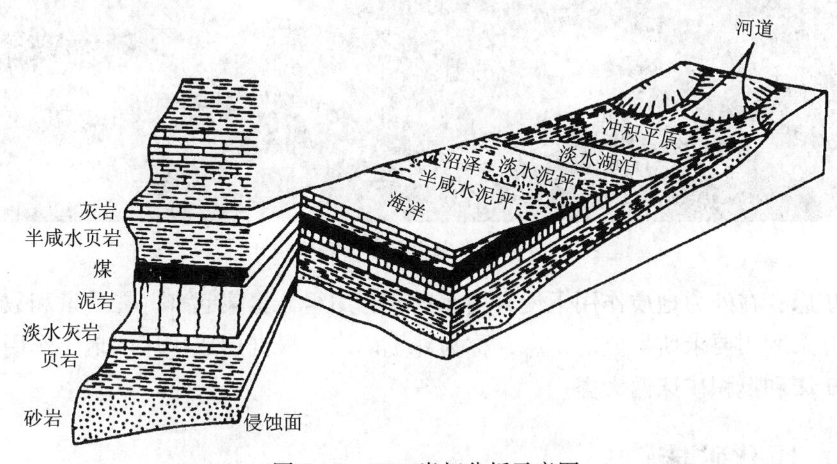


图3－9－10　岩相分析示意图

对某一地区特定地质时期的地层分布及其沉积相类型进行详细研究后，就可以了解当时的海陆分布、地形、气候及生物等特征，用简明的图例将这些岩相分析成果表示在一定比例尺的地理底图上，就构成了一幅岩相古地理图。它对于研究古地理、古气候环境，总结大地构造演化规律，恢复地球发展历史并指导找矿具有特别重要的意义。

## 五、外生矿床及其特征识别

### （一）矿石与矿床

**矿石：**地壳中的岩石，都或多或少地含有有用矿物。大多数含量太低，一般无法利用。如花岗岩中含有磁铁矿，但含量极少，不能当作铁矿石开采。只有其含量较高时，达到当前技术经济条件下所能利用的程度，这种含有用矿物的岩石就称为矿石。当然这只是相对而言，随着科学技术的发展，当前暂不能利用，也许以后能够利用，那时就成为矿石了。

**矿床：**有矿石存在并不一定就是矿床，一般称为矿点或找矿远景区。只有经过地质勘查确定其储量多少，进行经济评价，看它是否符合工业开采要求。因此，矿床是在一定地质作用下形成的，在质量和数量上都能满足当前开采利用要求的有用矿物的富集地段（图3-9-11）。

图3-9-11　山西安太堡露天煤矿

**外生矿床：**在外力地质作用下使有用元素或有用组分聚集起来，在质量和数量上都能满足当前开采利用要求所形成的矿床，称为外生矿床。根据形成矿床的地质作用不同，可分为风化矿床和沉积矿床两大类。

## （二）风化矿床

岩石在风化作用过程中，其中某些稳定的有用组分残留在原地或原地附近富集起来所形成的矿床，称为**风化矿床**。根据风化作用类型、风化物质、聚积地点和方式，大体分为残坡积矿床、残余矿床和淋积矿床。

**残坡积矿床和残余矿床：**岩石经风化作用形成的风化产物，其中一部分残留、残余物未经搬运而停留原地或附近斜坡上，如果其中有用物质相对集中，就可形成残坡积或残余矿床（图3-9-12，图3-9-13）。此类矿床的形成与风化作用的类型及其下伏基岩的性质有十分密切的关系（表3-9-2）。

**淋积矿床：**岩石风化产物中易溶于水的物质，随地表水深入地下，在适当条件及一定地段，经交代或沉淀作用而使有用物质集中，就可形成淋积矿床。常形成铜、铀、镍、铁、锰、磷、钒等矿床。例如某些金属硫化物（黄铜矿、黄铁矿、方铅矿、闪锌矿等），

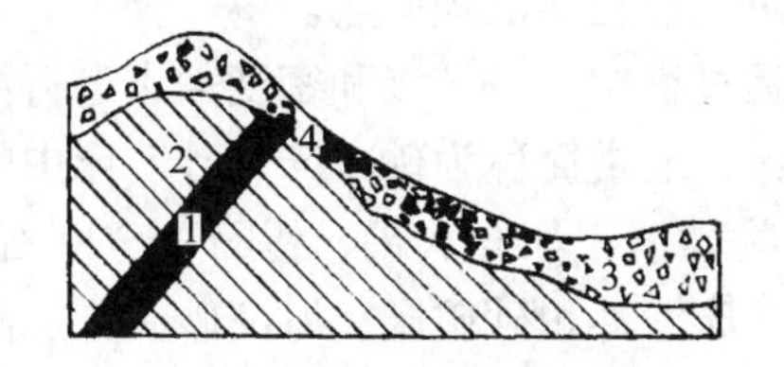


图3-9-12　金矿脉及残积坡积砂矿
（据宋春青，2005）
1—金矿脉；2—基岩；3—风化碎屑堆积物；
4—残、坡积砂矿床

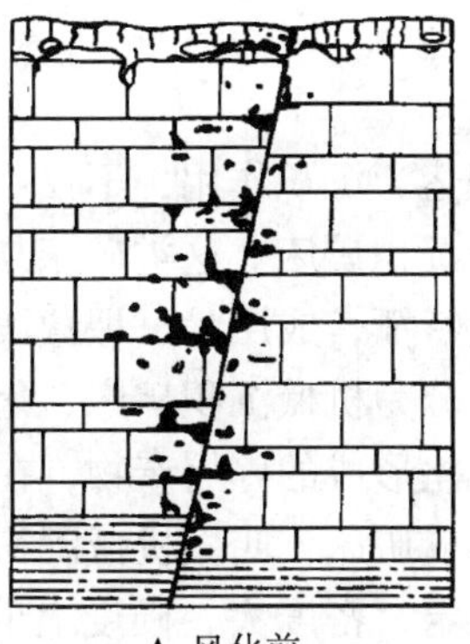

A. 风化前

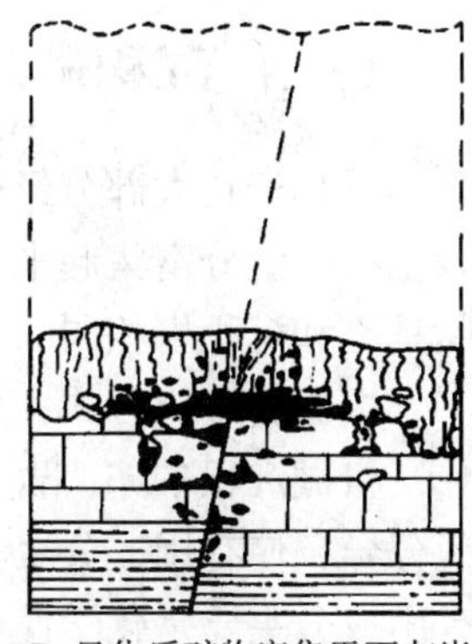

B. 风化后矿物富集于石灰岩溶蚀后的残积物中

图3-9-13　石灰岩中的不溶矿物形成的残余矿床示意图
（据宋春青，2005）
黑色部分代表不溶矿物

**表3-9-2　风化矿床类型及其与原岩的关系**

| 原　岩 | 风化矿床类型 |
|---|---|
| 超基性岩浆岩 | ①红土型 Ni-Co 矿床；②Pd-Pt 矿床；③红土型 Fe 矿床 |
| 古老的浅变质条带状铁质岩 | 风化壳型富 Fe 矿床（可形成大型矿床） |
| 基性岩（玄武岩） | 红土型铝土矿床 |
| 碱性岩（霞石正长岩） | 红土型优质铝土矿床 |
| 酸性侵入岩及火山岩 | ①稀土元素矿床；②高岭土矿床；③残坡积砂矿 |
| 碳酸盐岩类 | ①淋积型 Fe 矿床；②铝土矿床 |

在淋滤作用下往往使硫化矿床发生次生富集作用，大大提高矿床的品位和开采价值，因此这种淋滤成矿作用对于硫化物矿床特别是铜矿床具有重要的意义。我国祁连山区的黄铁矿型铜矿床，就有明显的分带，在次生富集带里形成了各种的富矿石（图3-9-14）。

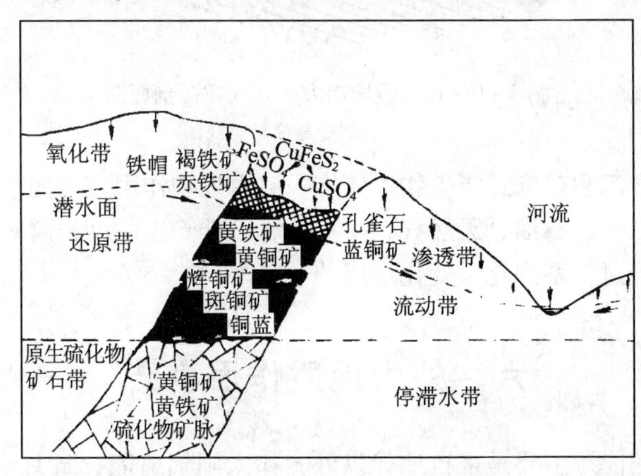


图3-9-14　硫化物铜矿床表生变化及分带示意图
（据宋春青，2005）

### （三）沉积矿床

风化产物大部分经过搬运、沉积作用，不仅可以形成沉积岩，而且通过沉积分异作用能使有用组分富集起来形成沉积矿床。这类矿床与沉积岩的形成条件和过程是一致的，因此具有和沉积岩相同的一般特征，成层状、埋藏浅、规模大、易于开采，经济价值高。

根据其形成方式，可以分为机械沉积矿床、化学及生物化学沉积矿床。

**机械沉积矿床**：岩石风化形成的碎屑产物，在搬运过程中，按粒级和密度大小进行沉积分异，使有用成分聚集形成矿床，叫做机械沉积矿床，通常简称为**砂矿床**。砂矿床中的有用成分主要是化学性质稳定、密度大、硬度大的矿物碎屑，如金、铂、锡石、金刚石、磁铁矿等。根据砂矿床的形成条件，可以分为洪积砂矿床、冲积砂矿床、海滨砂矿床、湖泊沙矿床、风成砂矿床等。其中以冲积砂矿床和海滨砂矿床分布最广和更有实际意义。

砂矿床分布广泛，开采容易，选矿也非常简便。目前世界上65%以上的金、相当数量的金刚石皆采自砂矿床中。

**化学及生物化学沉积矿床**：①蒸发沉积矿床，指溶解于水的盐类物质，由于蒸发作用在地表水体中沉淀结晶而成的矿床，也叫蒸发盐矿床或真溶液矿床。常见的盐类矿床有：石膏、石盐、钾盐、芒硝、天然碱、硼砂等。②胶体化学沉积矿床，岩石风化所形成的胶体溶液（铁、锰、铝、硅等），除部分残留原地外，还有一部分在腐殖酸的作用下形成稳定络合物长距离搬运入湖入海，在电解质中和作用下发生沉淀，聚集成矿。如河北的龙烟铁矿、湖南的宁乡铁矿（图3－9－15）、湖南湘潭的锰矿、河南巩县的铝土矿等，都属于这种类型的矿床。这类矿床，常分布于一定层位中，分布广而储量可观，找矿、勘探也比较容易。

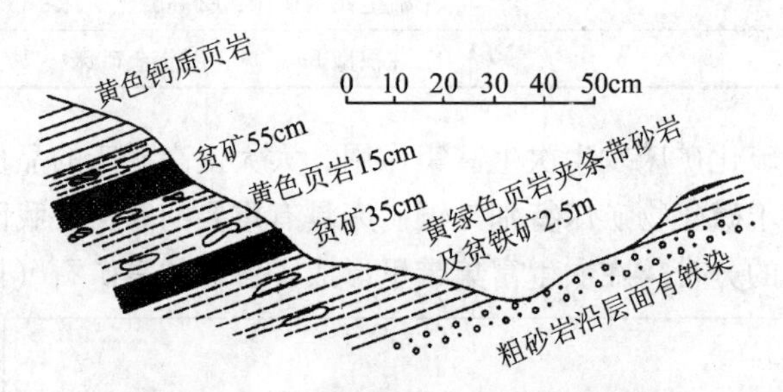


图3－9－15　我国南方宁乡式铁矿剖面图
（据胡受奚等）

**生物及生物化学沉积矿床**：指生物遗体堆积或由生物作用直接间接引起有用物质的聚集所形成的矿床。如煤、石油、天然气、生物灰岩、硅藻土、沉积磷矿床等，都是由生物作用或遗体堆积再经过一系列化学变化形成的。

## 六、外力地质作用小结

外力地质作用的能源主要是来自地球以外，如太阳辐射能、日月引力能和生物能等，另外还有一部分内能同时起作用，如地球旋转能和重力能。外能中以太阳辐射能为主。外力地质作用的作用范围，只限于地表及其附近。

外力地质作用是由各种不同的地质外营力（地面流水、地下水、海洋、风、湖泊、冰川等）经过风化、剥蚀、搬运、沉积、成岩等作用进行的。它们之间存在着密切联系。各种外力地质作用的强度和地理分布受气候、地形、岩石性质及地壳运动等因素的控制。在不同地区、不同时期、不同条件下，往往以某种作用为主。例如，高山寒冷地区以物理风化作用、冰川作用为主。而在低湿平原区则河流纵横、湖泊众多，起主导作用的又要视具体条件而定：在地面植被多且岩石难溶的地区，以生物风化、物理风化和流水作用为主；在岩石易溶地区，以化学风化、地下水作用为主；在干旱地区则以物理风化、风力作用为主，其他地质作用则是次要的。通过对沉积岩特征的研究可以反演外力地质作用类型和过程，恢复古地理、古气候环境，了解外力地质作用的发展历史。

外力地质作用不断地雕塑着地球表面，形成各种各样的地形、地貌，同时改造迁移地表物质，经过搬运、沉积和成岩作用形成沉积岩和沉积矿产。在构造运动作用下，沉积岩可能上升暴露在地表，重新遭受风化、剥蚀、搬运、沉积、成岩等外力地质作用，再形成新的沉积岩，不断地构成新的旋回（图3－9－16）。因此沉积岩是恢复工作区古地理、古气候环境，分析区内构造运动特征，建立地层年代顺序，寻找外生矿产资源，总结研究地壳发展历史的重要依据。

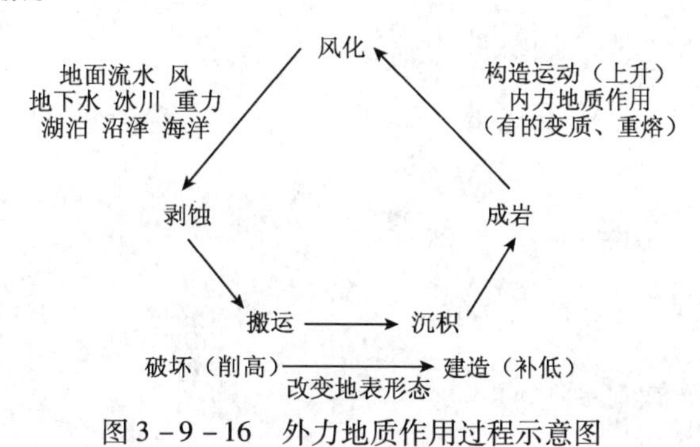


图3－9－16　外力地质作用过程示意图

外力地质作用总的趋势是由破坏（削高）到建造（补低），与内力地质作用一起永不间断地改变着地表形态。

## 复习思考题

1. 何谓成岩作用？每种沉积岩类的主要成岩作用是什么？
2. 沉积岩形成的五个阶段包含哪些基本内容？
3. 组成沉积岩的常见矿物有哪些？其中哪些是沉积岩特有的矿物？
4. 沉积岩有哪些常见的原生构造？各有何地质意义？
5. 如何区分碎屑、基质、胶结物？常见的胶结物的成分有哪些？
6. 简述沉积岩的识别方法。
7. 沉积相的识别标志是什么？有哪几种沉积相？
8. 河流、地下水、冰川、海洋、湖泊、沼泽等的沉积物，经成岩作用后各形成哪些沉积岩。
9. 外生成矿作用形成哪些矿产？

## 学习情境 4

# 内力地质作用及其产物的识别

**【情境描述】** 地球的旋转能、重力能和地球内部的热能、化学能等引起整个岩石圈物质成分、内部构造、地表形态发生变化的地质作用称为内力地质作用。最终形成褶皱、断裂、海陆变迁、岩浆岩、变质岩及内生矿产、变质矿产等产物（地质现象）。观察认识、描述记录这些地质现象，反演各类内力地质作用的形成过程，分析恢复大地构造背景，建立构造运动旋回、岩浆活动期次、变质作用强弱，总结地球历史变化发展情况，寻找有关矿床以及预防预报地震灾害，是野外地质调查工作最基本的技能和任务。

**【学习目标】** 掌握内力地质作用的形成过程；重点掌握各类内力地质作用形成的地质现象及识别方法；初步掌握肉眼鉴定岩浆岩、变质岩的方法以及常见岩浆岩、变质岩的识别；了解内生矿产、变质矿产、地震的类型及特征。初步掌握野外观察分析各类褶皱、断裂、海陆变迁、岩浆岩、变质岩及内生矿产、变质矿产等产物（地质现象）及描述方法。

# 学习任务1　构造运动及地质构造的识别

**【任务描述】** 构造运动是地球发生、发展变化的主导因素，产生了大陆漂移、海陆变迁、岩石变形变位等各种不同的变化，导致了岩浆作用、变质作用、成矿作用及地震的发生，并留下不同的物质记录（地质现象）。调查和研究这些地质现象，总结构造运动的特征和规律，恢复地质构造演化史，是地质工作最重要的工作任务之一。

**【学习目标】** 掌握构造运动的概念、岩层产状要素及测量方法；重点掌握褶皱、节理和断层构造、地层接触关系的主要特征及识别方法；掌握几种常用地质图件的识别和阅读方法。为后续课程“构造地质”打下良好基础。

**【知识点】** 构造运动，岩层产状：走向、倾向、倾角，褶皱：向斜、背斜，断裂，节理：张节理、剪节理，断层：正断层、逆断层、平移断层，地层接触关系：整合接触、假整合接触、角度不整合接触、侵入接触、沉积接触，地质图件：地质图、地质构造图、地质剖面图、综合地层柱状图等。

**【技能点】** 岩层产状测量方法，褶皱、节理、断层、地层接触关系的识别方法，地质图件的识别阅读方法。

## 一、地球运动的一般特征

**构造运动**是指由地球内力引起地壳乃至岩石圈变形、变位的机械运动。构造运动常和地壳运动混称，只不过构造运动包括了整个岩石圈。

构造运动是由地球内能引起的，属于内力地质作用，是引起地壳升降、岩石变形、变位，以及地震作用、岩浆作用、变质作用乃至地表形态变化的主要因素。它不但决定了内力地质作用的强度和方式，而且还直接影响了外力地质作用的方式，控制了地表形态的演化和发展。

根据构造运动发生的时间，一般分为两类：新近纪和第四纪发生的构造运动称为新构造运动，在此之前发生的构造运动称为老构造运动。

## 二、岩石的产状与变形

### （一）岩石的产状

根据斯坦诺（1669）的地层学三定律可知，沉积岩与部分火山岩形成之初呈水平状态（原始水平律），是按由老到新（下老上新）的顺序沉积的（地层叠覆律），而且在一定范围内是连续分布的（原始侧向连续律）；经过构造运动以后，岩层由水平状态变为倾斜或弯曲，连续的岩层被断开或错动，完整的岩体被破碎等。它们原有的形态和空间位置就发生了改变，称为**构造变形**。要研究构造变形，首先就要确定地质体（岩层、岩体、矿体等）在地壳中的空间位置即产出状态，称为**岩石的产状**。

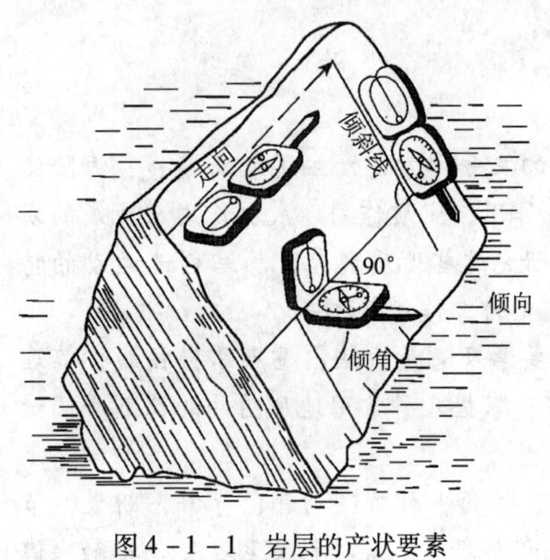


图4－1－1　岩层的产状要素
（据夏邦栋，1995）

**1. 岩石的产状要素**

岩石的产状由走向、倾向和倾角三个数值来确定，称为产状要素（图4－1－1）。

**走向**：表示岩层在空间的水平延伸方向。岩层层面与任一假想水平面的交线称走向线，走向线两端的延伸方向称为岩层的走向。因此，岩层的走向有两个方向，彼此相差180°。

**倾向**：表示岩层倾斜的方向。层面上与走向线垂直并沿斜面向下所引的直线叫倾斜线，它表示岩层的最大坡度。倾斜线在水平面上的投影所指示的方向称为岩层的倾向。

**倾角**：层面上的倾斜线和其在水平面上投影线间的夹角，称为倾角。倾角的大小表示岩层的倾斜程度。在不垂直岩层走向线的任何方向上量得的夹角，称为视（假）倾角。倾角只有一个，而视倾角可有无数个，任何一个视倾角都小于该层面的倾角。

在野外地质调查工作中具体的测量方法如下：

（1）量测岩层走向。将地质罗盘长边（刻度SN平行的一边）紧贴在岩层的层面上，使罗盘水平（水准气泡居中），读出罗盘磁北针（不绕铜丝的磁针）所指方向的度数，即为岩层走向。一般直立产状才量测走向。

（2）量测岩层倾向。将地质罗盘短边（刻度S180°的那条边）平行走向线，将镜面或短边紧贴在岩层层面，使罗盘水平，然后读出磁北针所指方位的度数，即为岩层的倾向。

（3）量测岩层倾角。将地质罗盘长边紧贴岩层倾斜方向（垂直岩层走向方向），罗盘里面的分度弧朝下，然后拨动罗盘中的测斜仪，使测斜仪的水准气泡居中，读出测斜仪指针所指度数，即为岩层倾角。

**2. 不同产状的岩层**

**水平岩层**：原始水平岩层虽然经过构造运动（整体均匀升降运动）使其上升为陆，但仍保持水平状态，称为水平岩层（图4－1－2）。在水平岩层地区，较新的岩层总是位于较老的岩层之上，当地形受切割时，老岩层总是出露在低洼地方，而较新的岩层总是出露在较高的位置。

**倾斜岩层**：由于构造运动使岩层发生变形变位，形成岩层层面与水平面有一定交角的倾斜岩层（图4－1－3）。在一定范围内，一系列岩层向同一方向倾斜，产状大体一致时，称为单斜岩层。单斜岩层往往是褶皱的一翼或断层的一盘。

**直立岩层**：指岩层层面与水平面直交或近于直交的岩层，即直立起来的岩层。其地表露头宽度与真厚度一致，不受地形的影响。

图4－1－2　水平岩层素描

（据蓝淇锋等，1979）

图4－1－3　倾斜岩层

（据蓝淇锋等，1979）

**倒转岩层**：指岩层翻转、老岩层在上而新岩层在下的岩层（图4－1－4），这种岩层主要是在强烈挤压下岩层褶皱倒转过来形成的。

图4－1－4　倒转地层（北京坨里）

（据蓝淇锋等，1979）

此图为一倒转背斜，其中左翼地层（位于图的下部）倒转

### 3. 产状要素的表示方法

在野外地质调查工作中，必须将用罗盘测量出来的岩层产状要素，用规定的文字和符号记录在记录本上并标绘在图上，记录表示方法如下：

（1）野外记录本上一般只记录倾向（如135°）和倾角（如40°）两个数据，记为：135°∠40°，直立构造面才记录走向。

（2）地质图（平面图）上，应按方位角在相应位置用量角器、三角板画出准确的走向、倾向，并标注倾角。

如：倾斜岩层　　水平岩层　　直立岩层　　倒转岩层

（3）地质剖面图上的表示方法为：$\frac{\lfloor 135°}{40°}$

## （二）岩石的变形

前已叙及，构造运动是长期而缓慢的。正是这种缓慢的构造运动，在数百万年乃至上亿年的累积作用下，使坚硬的、厚度和体积巨大的岩石圈发生变形、变位，使水平岩层变成倾斜岩层、直立岩层、倒转岩层，甚至弯曲、揉皱（褶皱）以及错断的七零八碎（断裂）。

岩石的变形与其他物体变形一样，一般都经过弹性变形、塑性变形、断裂（脆性）变形三个阶段：

**弹性变形：**岩石受外力（不超过弹性极限）发生变形，当外力去掉后变形立即消失，这种变形即为弹性变形。地震时所产生的弹性波（地震波）即属于这种性质，弹性变形在地壳岩石中不留任何痕迹，所以对研究地质构造来说，意义不大。

**塑性变形：**岩石受外力（超过弹性极限）发生变形，当外力消失后，不能恢复原来形状，而形成永久性变形，但仍然保持其连续完整性，这样的变形称为塑性变形。褶皱构造就属于塑性变形。

**断裂变形：**岩石受外力达到或超过岩石的强度极限（破裂极限）时，岩石内部的结合力遭到破坏，产生破裂面，失去了它的连续完整性，这种变形即为断裂变形。如地壳中广泛存在的各种断裂构造。

由于岩石性质不同，有脆有塑，其变形性质也不相同。一般说来，脆性岩石当外力作用达到一定程度，即由弹性变形直接转变为断裂变形，没有或只有很小的塑性变形。塑性较大的岩石，当外力作用增大，超过岩石的弹性极限时，则由弹性变形转变为塑性变形；再继续施力，就会产生断裂变形（图4－1－5）。

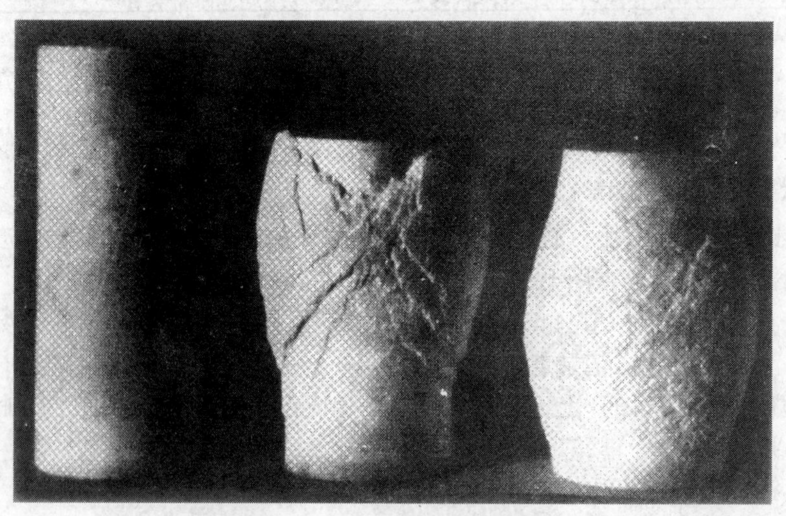

图4－1－5　大理石柱塑性实验

岩石变形除了与岩石本身的软硬等性质有关外，更重要的还与岩石所处的外界条件有关。如埋深、围压、温度三者增加时，岩石的塑性必然增加；应力作用时间越长变形也越大。应力状态对岩石变形也有很大影响，当岩石受到张力时，会使岩石脆性增强，最容易发生张断裂；而当岩石受到压力时，岩石塑性相应增强，这时易产生剪切裂隙。

岩石变形和变位的产物称为地质构造。最基本的地质构造有褶皱和断裂。

## 三、褶皱构造的识别

构造运动不仅引起地壳升降，使岩层倾斜，而且常使岩层形成连续的弯曲，称为**褶皱**。是地壳中广泛发育的地质构造的基本形态之一（图4-1-6）。褶皱的形态多样，大小不一，规模可以长达几十至几百千米，也可以小到在手标本上出现。

图4-1-6 向斜和背斜的组合

（据舒良树，2010）

### （一）褶皱要素

为了研究和描述褶皱的形态和空间展布特征，常用褶皱的各个组成部分的形态要素来表述，称为褶皱要素（图4-1-7）。褶皱具有以下要素：

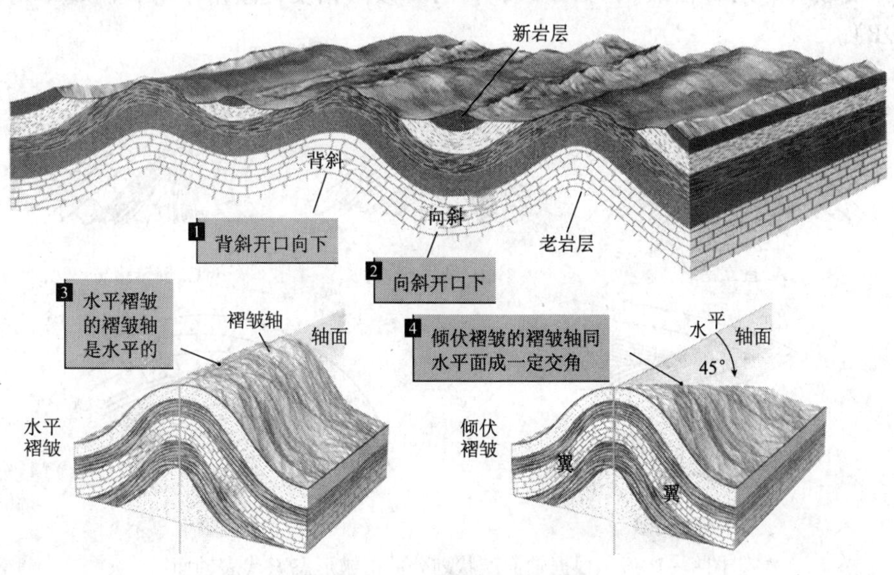


图4-1-7 褶皱要素示意图

（据徐士进）

**核**：褶皱岩层的中心部分，即褶皱出露地表的中心部分。

**翼**：分布于褶皱核部两侧的岩层，因此具有两个翼。

**轴面**：平分褶皱两翼的假想的对称面，可以是平面，也可以是曲面；其产状可以是直立的、倾斜的或水平的。

**枢纽**：同一岩层面与轴面相交的线，叫枢纽。枢纽可以是水平的、倾斜的或波状起伏的。其表示褶皱在其延伸方向上产状的变化。

**转折端**：褶皱两翼会合的过渡部分。

## （二）褶皱的类型

褶皱的基本类型是背斜与向斜。背斜是原始水平岩层受力后向上拱起的弯曲，其核部为老岩层，向两翼岩层越来越新；向斜是岩层向下凹的弯曲，核部是新岩层，向两翼岩层越来越老。背斜与向斜常常共生在一起。相邻背斜之间为向斜，相邻向斜之间为背斜。相邻的向斜与背斜共用一个翼（图4－1－8）。

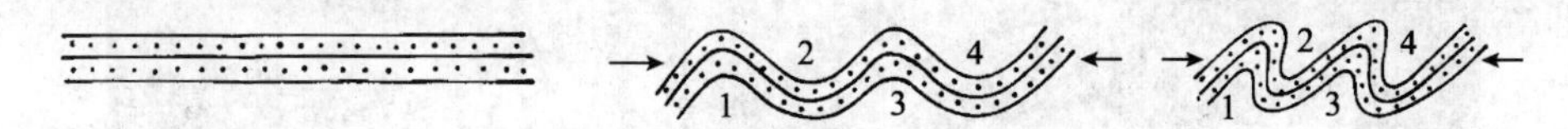


图4－1－8　褶皱形成示意图

（据谢文伟等，2007）

背斜（1、3）与向斜（2、4）共存

褶皱的分类方案很多，下面仅介绍几种常见的类型。

**1. 据轴面产状的分类**

**直立褶皱（对称褶皱）**：轴面近于直立，两翼倾向相反，倾角近于相等，两翼对称（图4－1－9A）。

**倾斜褶皱（不对称褶皱）**：轴面倾斜，两翼倾向相反，倾角不等，两翼不对称（图4－1－9B）。

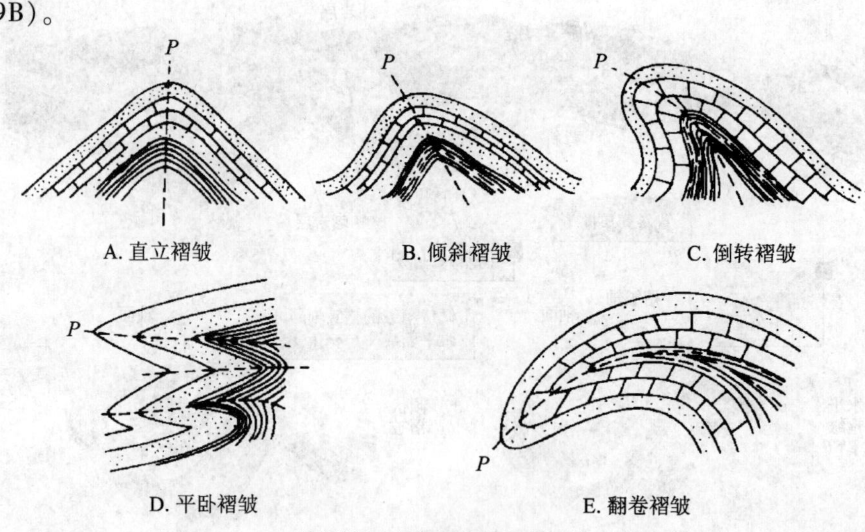


图4－1－9　根据轴面产状划分的褶皱形态 $P$ 代表轴面

（据宋春青，2005）

**倒转褶皱**：轴面倾斜，两翼岩层向同一方向倾斜，倾角不等，其中一翼岩层发生倒转（图4－1－9C）。当两翼岩层倾角相等则称为同斜褶皱；

**平卧褶皱**：轴面近于水平，两翼岩层产状近于水平重叠，一翼岩层为正常层序，另一翼岩层为倒转层序（图4－1－9D）。

**2. 据枢纽产状的分类**

**水平褶皱**：褶皱枢纽近于水平延伸，两翼岩层走向基本平行（图4－1－10A，C）。

**倾伏褶皱**：褶皱枢纽向一端倾伏，两翼岩层沿走向发生汇合，形成弧形弯曲。背斜的弧形弯曲尖端指向枢纽的倾伏方向（倾伏端）；向斜的弧形弯曲指向枢纽的扬起方向（扬起端）（图4－1－10B，D）。

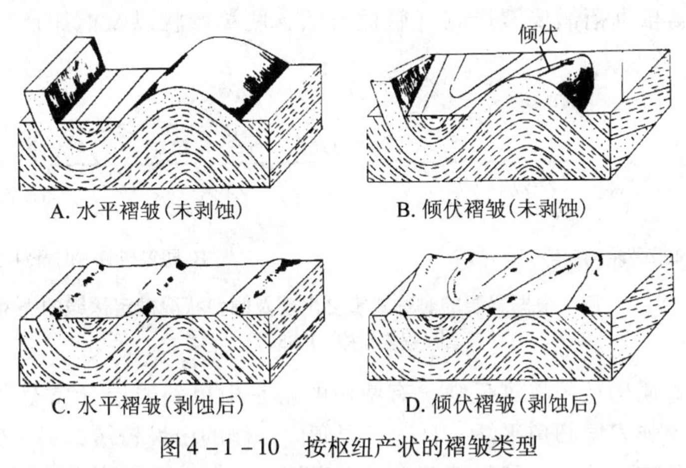


图4－1－10　按枢纽产状的褶皱类型

（据夏邦栋，1995）

**3. 据长与宽比率的分类：**

**线性褶皱**：长与宽之比大于10∶1，长常为宽的数10倍。

**短轴褶皱**：长与宽之比在10∶1～3∶1之间。

**穹隆与构造盆地**：长与宽之比小于3∶1。背斜（上凸者）叫穹隆；向斜（下凹者）叫构造盆地。

**复背斜与复向斜**：是褶皱的组合类型。大规模的背斜两翼由一系列次一级的（或较小的）线性褶皱组成，称为复背斜；大规模的向斜两翼由一系列次一级的（或较小的）线性褶皱组成，称为复向斜（图4－1－11）。

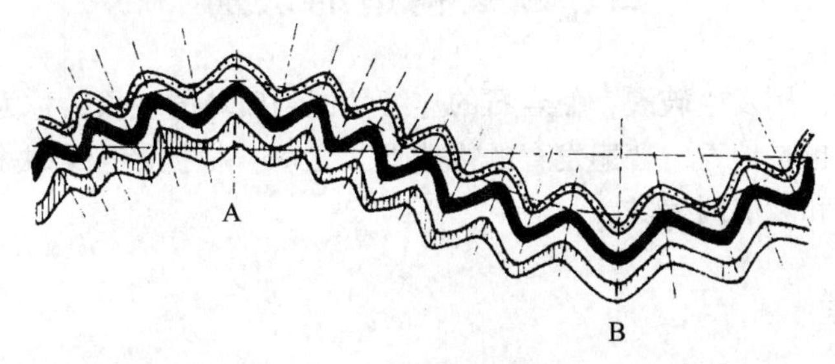


图4－1－11　复背斜（A）和复向斜（B）

（据宋春青，2005）

## （三）褶皱的野外识别方法

褶皱是野外最常见的地质构造之一，大部分沉积岩地区都存在不同规模的褶皱构造。因此，正确判别褶皱构造是一项基本技能。

在野外工作时，我们只能在一个地质剖面上或一些断面上，看到一些小型的、完整的褶皱构造。对于大型褶皱构造，很难看到它的全貌。这时首先查阅已有的地质图件，并进行分析。然后沿岩层倾向穿越所有岩层，并辅以沿岩层走向的追索，观察确定岩层的产状、出露宽度、新老顺序及分布特征。如果同年代的岩层对称重复出现，说明有褶皱存在。根据新老岩层分布特点判断是背斜（中间老两侧新）还是向斜（中间新两侧老）。最后再依据褶皱要素产状（轴面产状、两翼产状以及枢纽产状）划分出褶皱类型（图4－1－12）。

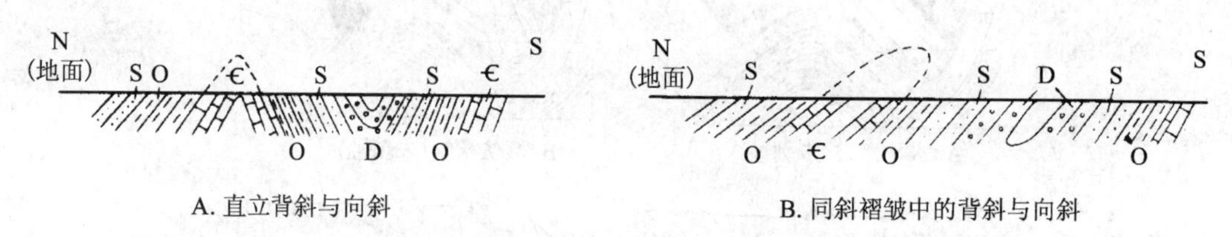


A. 直立背斜与向斜　　B. 同斜褶皱中的背斜与向斜

图4－1－12　根据岩层的对称式重复出现及倾斜状况确定褶皱的类型

（据夏邦栋，1995）

地形往往是地质构造的直观反映。有些山岭就是由单斜岩层（常是褶皱的一翼）组成，称为**单斜山**。如岩层倾角平缓，且顺岩层倾向一侧的山坡较缓，另一侧山坡较陡，称为**单面山**；著名的南京紫金山就是单面山。当岩层倾角较大则形成两侧山坡皆较陡的山，称为**猪背岭**。

背斜和向斜在地形上也常表现为前者高、后者低，即形成背斜山和向斜谷。但在很多情况下，岩层褶皱后，背斜顶部变形最大易破碎，加上岩石性质的差异，经过较长时间剥蚀后，地形发生变化，可能背斜侵蚀成谷，称为背斜谷；向斜的地形较相邻背斜为高，称为向斜山。这种地形与构造不相吻合的现象，称为**地形倒置**。

褶皱的形成年代，一般介于组成褶皱的岩层中最新岩层年代与未参加该褶皱的上覆岩层中最老岩层年代之间，常以角度不整合为界。

# 四、断裂构造的识别

岩石受到力的作用发生破裂，使岩石的连续性遭到破坏的现象，称为断裂构造。其是构造运动的产物，也是地壳中普遍发育的构造形式之一。根据断裂岩块相对位移的程度，断裂构造分为节理和断层两大类。

## （一）节理

岩石破裂后，断裂面两侧岩块没有明显位移的断裂，称为节理。它是分布最广、最常见的一种断裂构造。节理常与断层或褶皱伴生，成群成组出现，形成有规律的排列组合。

节理的大小不一，小的只有几厘米，大的可延伸几米、几十米。分布也不均匀，有的地方密集，有的则较稀疏。沿着节理劈开的面称为节理面。节理面可以是水平的、倾斜的或直立的，其产状用走向、倾向和倾角表示。

**1. 节理的分类**

(1) 节理的成因分类

**构造节理**：指岩石在构造运动作用下产生的节理。是本节讨论的重点。

**非构造节理**：指岩石在外力地质作用下（如风化、山崩、滑坡、岩溶塌陷、冰川活动、人工爆破等）所产生的节理，以及岩浆岩在冷凝成岩过程中所形成原生节理。

(2) 节理的几何分类

指按照节理与其所在的岩层或其他构造的关系进行的分类：

◎ 根据节理与所在岩层的产状要素的关系可以分为（图4-1-13）：走向节理、倾向节理、斜向节理、顺层节理。

◎ 根据节理的走向与所在褶曲枢纽的关系可以分为：纵节理、横节理、斜节理（图4-1-13）。

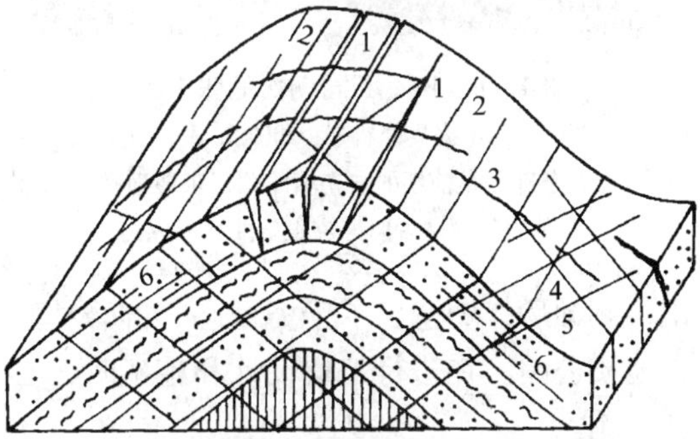

图4-1-13　在褶皱构造中的各种节理
（据宋春青，2005）
1，2—走向节理（纵节理）；3—倾向节理（横节理）；4，5—斜向节理（斜节理）；6—顺层节理

(3) 节理的力学成因分类

按照产生节理的力学性质不同，节理分为张节理和剪节理。

**张节理**：岩石在拉张应力作用下产生的节理。图4-1-13所示褶皱构造中的纵节理和横节理都属于张节理。

张节理具有以下特征：①具有张开的裂口，呈楔形，延伸不深不远，有时为矿脉所填充；②节理面参差不齐，粗糙不平，常绕过砾石；③节理间距较大，分布稀疏而不均匀，很少密集成带；④常平行出现或呈雁行式排列（图4-1-14中白色部分），有时沿着两组呈X形的共轭剪节理断开形成锯齿状张节理，称为追踪张节理。

**剪节理**：岩石在剪切应力作用下产生的节理。由于岩石抗剪切的能力远远小于它的抗压能力，因此岩石在承受压应力的情况下往往先形成两组互相交叉的剪节理。图4-1-13所示褶曲构造中的斜向节理或斜节理多属于剪节理。

剪节理具有以下特征：①常具紧闭的裂口，延伸较远、较深；②节理面平直而光滑，沿节理面可有轻微位移，有时可见擦痕、镜面等，能切断、错开砾石、结核；③常成组、成群密集出现，形成两组交叉节理，故又称为X型节理，或共轭剪节理（图4-1-15）。

**2. 研究节理的意义**

通过节理的研究，了解区域性构造应力场的特点和各种应力的分布规律，有助于研究断层、褶皱的形成机制和力学性质。节理提供了岩浆侵入和地下水循环的通道，一定程度上控制了岩体、矿体（包括含水层）的形成和分布。节理破坏了岩石的连续性和完整性，使岩石易于风化、剥蚀并形成各种各样的地貌。我国许多著名的风景旅游胜地，如湖南张家界、广东丹霞山、安徽黄山等，就是由于岩石发育了较密集、多方向的垂直节理，经风

图4-1-14　不同期次的张节理
（据吴泰然等，2003）
白色部分是前期的被充填的雁行张节理；
黑色的节理是后期再拉张条件下形成的

图4-1-15　岩石在压应力作用下
发生的两组共轭剪节理
（据吴泰然等，2003）

化、剥蚀后，塑造出了千姿百态、群峰林立、石柱凌空的奇特地貌，现在都已被命名为世界地质公园。在进行工程设计和施工时，必须注意防止节理构造可能引起的破坏作用和不良影响。

## （二）断层

岩石断裂后，断裂面两侧岩石发生显著的相对位移，称为断层，是最常见的地质构造。一些规模深大的断层常称为断裂。

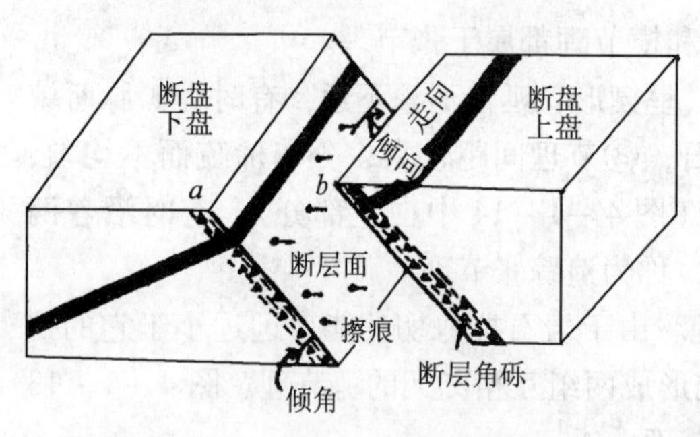


图4-1-16　断层要素图
（据夏邦栋，1995）
（$a$，$b$原为一点）

### 1. 断层要素

**断层面**：岩石发生断裂位移时相对滑动的破裂面。断层面有的平坦光滑，有的粗糙，有的略呈波状起伏。有的不止一个面，而是由一系列的破裂面组成的，断层规模越大破裂面越多。断层面多数是倾斜的，其产状用走向、倾向与倾角表示（图4-1-16）。

**断层线**：断层面与地面的交线，表示断层的延伸方向。可直可弯，形态多样。由许多破裂面组成的断层，特别是由一组大致平行的断裂组成的深大断裂，往往形成一条宽窄不等、成带状分布的破碎地带，称为断层破碎带。

**断层盘（断盘）**：断层面两侧的岩块。断层面上方的一盘，称为上盘；断层面下方的一盘，称为下盘。相对上升的一盘称为上升盘，相对下降的一盘称为下降盘。如果两断盘作水平移动，就没有上升盘、下降盘，而是以方位来说明，如断层的东盘或西盘。

**断层位移**：断层两盘相对移动的距离。它有不同的度量方法。断层两盘相当的点（在断层面上的点，未断裂前为同一点，见图4-1-16中的$a$，$b$），因断裂而移动的距离称为滑距，代表真位移，它还可以分解为沿水平方向的真位移及沿垂直方向的真位移。但在实际工作中，要在断层面上找相当点是比较困难的，所以一般是根据断层两盘中相当层（未断裂前为同一层）被错开的距离来测量位移（为视位移），称为断距。由于断层产状与地层产状的关系不同，加上断层形成后受外力侵蚀的状况也不同，所以视位移不一定等于真移位，断距并不能完全代表断层移动的实际距离，但在实际工作中还是较常用的。

**2. 断层类型**

（1）断层的基本类型

根据断层两盘相对位移方向和力学性质划分。

**正断层**：上盘相对下降，下盘相对上升的断层（图4－1－17）。通常是在水平拉张作用下形成。断层面较粗糙，擦痕一般不太发育，产状较陡。其破碎带中常形成棱角明显的断层角砾岩。

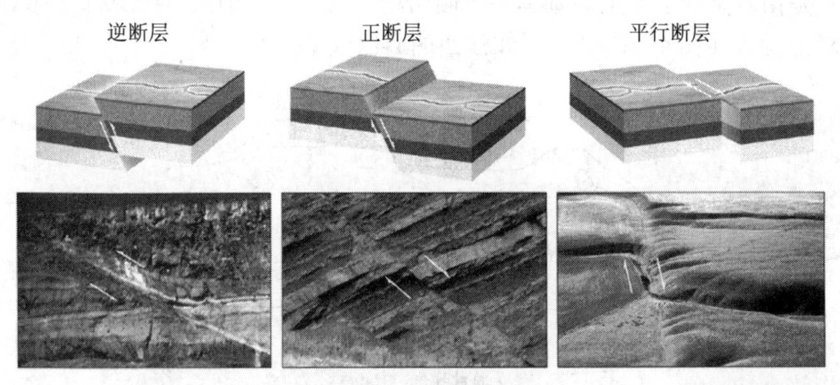


图4－1－17　断层类型

（据徐士进，2000）

**逆断层**：上盘相对上升，下盘相对下降的断层。通常是在挤压作用下形成。断层面呈舒缓波状，擦痕较发育。断层破碎带中角砾岩常被压扁，棱角不明显。断层面倾角大小不等，>45°者为冲断层，<30°者为逆掩断层。

**推覆构造**：为倾角十分低缓（一般小于25°），上盘推移距离很大（>5km）的低角度逆断层。其特征是：断层上盘与原地基岩（原地体）不是一个整体，属外来岩体，称为推覆体。推覆体易被风化剥蚀，形成一些孤立的岩块或小山峰，称为飞来峰；或者在推覆体中间切割露出下部的原地体，类似小窗口，称为构造窗（图4－1－18）。

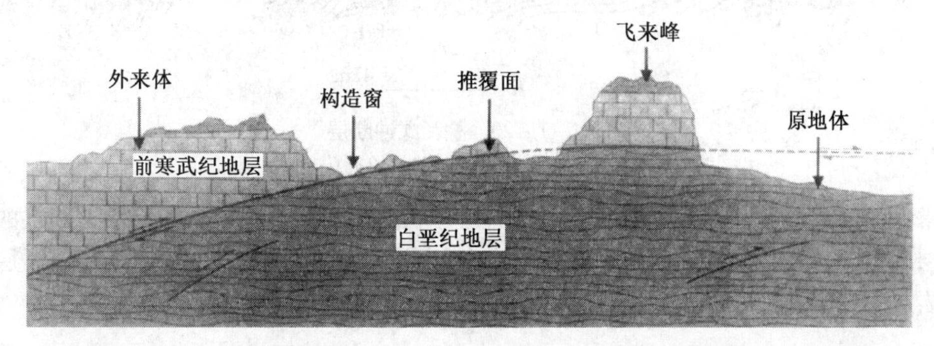


图4－1－18　推覆到白垩纪之上的前寒武纪灰岩及其形成的构造窗和飞来峰

**平移（推）断层**：断层两盘沿着断层面走向的水平方向相对移动的断层。通常是在水平剪切应力作用下形成的，产状较陡，常近于直立。断层面一般平直光滑，常具水平擦痕。破碎带中有剪裂破碎岩石，常具碾磨成粉状物质，称为**断层泥**。平移断层分为左旋与右旋两类：观察者站在断层一盘，对盘向左移动称为左旋平移断层，对盘向右移动称为右旋平移断层。

构造运动是一个复杂的运动过程，组成地壳的岩石所受到的力也不会是简单的、一个方向的力。多数情况下是拉张力兼剪切力（挤压力）或挤压力兼剪切力（拉张力）。因此，断层常兼有两种位移性质，一般采用复合命名，如平移－逆断层、逆－平移断层。前者表示以逆断层为主兼有平移断层性质，后者表示以平移断层为主兼有逆断层性质。

（2）断层的组合类型

断层往往成组出现，形成各种组合形态。

**地垒**：是由两条或多条走向基本一致倾向相反的正断层构成，中央部分相对上升，两侧相对下降的构造（图4－1－19），如江西的庐山地垒。

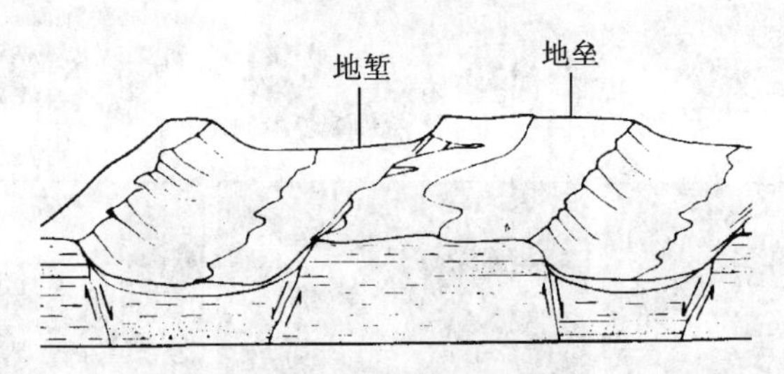


图4－1－19　地垒与地堑

（据夏邦栋，1995）

**地堑**：是由两条或多条走向基本一致，相向倾斜的正断层构成，中央部分相对下降，两侧相对上升的构造（图4－1－19），如我国的汾渭河地堑以及国外著名的贝加尔湖地堑、莱茵河地堑、东非裂谷地堑等。

**叠瓦式逆断层**：由一系列产状相近的逆断层组成，其上盘依次向上逆冲，断面上成叠瓦状（图4－1－20）。

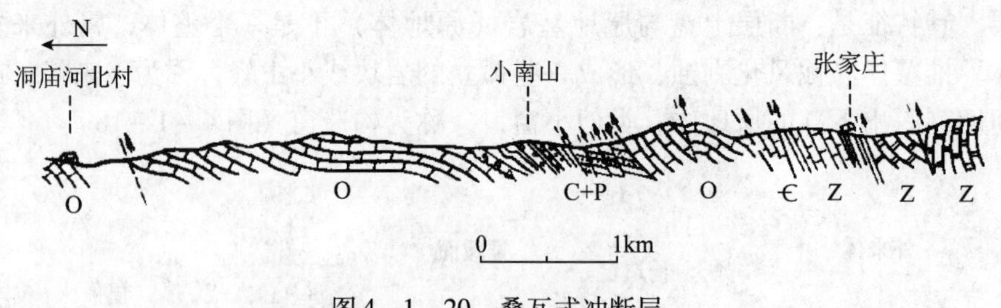


图4－1－20　叠瓦式冲断层

（河北省兴隆县鹰手营子附近）

常见的断层分类还有根据断层走向与岩层产状的关系分类：①走向断层，断层的走向与岩层的走向一致；②倾向断层，断层的走向与岩层的走向垂直；③斜交断层，断层的走向与岩层的走向斜交；④顺层断层，断层与岩层面大致平行。

### 3. 断层的识别标志

正确识别断层构造是地质工作者一项基本技能。岩石发生错断后就会留下一定的痕迹，根据这些特征我们就能够对断层加以识别。

（1）断层面上的特征

**擦痕与镜面：**断层面上平行而密集的沟纹，称为擦痕（图4－1－21）；平滑而光亮的表面，称为镜面。它们是断层两盘相对滑动所留下的痕迹。擦痕的方向平行于断盘的运动方向。

**阶步：**断层滑动时常在断层面上形成一些与擦痕方向垂直的小陡坎，称为阶步。阶步的陡坡倾斜方向指示对盘断块的运动方向。断层面上还常附有铁质、硅质、钙质等矿物薄膜。

图4－1－21　擦痕与阶步
（据宋春青，2005）

（2）断层破碎带上的特征

**断层角砾岩：**断层两侧的岩石在断裂时被破碎，经胶结而成的岩石称为断层角砾岩。正断层形成的碎块常大小悬殊、棱角分明；逆断层或平移断层形成的碎块较扁圆，多呈透镜体状（图4－1－22）。可据此推测断层性质。

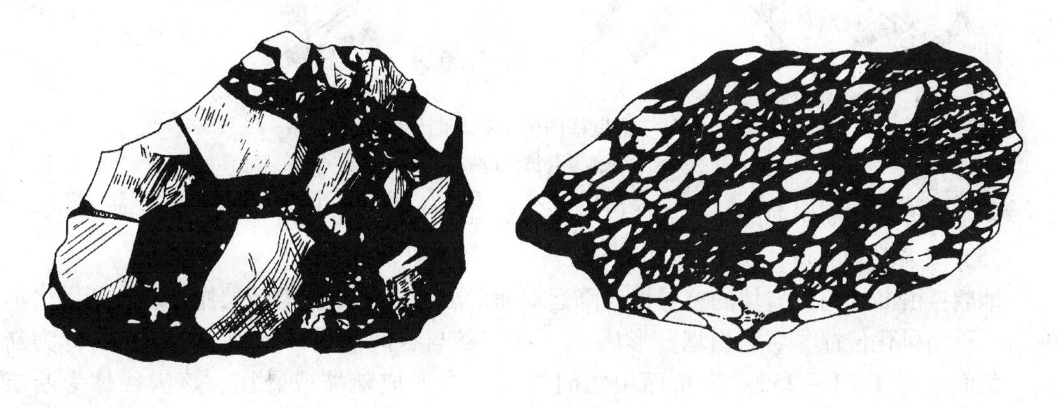


图4－1－22　断层张裂角砾岩（A）与断层挤压角砾岩（B）
（据夏邦栋，1995）

**断层泥：**断层两侧岩石因断裂挤压碾磨而成的粉状物质。若重新胶结起来，则称为糜棱岩。它常见于逆断层或平移断层。

（3）地质体的不连续

**地质体的突然错断：**岩层、岩脉、矿层等地质体沿走向突然错断，以致不同地质体或同一地质体的不同部分直接接触。主要是由倾向断层形成的，可依据相当层判别断层两盘相对滑动方向和滑距。

**地层的重复与缺失：**是由走向断层造成的某些地层重复出现或缺失（图4－1－23）。

褶曲和不整合也可造成岩层的重复或缺失，走向断层造成的地层重复是非对称式重复，要注意加以区别。

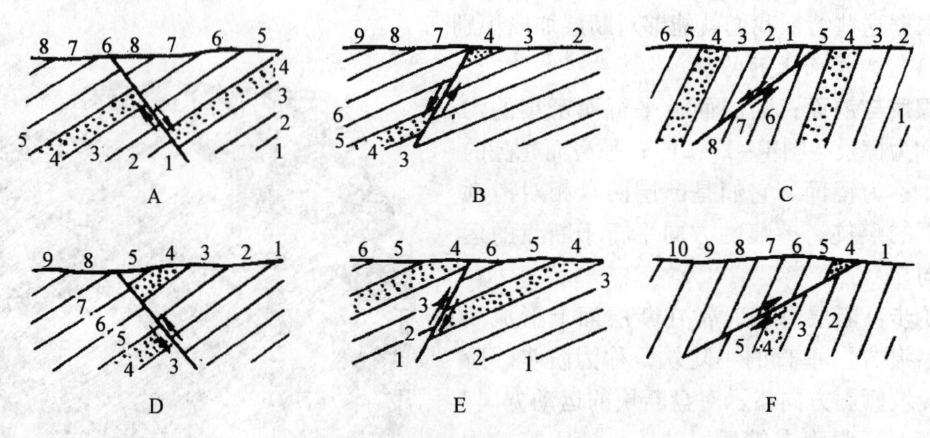


图4－1－23　走向断层造成岩层重复（A，C，E）与缺失（B，D，F）
（据徐邦梁，1998）

（4）断层两侧的伴生构造标志

**拖曳褶曲**：断层两侧岩层因断层滑动拖拉而成的小褶曲。依据拖曳褶曲形态可以判断断层的运动方向（图4－1－24）。

图4－1－24　拖曳褶曲的形态与断层滑动的关系
（据夏邦栋，1995）

**伴生节理**：在断层面的一侧或两侧，常因断层错动产生若干组有规律的节理。

（5）断层的间接标志

**地貌**：由断层两侧岩块的差异性升降运动而形成的陡崖，称为断层崖。多数断层崖形成后，受到风化侵蚀、切割崩塌，形成V形谷，谷与谷间形成一系列三角形面，称为断层三角面（图4－1－25）。三角面山之间的沟谷常形成陡坡或悬崖，该沟谷称为断层悬谷。

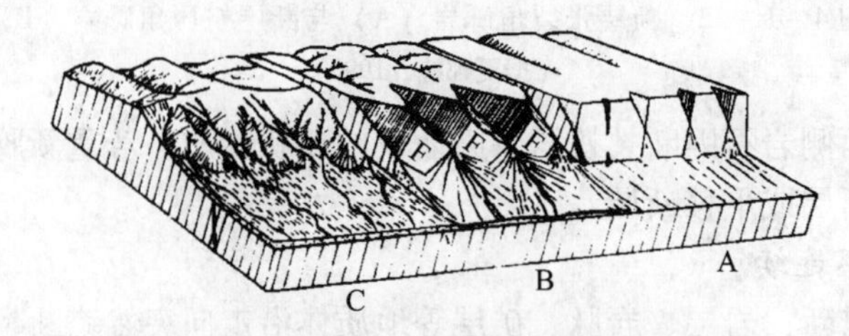


图4－1－25　断层崖和断层三角面形成示意图
A—断层崖；B—冲沟扩大形成三角面（F）；C—继续侵蚀，三角面消失

**地形**：断层破碎带在地表易被风化剥蚀（硅化破碎带除外），常形成负地形（鞍部、

沟谷）。

**水文、岩脉：**断层是地下水或热液的通道，沿断层带常可见到一系列的泉水出露或断陷湖以及岩脉等。它们为指示断层的重要标志。

**4. 断层形成时代的确定**

断层形成时代主要是依据切割、充填、上覆地层等关系来判断。基本原则为：①断层发生的年代晚于被断层切割的最新地层的年代，早于覆盖在断层之上未受其切割的最老地层的年代（图4－1－26）。②若断层切断岩体，则断层形成于岩体侵入之后；若断层被岩体、岩脉所填充，则断层形成于岩体侵入之前。

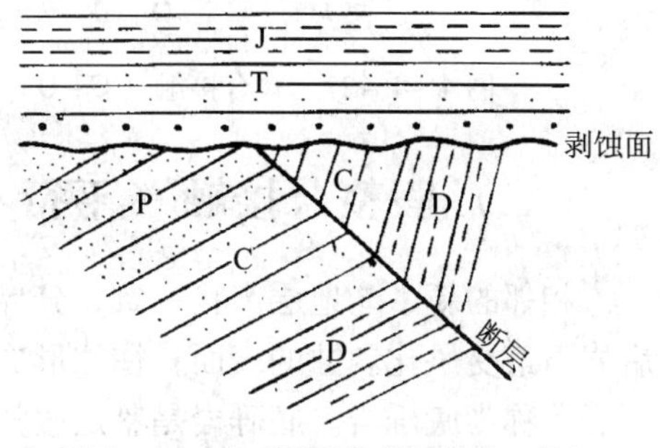


图4－1－26　断层形成年代在二叠纪（P）与三叠纪（T）之交

**5. 研究地质构造的意义**

地质构造是构造运动的结果，是研究和恢复地球发展历史的重要依据，是地壳中普遍存在、最常见的地质现象。它们控制了大中型地貌和矿产的形成与分布，影响着当今人类的生存环境。因此，研究地质构造，具有十分重要的实际意义和理论意义。

通过地质构造的研究，掌握不同时期、不同地区构造运动的特点、规模、性质及规律，恢复其构造发展史；确定各种地质构造的力学性质、形态分布等特征，在成矿有利部位（褶皱轴部、断裂交叉部位等）寻找矿产。如断裂是矿液、地下水的重要通道，它控制了矿体（矿脉）、水资源的形成和赋存部位，常形成重要的矿带；褶皱是储存油气（背斜）和地下水（向斜）的重要场所。此外，还必须对某些地区的地质构造进行监测，预防和预报可能发生的地质灾害，如地震、火山、滑坡等。进行工程设计和施工时，必须详细了解本地区的地质构造情况，采取相应措施保证工程的稳固性。

## 五、地层的接触关系的识别

地壳下降接受沉积，上升则遭受剥蚀，再下降接受沉积，与原来的老地层之间就有了接触面，就形成并记录下来各种接触关系。不同性质的构造运动，形成不同的接触关系，它们是构造运动留下的最直观的证据之一。调查和研究各种接触关系，是野外地质调查工作中基本任务之一。

接触关系共有五种类型。地层之间的接触关系有：整合接触、假整合接触、角度不整合接触；地层与侵入体之间有：侵入接触、沉积接触。

### （一）整合接触

相邻的新、老地层产状一致，岩石性质与生物演化是连续而渐变的，没有沉积间断面。这表明该地区构造运动相对较为稳定，处于持续下降或持续上升（但未升出水面）的状态。因此沉积物能够连续沉积（图4－1－27）。

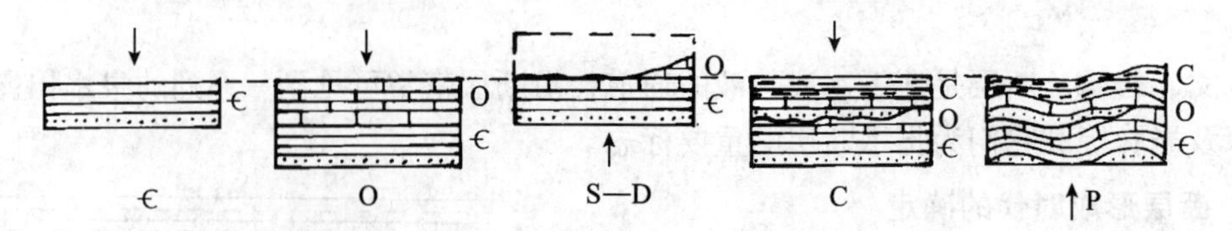


图4-1-27　整合接触（∈-O）、假整合接触（O-C）及其构造运动背景示意图

## （二）假整合接触（平行不整合接触）

相邻的新、老地层产状一致，分界面为沉积间断面，称为**剥蚀面**。剥蚀面是沉积间断后岩石遭受风化剥蚀的表面，往往形成一定厚度的风化残积物，常在新的沉积物底部形成砾岩，称为底砾岩。底砾岩是鉴定假整合面的重要标志（图4-1-27，图4-1-28）。

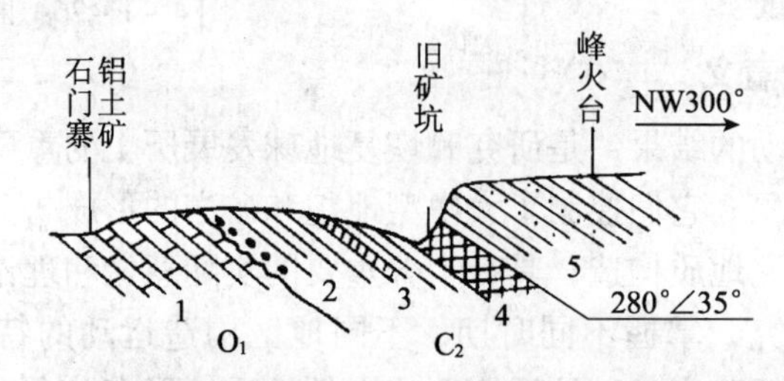


图4-1-28　河北省秦皇岛市石门寨中的平行不整合接触关系

（据张宝政等，1983）

1—石灰岩；2—底砾岩；3—褐铁矿层；4—G层铝土；5—页岩、粉砂岩

假整合接触表示地层形成以后，地壳均衡上升，使该地层遭受剥蚀，形成剥蚀面，随后地壳均衡下降，在剥蚀面上重新接受沉积，并形成上覆地层（图4-1-27）。假整合面是地壳升降运动的重要标志。

## （三）角度不整合接触

相邻的新、老地层产状不一致，成一定角度相交，分界面为剥蚀面，剥蚀面的产状与上覆地层的产状一致，与下伏地层斜交（图4-1-29）。

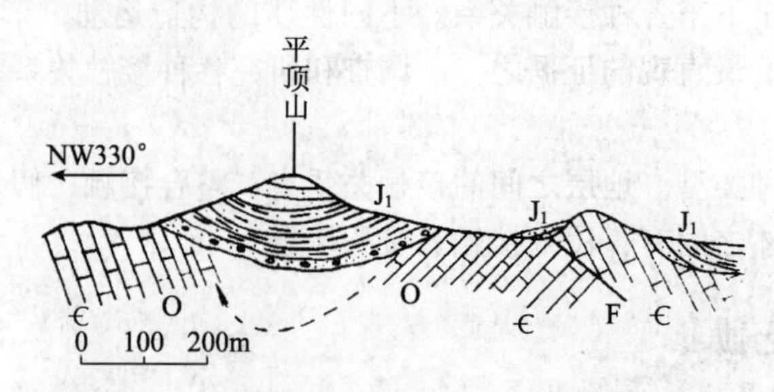


图4-1-29　辽宁省赛马集平顶山角度不整合接触关系剖面图

（据张宝政等，1983）

角度不整合接触表示老地层形成后，该地区遭受了强烈的构造运动，使地层褶皱隆起并遭受剥蚀，形成剥蚀面，然后地壳下降，在剥蚀面上接受沉积，形成新地层（图4-1-29，图4-1-30）。

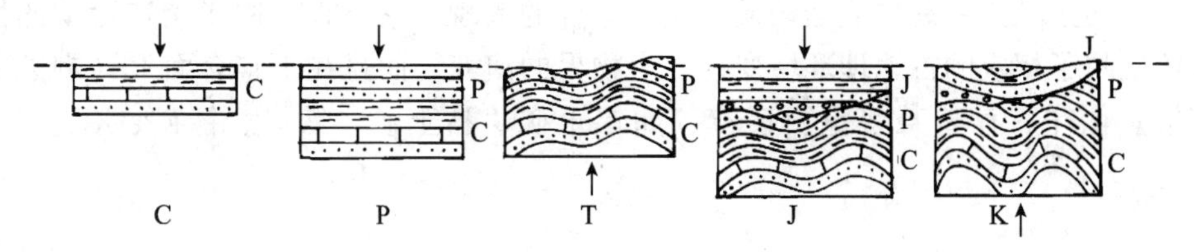


图4-1-30　角度不整合接触（P/J）及其形成过程

上述两种不整合接触，都是由构造运动使地壳上升，产生沉积间断并遭受风化剥蚀。沉积间断的时间有的很短，几十万年到几百万年；有的很长，几百万年至上亿年，在此种情况下，两相邻地层间具有明显的岩层缺失现象，在岩性上及古生物面貌上往往形成突变。

不整合形成时代的位于不整合面的下伏地层中最新一层（顶层）的时代之后，与上覆地层中最老一层（底层）的时代之前。该时期也就是构造运动的时期。

## （四）侵入接触

侵入接触是岩浆侵入到周围的岩石之中，形成侵入体与被侵入的围岩间的接触关系。其接触界线往往很不规则，接触带附近的围岩一般具有接触变质现象，侵入体边缘常包有残留围岩块体，称为**捕虏体**。

侵入接触说明该地区发生过较强烈的构造运动，引起岩浆侵入，形成了侵入体。侵入体的年代晚于被侵入围岩的年代。

## （五）沉积接触

沉积岩层覆盖在早期形成的侵入体之上，分界面为剥蚀面，剥蚀面上残留有该侵入体遭受风化剥蚀的产物。

沉积接触表明，侵入体形成后，地壳上升使其遭受风化剥蚀，侵入体上面的围岩以及侵入体上部被剥蚀掉，然后地壳下降，在剥蚀面上接受沉积，形成新的地层。该侵入体的年龄老于其上覆岩层的年龄。

在野外常可见到，同一侵入体与围岩之间既有侵入接触，又有沉积接触，这时要根据接触带上的特征加以区别。然后可以通过两种接触关系判断该侵入体的形成年代。如图4-1-31所示，花岗岩是在奥陶纪之后，泥盆纪之前侵入形成的。

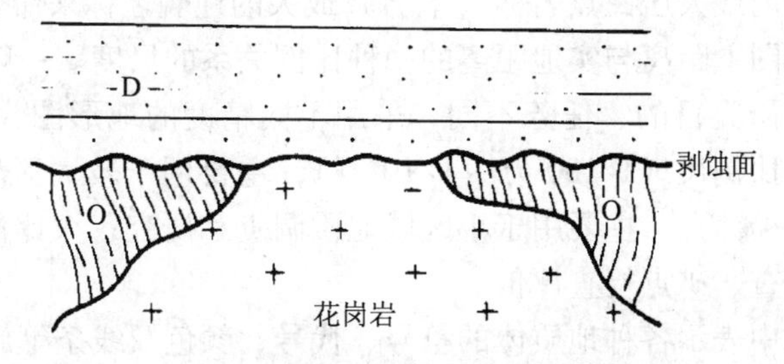


图4-1-31　花岗岩与围岩的侵入接触与沉积接触关系
（据夏邦栋，1995）

岩层间的接触关系是构造运动最明显最综合的表现。它不仅反映了构造运动的性质、规模，还反映了相应的古地理环境变迁、生物界的演变，而且在不整合面上（剥蚀面上、接触带中）往往赋存着某些重要矿产，如铝土矿、黏土矿、铁矿、锰矿、有色金属等矿产。

# 六、地质图的判读

## （一）几种常用的地质图

**地质图**：广义的地质图包括所有反映地质内容为主的图件。狭义的地质图就是将一个地区的地层、岩浆岩体、地质构造及矿产等内容以及它们之间的相互关系，按一定比例尺，用规定的线条、符号和颜色表示在平面上的图件。

**地质构造图**：在地质图的基础上通过地质构造分析，用规定符号标明各种地质构造形迹的图件。

**地质剖面图**：指垂直于区内地层走向或主要构造线方向所切割的地质体剖面，反映地质体深部地质特征的图件。可在地质图上切割绘制（图切剖面图：连接地质图相对图框上的两点 *A*、*B* 画一条直线，称为剖面线，沿此线将地形、地层、岩体、构造等地形地质内容及产状，投影到剖面上绘制的）。也可以在野外实地测量绘制（实测剖面图）。

**综合地层柱状图**：在地质图的基础上，综合分析区内地层、岩体的岩性、时代、厚度及其接触关系，以由老到新、自下而上的顺序，按一定比例尺，用线条、符号及颜色绘制在一个呈柱状的剖面图上，两侧标示出地层时代、岩性、化石、地层厚度及接触关系等的图件。

根据生产任务或研究目的不同，还有各种类型的地质图，如地质矿产图、矿产预测图、岩相-古地理图、构造纲要图、大地构造图、勘探线剖面图、水文地质图、工程地质图、第四纪地质图等。

## （二）地质图包括的其他内容及格式

一幅正式的某地区地质图除地质图外，还应包括：图名、比例尺、图例、地质剖面图、综合地层柱状图、图幅接图表、编制单位责任表。如果是区域地质图还有图幅代号。

**图名**：一般用图内最大居民点名称（地名）或大的地貌名称来命名。

**比例尺**：是表明图上距离与实地距离的一种比例关系的尺度。一般用文字、数字或线条比例尺表示。由于研究目的、任务不同，采用不同精度的地形图为底图，精度要求愈高，比例尺愈大：小比例尺（1∶100 万～1∶10 万），主要用于较大区域地质调查和研究；中比例尺（1∶5 万～1∶1 万），主要用于小区域地质调查和研究；大比例尺（大于 1∶1 万）主要用于矿区地质调查、矿点检查评价。

**图例**：将地质图中表示各种地质体的符号、代号、颜色及线条等放在小长方块中，加以说明，并按一定顺序（地层、岩浆岩、构造、矿产、其他）排列于图幅的右侧方。

**地质图的格式**：排列格式见图 4-1-32。

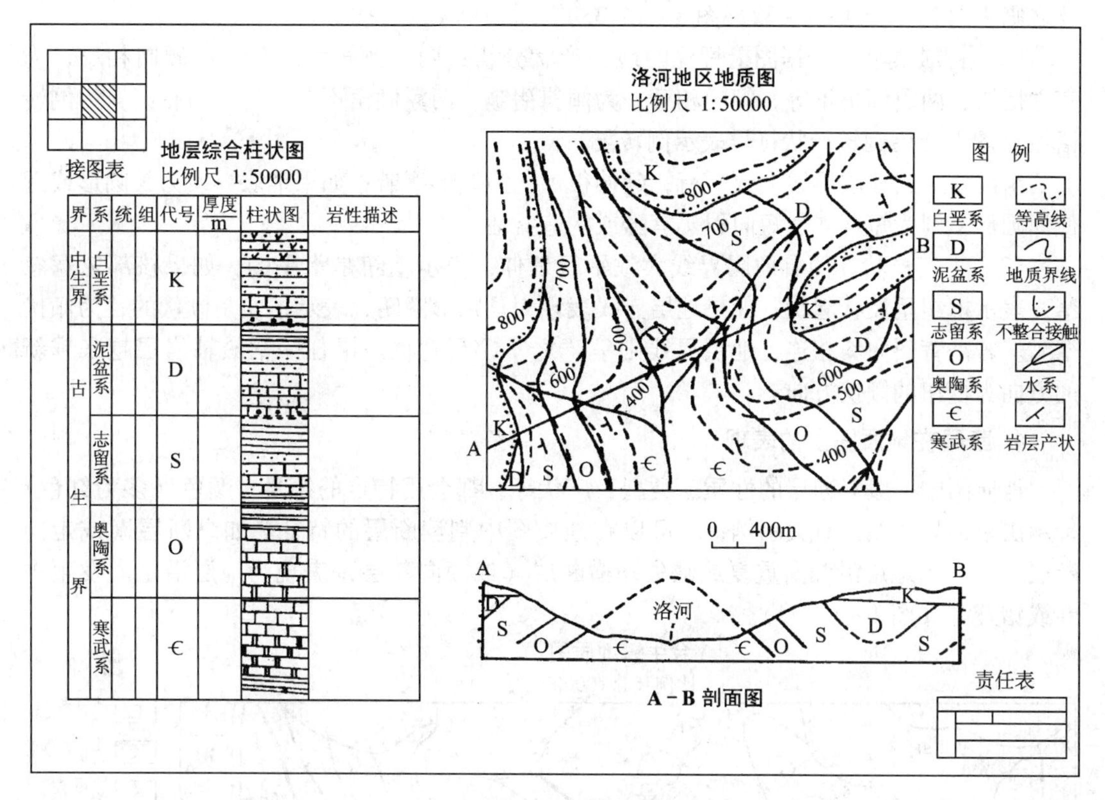


图4－1－32　地质图的格式

（据徐邦梁，1998）

## （三）地质内容及特征在地质图上的表现

### 1. 水平岩层在地质图上的表现

（1）岩层界线与等高线平行或重合（图4－1－32中白垩系）。

（2）同一岩层在不同地点的出露标高相同。如果未经河流切割，在地面上只能看见新地层的顶面；若经过河流下切形成沟谷，则表现为新地层位于高处，老地层位于低处。

（3）岩层的厚度等于顶面和底面的高差。

### 2. 倾斜岩层在地质图上的表现

（1）如果地形较平坦，地层界线大致平行延伸。

（2）如果地形有较大起伏时（如有山有谷），地层界线与等高线斜交，在沟谷和山脊处常常形成V字形弯曲。不同倾向、倾角的地层在不同坡度的地形上，有规律地表现为不同的V字形弯曲，称为V字形法则（图4－1－32）。

其他构造线如断层线等，其露头形状也适用于V字形法则。该法则常用于指导填绘大比例尺地质图。小比例尺地质图上，因地形、地层走向线弯曲反映不明显，故较少运用V字形法则。地质图上一般会标注产状，所以不做详述，构造地质学中将详细介绍。

### 3. 褶皱在地质图上的表现

（1）背斜和向斜。图上地层对称重复出现，从核部到两翼，地层越来越新为背斜；

反之则为向斜（图4－1－32，图4－1－33）。

（2）褶皱类型。根据图上标注的地层产状分析：两翼倾角大致相等，倾向相反，为直立褶皱；两翼倾角不等，倾向相反，为倾斜褶皱；两翼倾角不等，但倾向相同，为倒转褶皱（图上会用倒转产状符号表示倒转翼）。

组成褶皱的地层界线大致平行，延伸很远，为线形褶皱；如果地层界线为长圆形或近似浑圆形，则为短背斜、短向斜、穹隆或构造盆地。

（3）枢纽产状。两翼地层界线大致平行延伸，表示枢纽是水平的；如果核部忽宽忽窄，表示枢纽呈波状起伏；如果地层界线表现为马蹄形圈闭，表示枢纽是倾伏的，为倾伏褶皱。若是背斜向斜相连，地层界线则呈"之"字形弯曲。沿任一褶皱轴岩层越来越新的方向为枢纽的倾伏方向。

**4. 断层在地质图上的表现**

地质图中一般对断层的性质、类型、产状等，都会用特定的符号、颜色（多为红色）标示出来，只要熟记有关图例，就可以在地质图中判读断层的特征。如纵断层（或走向断层）表现为地层沿倾向重复或缺失；横断层（或倾向断层）表现为地层沿走向发生中断或错开等（图4－1－33）。

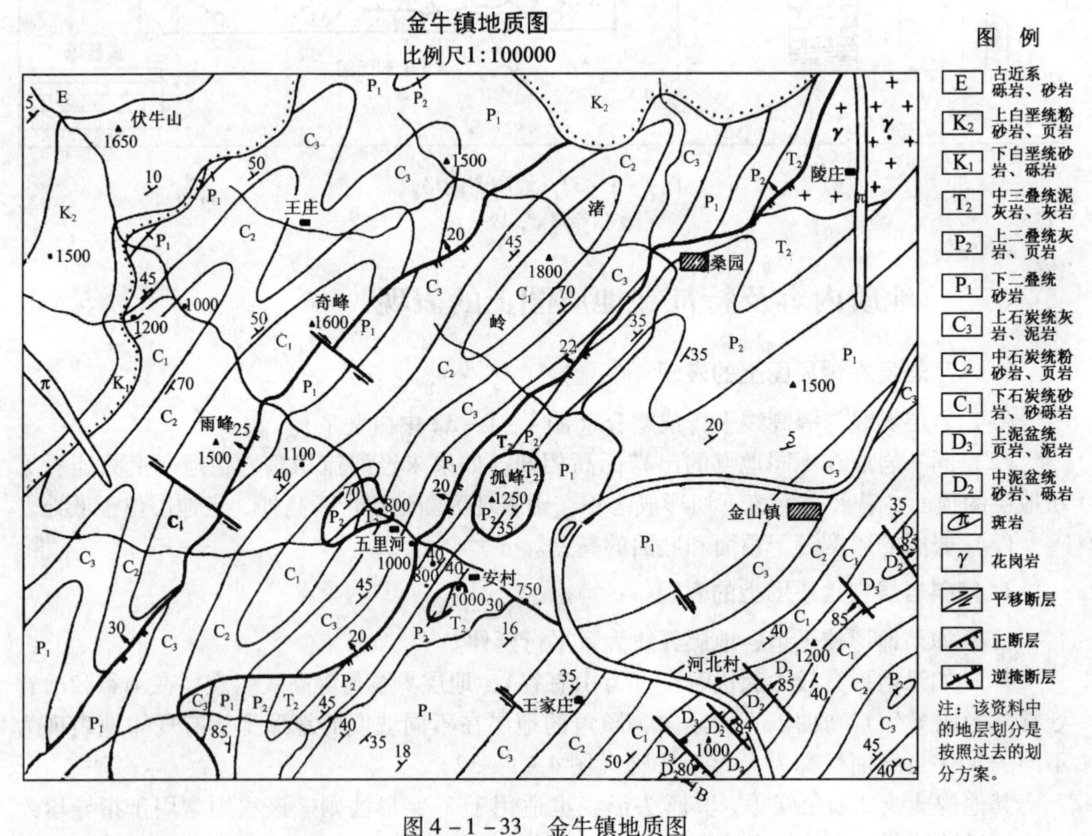


图4－1－33　金牛镇地质图

（据徐开礼等，1984）

**5. 地层接触关系在地质图上的表现**

（1）整合接触。地层界线大致平行，一般没有缺层现象（有时有地层变厚、变薄及自然尖灭现象）。

（2）平行不整合接触。地层界线大致平行，有地层缺失现象。

（3）角度不整合接触。地质图中会用特殊的界线（实线加点线）表示不整合线，靠点线一侧为较新地层，其地层界线与不整合线平行；实线一侧为较老地层，其地层界线与不整合线相交，新老地层之间有显著的缺层现象（图4－1－32，图4－1－33中白垩系）。

**6. 岩浆岩体在地质图上的表现（图4－1－33）**

（1）岩基或岩株。岩体界线常穿过不同的围岩界线，若规模较大，形体不甚规则，为岩基；若规模较小，形体较规则，为岩株。

（2）岩脉、岩墙。岩体界线呈长条状，穿过不同的岩层界线。

地质图上对不同性质的岩体，一般用不同颜色加代号表示。通常酸性岩体用红色；中酸性岩体用粉红色；基性岩体用绿色。

## （四）阅读地质图的步骤和方法

（1）看图名、图幅代号、比例尺。了解图幅所在的地理位置、范围大小、精度要求以及出版时间、制图人等。

（2）看图例。了解图幅区内出露的地层、岩体，它们的岩性、时代、代号及色标。了解区内有哪些构造、矿产，它们的性质、类型、符号及色标。

（3）分析图内的地形特征。根据图中地形等高线，分析区内山脉的走向变化、地势分布（最高点、最低点、相对高差）、水系发育情况等。有的地质图上没有地形等高线（多为小比例尺地质图，见图4－1－33），一般可根据水系的分布来分析地形的特点，如河流的主流总是流经地势较低的地方，支流则分布在地势较高的地方，顺流而下地势越来越低；位于两条河流中间的分水岭地区总是比河谷地区要高等。了解地形特征，可以帮助了解地层分布规律、地貌与地质构造的关系等。

（4）粗读地质内容。从整体上了解图区内一般地质情况：①地层分布情况，老地层分布的部位，新地层分布的部位。结合地层柱状图了解区内地层时代、岩性、化石、地层厚度及接触关系等；②岩浆岩的性质及分布，岩体与地层、构造、矿产的关系；③地层、岩体的变质程度，变质岩的分布范围及特征；④褶皱、断层的性质、类型及展布情况，断层与褶皱的关系等；⑤矿产种类及分布情况，与地层、岩体、构造的关系。

（5）阅读剖面图，了解深部地质构造特征。从剖面上了解地形起伏变化，以及地层、岩体、构造等在地下的延伸状况和组合形态。结合地质图上平面特征，加深对区内地质特征的了解。

（6）详细阅读。在掌握全区地质构造概况的基础上，再对每一个局部地质构造进行详细分析。还可以根据自己的需要，选择所要重点了解的某一块段或某方面内容，进行详细阅读分析。

（7）归纳总结。把区内所有的地质特征联系起来，分析总结它们的形成机制和内在联系以及变化发展规律，从而恢复全区的地质发展历史，阐明矿产成因与分布规律。

### 复习思考题

1. 何谓地层产状三要素？有哪几种表示方法？

2. 什么是地质构造、褶皱、断裂、节理、断层？

3. 图示褶皱构造两种基本类型。在野外如何识别？

4. 简述张节理、剪节理的识别特征。

5. 断层有哪几种类型？各具有哪些识别特征？

6. 岩层有哪几种接触关系？各反映何种地质意义？

7. 绘制一幅理想的地质剖面图，将背斜、向斜、正断层、逆断层及各种接触关系表示出来，并标明注记。(可上网查询有关资料)

8. 地质图中应包括哪些内容？

# 学习任务2　地震作用及其地质现象的识别

**【任务描述】** 地震是极为常见的一种灾害性地质现象，是构造运动的一种特殊的表现形式。它所产生的地震波能够导致山崩地裂，屋倒人亡，给人类带来巨大的危害。因此调查和研究地震的成因、特征，找出其规律，尽量做好预报预防，减轻灾害造成的损失，是地质工作的任务之一。

**【学习目标】** 掌握地震的震级和烈度划分及其区别；熟练掌握地震成因类型及地震地质现象的识别；掌握地震的分布及其预报和预防。

**【知识点】** 地震、地震波、地震震级、地震烈度；地震成因类型：构造地震（断裂地震)、火山地震、陷落地震；地震地质现象：地裂及微地形变化、山崩与滑坡、喷沙冒水、海啸；世界地震分布、我国地震分布；地震预报和预防。

**【技能点】** 地震成因类型、地震地质现象的识别方法。

## 一、地震的一般特征

### （一）地震概况

地震是大地的快速震动。当地球内部能量积累到一定程度时，就会以地震、火山等形式向外释放能量。因此地震属于内力地质作用。从地震的孕育、发生和产生余震的全部过程称为地震作用。它发源于地下深处某一处，该处称为震源。振动从震源传出，在地球中传播。震源垂直投影在地面上的点称为震中，它是地表的地震中心。地面上受地震影响的任何一点到震中的距离，称为震中距。地震破坏程度最大的区域，称为震中区。震域是地震在地面上波及的地区（图4－2－1）。

通过仪器测量，全球每年发生地震约500万次。其中人们能感觉到的地震每年约5万次。造成破坏性严重的地震每年约十多次。

造成人类巨大伤亡的地震虽然很少，但地震仍然是对人类最具威胁的自然灾害。常在顷刻间山崩地裂，地表错位，河水堵塞或决堤，建筑物倒塌，电路走火，水道断裂等，给人民生命财产造成巨大危害。在海底或滨海地区发生的强烈地震，能引起巨大的波浪，称为海啸。往往波涛汹涌，波浪高达十余米到几十米，大量海水涌向陆地，在沿岸地带造成极大破坏。

1556年发生在陕西华县的地震造成约83万人死亡，这次地震可能是造成人类死亡人数最多的自然灾害；1920年宁夏海原发生8.5级地震，造成的死亡总人数为23万人；1923年的日本关东发生8.3级大地震，造成14万人死亡，对日本的经济造成了巨大的破坏；1976年7月28日唐山发生7.8级大地震，把唐山市夷为平地，给唐山人民带来了巨

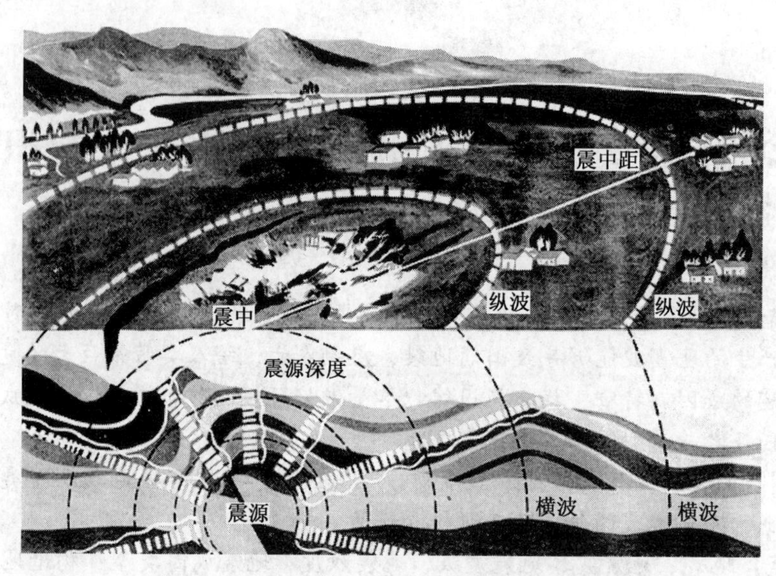

图4－2－1　震源、震中及地震波传播方式图

大的灾难；2004年12月26日印度尼西亚苏门答腊岛附近海域发生的8.7级地震，10多米高的海浪席卷沿岸村庄和海滨度假区，波及十几个国家，造成20多万人死亡和巨大的经济损失。2008年5月12日，在四川汶川一带发生8.0级大地震，震源深度14km，遇难6.9万人，受伤37.4万人，失踪1.8万人（图4－2－2）。2010年04月14日，青海省玉树县发生7.1级地震，震源深度33km，造成2220人遇难，失踪70人。2011年3月11日，日本宫城县以东太平洋海域发生里氏9.0级地震，震源深度20km，地震引发大规模海啸（图4－2－3），造成15843人死亡，3469人失踪，并引发日本福岛第一核电站发生核泄漏事故。

图4－2－2　汶川地震造成的破坏图片

## （二）地震波

地震的能量是通过岩石以弹性波的形式向四面八方辐射传播。这种弹性波称为地震

图4－2－3　日本地震造成的海啸

地震将引发约6m高的海啸，图为大地震后海面出现奇怪的大漩涡

波。地震波按传播的方式，分为三类。

**纵波（P波）：**是推进波。是由震源向外传递的压缩波，质点的振动方向与波的传播方向一致。纵波在固态、液态及气态的介质中均能传播。纵波的周期短、振幅小、速度快，在地壳中的传播速度为5.5～7km/s，最先到达震中，因而地震时地面总是最先发生上下振动，其破坏性较弱。

**横波（S波）：**是剪切波。其质点的振动方向与波的前进方向垂直。横波只能在固体中传播，横波的周期长、振幅较大、速度也较慢，为3.2～4.0km/s，是第二个到达震中的波动，因横波是横向振动，当横波到达震中时，地面发生左右抖动或前后抖动。这种振动方式对建筑物的破坏较强。

**面波（L波）：**它不是从震源发生的，而是由纵波与横波在地表相遇后激发产生的次生波，仅沿地表面传播。其波长大，振幅大，传播速度慢，是横波的1/2。其振动方式兼有纵波与横波的特点，类似于质点作圆周式振动的水波。表面波的振幅大，它是造成建筑物强烈破坏的主要因素（图4－2－4）。

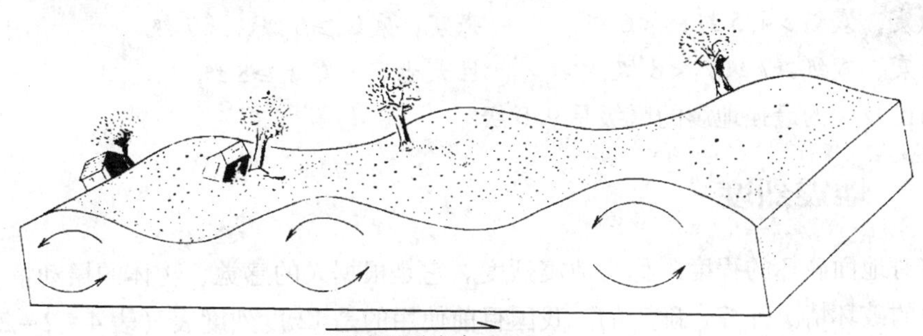


图4－2－4　面波对地面的影响

（据夏邦栋，1995）

通过地震仪可以记录各种地震波的数据，从而研究地震的发生地点、时间及强度等。

因此，地震波是研究地震和预报地震的重要依据。

## 二、地震强度

地震强度由地震震级和地震烈度两种方法表示。

### （一）地震震级

震级表示地震能量的大小，取决于地震释放的能量，释放的能量越大，地震的震级越高。目前世界各国均采用里氏震级（$M_L$）表示地震的大小，也称为波震级，分为9个震级。其震级的计算是取距震中100km处由标准地震仪记录的地震波最大振幅的对数值。振幅的单位为微米（μm）。如最大振幅值为10mm，即10000μm，其对数值为4，地震震级即为4。一次地震只有一个震级。震级每增加一级，能量大约增大30倍左右。比如，一个6级地震释放的能量相当于美国投掷在日本广岛的原子弹所具有的能量。一个7级地震相当于32个6级地震，或相当于1000个5级地震，震级相差0.1级，释放的能量平均相差1.4倍。震级与释放能量的关系是对数关系（表4-2-1）。

表4-2-1　震级（$M_L$）与能量（$E$）的关系

| $M_L$ | $E$/J | $M_L$ | $E$/J |
|---|---|---|---|
| 1 | $2.0\times10^{6}$ | 7 | $2.0\times10^{15}$ |
| 2 | $6.3\times10^{7}$ | 8 | $6.3\times10^{16}$ |
| 3 | $2.0\times10^{9}$ | 8.5 | $3.6\times10^{17}$ |
| 4 | $6.3\times10^{10}$ | 8.9 | $1.4\times10^{18}$ |
| 5 | $2.0\times10^{12}$ | 9 | $2.0\times10^{19}$ |
| 6 | $6.3\times10^{13}$ | | |

按震级大小可把地震划分为以下几类：

弱震，震级<3级　　有感地震，震级≥3级，≤4.5级

中强震，震级>4.5级，<6级　　强震，震级≥6级，<7级

大地震，震级≥7级，<8级　　巨大地震，震级≥8级

目前已发生的最强地震的震级是9.0级。

### （二）地震烈度

地震对地面破坏的程度，称为地震烈度。它是根据人的感觉、物体的振动情况、建筑物及地面的破坏情况等综合确定的。我国目前使用的是12度烈度表（表4-2-2）。其中6度以上烈度的都具有破坏性，最高为12度是毁灭性破坏的。同一次地震只有一个震级，但在不同地区造成的破坏程度却不同，因此具有不同的烈度：震中区破坏最厉害，烈度最高，离震中越远烈度越低，烈度相同点的连线，称为**等震线**。由于地表各处地质条件不均一，破坏程度也就不一样，因而等震线并不是规则的同心圆（图4-2-5）。

表4-2-2　地震烈度表

| 烈度 | 主要特征 |
| --- | --- |
| 1 | 无感、仪器才能记录到 |
| 2 | 个别非常敏感但完全静止的人有感 |
| 3 | 室内少数静止的人感觉有振动，悬挂物有些摇动 |
| 4 | 室内大多数人和室外少数人有感觉，少数人从梦中惊醒，门窗、顶篷、器皿等有时轻微作响 |
| 5 | 室内几乎所有人和室外大多数人能感觉到，多数人从梦中惊醒，不稳器皿翻倒或落下，墙上灰粉散落，抹灰层上可以有细小裂缝 |
| 6 | 一般民房少数损坏，简陋的棚窑少数破坏，甚至有倾倒的，潮湿疏松土里有时出现裂缝，山区偶有不大的滑坡 |
| 7 | 一般民房大多数损坏，少数破坏，坚固的房屋也可能有破坏，民房烟囱顶部损坏，个别牌坊和塔或工厂烟囱轻微损坏，井泉水位可能发生变化 |
| 8 | 一般民房多数破坏，少数倾倒，坚固的房屋可能有倾倒的，有些碑和纪念物损坏、移动或翻倒，土质地面有裂缝，宽达10cm以上，常有挟泥沙的水喷出，土石松散的山区有崩滑，人畜有伤亡 |
| 9 | 一般民房多数倾倒，许多坚固的房屋遭受破坏，少数倾倒 |
| 10 | 坚固的房屋多数倾倒。地表裂缝成带断续相连，总长度可达几千米，有时可局部穿过坚实的岩石 |
| 11 | 坚固房屋普遍毁坏。山区有大规模的崩塌，地表产生相当大的垂直和水平断裂，地下水位剧烈变化 |
| 12 | 一切建筑物普遍毁坏，广大地区内地形改变很大，地面与地下水系均被破坏，洪水溢流，山区崩塌，土陷，动植物遭到毁灭 |

（据谢毓寿，1957）

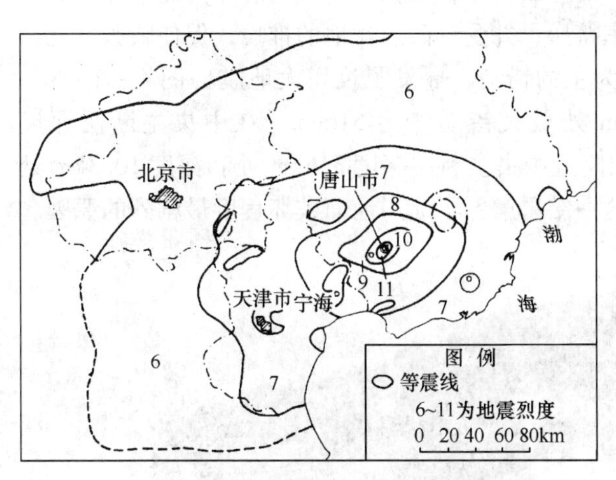


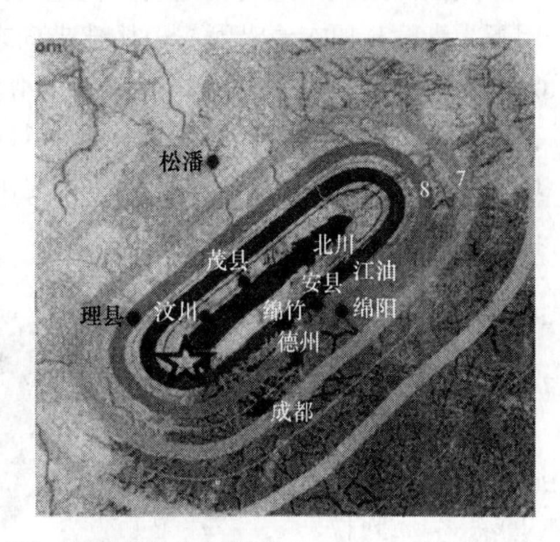


图4-2-5　唐山（A）和汶川（B）地震烈度分布图

## 三、地震的类型及地质现象的识别

### （一）地震的成因类型

#### 1. 构造地震（断裂地震）

构造地震由地下岩石突然发生错断引起。位于地下的岩石长期处于地应力的作用之下，积蓄了大量的能量。一旦地应力的强度超过了岩石强度极限，岩石就要发生破裂（图4－2－6）。变形的前期属于弹性变形，岩石在弹性变形阶段，变形量是逐渐加强的，而岩石由弹性变形发展到破裂是突变的和快速的。岩石突然破裂时将积累的地应力迅速释放出来，在断裂面两侧的岩层产生整体的弹性回跳，引起弹性振动，并以地震波的形式向四面八方传播。这就是地震成因的弹性回跳说（图4－2－7）。

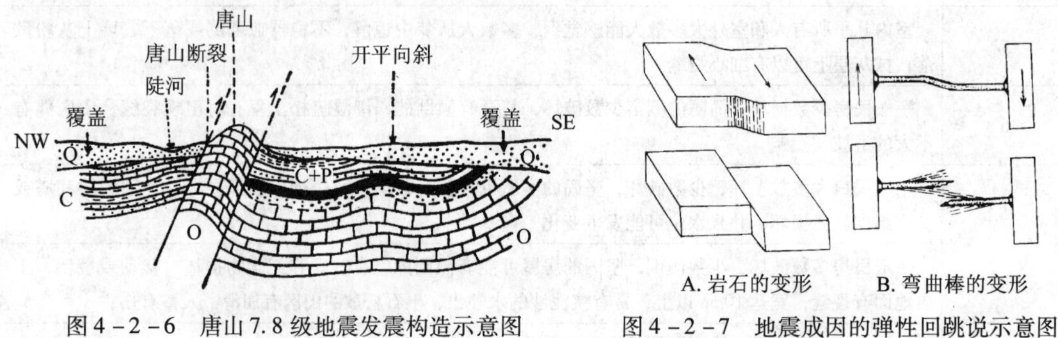


图4－2－6　唐山7.8级地震发震构造示意图
（据徐邦梁，1998）

图4－2－7　地震成因的弹性回跳说示意图
（据夏邦栋，1995）

构造地震是由岩石圈的构造运动所引起的，是地球上发生次数最多、规模最大、持续时间最长、破坏性最大的地震类型。地球上约90%的地震和破坏性最大的地震都属构造地震。是自然灾害中危害最为严重的一种。

我国四川汶川地震就是发生在龙门山的主断裂上，是在印度板块总体向北东方向的作用下，青藏高原东缘沿龙门山构造带向东挤压，并受到四川盆地的推挡，促使映秀－北川龙门山中央主断裂发生逆冲和右旋走滑为主的错动，爆发了汶川大地震（图4－2－8）。在映秀附近山前主边界断层深度9.1km处最大错动量为516cm，在中央主断层深度15.5km处最大错动量为1249cm；在北川附近中央主断层深度3.6km处和深度10.3km处最大错距分别高达1043cm和1200cm。这一结果解释了北川地面破坏程度最剧烈的原因。

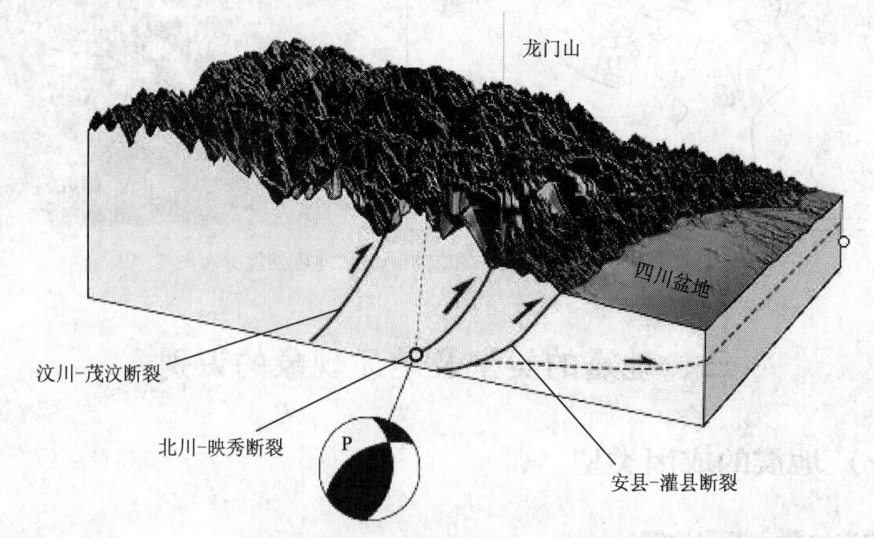


图4－2－8　汶川地震区域构造背景
（据国家地震局网络数据中心）

**2. 火山地震**

火山喷发过程中，岩浆在地下运移及冲破地壳上部的岩层时，使地应力发生变化所引起的地震。火山地震约占全部地震的7%。这种地震强度较小，只是在火山带周围地区有较显著影响。沿海地区或海岛上强烈火山爆发还能引起海啸。

**3. 陷落地震**

陷落地震是由地面塌陷、崩落等作用引起的。主要在石灰岩发育地区，岩石被地下水长期溶蚀，形成巨大地下空洞，以及矿山采空区。一旦洞顶失去支撑力而发生塌陷，引起地表振动形成地震。巨大山体崩落时，也可能引起地震。这类地震规模很小，一般不超过几平方千米，强度极弱，破坏性也不大。约占地震总数的3%。

引起地震的原因很多，除上述三种主要原因外还有人类活动造成的人工地震：如采石采矿时进行的人工爆破、大型水库蓄水及地下核爆炸等，都会引起或诱发地震。有时也会造成一定的破坏。

震源到震中的距离称为震源深度。震源深度越小破坏性越大。按照震源深度可以将地震分为：深源地震，震源深度为300～700km；中源地震，震源深度为70～300km；浅源地震，震源深度<70km。破坏性最大的地震都属于浅源地震，它约占全球地震总数的90%，而且其震源多集中在5～20km的深度范围内。我国唐山地震的震源深度只有12km，汶川地震的震源深度也只有15km，因此形成巨大的破坏力。

在主震发生之前通常会有一些前震，主震发生之后还会发生一些余震。我国汶川地震属于主震余震型，记录到27000多次余震。其中6级以上余震8次，最大的余震为6.4级；5级以上余震41次。

## （二）地震地质现象

地震发生时，地壳中的应力场发生了较大的变化，常会出现下列一些地质现象。

**1. 地裂及微地形变化**

前面已经介绍过，地震主要是由岩石圈的构造运动引起的，是地下岩石突然破裂时将积累的地应力迅速释放出来造成的。能量的释放常引起地面的隆起、错动、扭曲等各种变形。最常见的是水平错动形成的地面裂缝，称为地裂（或地裂缝）（图4-2-9）。地裂缝受地应力的控制具有一定的方向性，往往与震域内地质构造有着密切联系。1920年12月宁夏海原地震，造成自甘肃景泰兴泉堡至宁夏固原县硝口长达215km的巨大破裂带，至今仍清晰可辨。1970年1月云南通海地区发生的地震，产生的地裂缝沿北西方向延长达60km，水平相对位移的距离为2.5m。

地震常引起地面波状起伏、扭曲，它们是由于地震所产生的挤压力作用的结果。如1976年7月28日我国唐山地震，在一条马路上的地面就产生了一系列的枕状起伏，甚至连坚硬的铁轨也被扭成弯曲状。

**2. 山崩与滑坡**

在山区发生地震时常发生崩塌作用和滑动作用，由此产生的山崩和滑坡规模往往很大。如西藏地区在1911年，因地震引起在莫尔加布河上，由崩塌的岩土堆成一座高达

700m 以上的大坝。1920 年 12 月海原地震，海原、固原和西吉县滑坡数量多到无法统计的地步。在西吉南夏大路至兴平间 65km² 内，滑坡面积竟达 31km²。滑坡堵塞河道，形成众多的串珠状堰塞湖。汶川地震引发的大量的滑坡、崩塌、泥石流等地质灾害多达 12000 多处，潜在隐患点近 8700 处，有危险的堰塞湖 30 多座。在高寒地区，地震使山上厚层积雪崩落引起雪崩。

**3. 喷沙冒水**

地震作用往往使地下含水岩层受到挤压，地下水常夹带着泥沙沿着裂缝向地表喷出，形成喷沙冒水现象（图 4 –2 –10）。这些喷出物堆积在裂缝四周形成一种低矮锥形小丘，外形好似火山，故有人称为泥火山。如唐山地震时，造成的喷沙冒水现象非常普遍。这种现象一般发生在烈度 7 度以上的地区。

图 4 –2 –9　错断开的地裂缝

图 4 –2 –10　喷沙冒水

**4. 海啸**

前已叙及，海啸是海底地震引发的一种灾难性结果。

1960 年 5 月 22 日在智利发生的 8. 9 级地震所引发的海啸波及了太平洋的广大地区，5 月 23 日海啸到达夏威夷时浪高约 10m，死伤 200 多人，5 月 24 日海啸到达日本时浪高还有 6. 5m，伤亡 100 多人，沉船 100 多艘。2004 年 12 月 26 日印度尼西亚苏门答腊岛附近海域发生的 8. 7 级地震，10 多米高的海浪席卷沿岸村庄和海滨度假区，造成沿岸各国 20 多万人死亡和巨大的经济损失。2011 年 3 月 11 日，日本发生里氏 9. 0 级地震，地震引发大规模海啸，海啸最高达到 24m。造成 15843 人死亡、3469 人失踪，并引发日本福岛第一核电站发生核泄漏事故。

## 四、地震的分布

### （一）世界地震的分布

地震主要发生在岩石圈构造活动带，现代全球地震的分布受板块构造活动边界的控制，有规律地主要集中在三个带上：环太平洋地震带、地中海 –印尼地震带、洋中脊地震带（图 4 –2 –11）。

**1. 环太平洋地震带**

环太平洋地震带分布于濒临太平洋的大陆边缘与岛屿。从南美西海岸安第斯山开始，

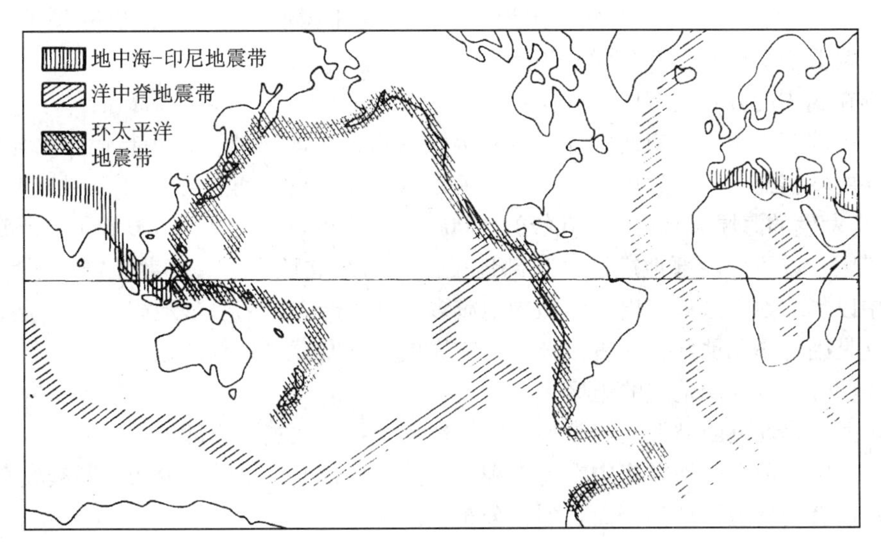


图4-2-11　世界地震震中的分布
（据美国环境科学事业局和太平洋沿岸及大地测量所，1969）

向南经南美洲南端，马尔维纳斯群岛（福克兰群岛）到南乔治亚岛；向北经墨西哥、北美洲西岸、阿留申群岛、堪察加半岛、千岛群岛到日本群岛；然后分成两支，一支向东南经马里亚纳群岛、关岛到雅浦岛，另一支向西南经琉球群岛，我国台湾、菲律宾到苏拉威西岛，与地中海-印尼地震带汇合后，经所罗门群岛、新赫布里底群岛、斐济岛到新西兰。这一地震带位于太平洋板块与大陆板块碰撞地区，是太平洋板块俯冲造成的。因此，集中了世界上80%的地震，包括大量的浅源地震，90%的中源地震几乎所有深源地震和全球大部分特大地震。

**2. 地中海-印尼地震带**

这是一条横跨欧亚非三洲、近东西向展布的地震带，全长2万多千米。西起大西洋亚速尔群岛，向东经地中海、土耳其、伊朗、阿富汗、巴基斯坦、印度北部、中国西部和西南部边境，过缅甸到印度尼西亚，与环太平洋地震带相接。是由印度板块插入到欧亚板块之下产生的。该带是大陆古板块构造研究的重要地区，集中了世界上15%的地震。由于是大陆古板块构造引起的，因此主要是浅源地震和中源地震，缺乏深源地震，但其影响范围较宽，分布也不均匀。

**3. 洋脊地震带**

分布在全球各大洋的洋脊区和海中隆区，均为浅源地震，数量较少，震级一般也较小。

此外，大陆内部还有一些分布范围相对较小的地震带。如东非裂谷地震带。

## （二）我国地震的分布

我国处于环太平洋地震带和地中海-印尼地震带之间，因此我国是一个多地震的国家。新中国成立以来就发生过多次破坏性地震。如1966年邢台地震，1973年甘孜地震，1974年海城营口地震，1975年溧阳地震、炉霍和道孚地震，1976年唐山地震和云南昭通地震，1977年溧阳地震，2008年汶川地震，2010年玉树地震。这些地震除发生在溧阳的两次地震略低于7级外，其余均在7级以上。

地震在我国的分布具有以下规律：

我国中部有一条纵贯南北的地震带称为陕、川、滇地震带。它北起贺兰山与六盘山，向南横穿秦岭，经龙门山到川西及滇东，绵延2000余千米，集中了若干7级以上的大震。如1920年发生的海原大地震（8.5级），2008年发生的汶川地震（8.0级）。此带以东为东部地震区，以西为西部地震区。东部地震区分为东北地震区、华北地震区及华南地震区。其中以华北地震区最突出，强烈的地震多在此区产生。如邢台地震、营口地震、唐山地震。这是因为华北地区，太古宙及元古宙岩层广泛发育，其刚性强，易于破裂。东北地震区是我国唯一有深源地震的地区。

我国西部是新近断裂活动强烈的地区，也易于发生大震。西部地震区分为西北地震区和西南地震区。前者的地震集中在高山和盆地的交界带上，呈带状分布，断裂发育，有许多大震；后者的地震活动频繁而强烈，分布较密集而均匀。

## 五、地震预报与预防

### （一）地震预报

地震发生前，地球内部有一个能量积蓄和孕育的过程，必然会发生各种各样的变化，并引起自然界的各种异常反应，产生一些异常现象。这些异常反应和异常现象就是地震前兆，是预测、预报地震的重要依据。

根据我国1999年发布的《地震预报管理条例》，地震预报分为四类：

长期预报：指对未来10年内可能发生破坏性地震的地域的预报；

中期预报：指对未来1~2年内可能发生破坏性地震的地域和强度的预报；

短期预报：指对未来3个月内将要发生地震的时间、地点、震级的预报；

临震预报：指对10日内将要发生地震的时间、地点、震级的预报。

很显然地震预报必须包括三个要素：时间、地点、震级，并预测其烈度。

中长期预报主要根据历史地震的资料和地质情况，做出地震区划图，划出地震危险区，并指出危险程度。短期预报、震前预报一方面靠地震和地质情况的调查研究，主要靠运用各种监测手段，既通过各种仪器对地震前兆监测。

监测的主要内容有：前震（大震前的小震）、地壳形变、地下水、地下气体（主要是氡）和地球电场、磁场、地应力场、重力场等各种微观测量的变化。在临近地震前还可以观测到地下水位、水质的突变和地声、地光、电磁干扰、动物行为异常等一系列宏观异常变化。这些前兆都与地震孕育过程中所引起的地球内部物理化学平衡的转变有关。

地震是威胁人们的生命财产安全，影响国计民生的严重自然灾害。预报地震是地震和地质工作者的神圣使命。新中国成立以来，我国地震部门先后对20余次中强以上地震作出了不同程度的短期和临震预测预报。如辽宁海城、云南龙陵、四川松潘－平武、盐源－宁蒗、云南孟连、新疆伽师等大地震进行了成功的预报。有效地保护了人民的生命和财产安全。

近十几年来，我国相继建设和改进了数字地震观测、地震前兆观测系统及一批重点实验室。地震应急指挥技术系统和地震观测系统、数据传输系统也都得到了较大程度的改善。2007年底建成了由国家数字地震台网、区域数字地震台网、火山数字地震台网和流动数字地震台网组成的新一代中国数字地震观测系统，标志着我国在大陆地震研究领域进入了世界领先水平。虽然人们还没有完全了解地震的发震过程及其成因机制，尤其在临震预报方面还没有十分的把握，相信在不远的将来，地震预报会取得重大的突破。

### （二）地震预防

地震的预防主要在于提高建筑物的抗震能力。尽量避免在地震活动带上建造大规模建筑物，特别是在地震区划图划出的地震危险区内，在设计与施工中应根据地震区划的资料采取严格的抗震措施，加强地基的稳固性、建筑物的整体性、及结构的牢固性。

现在各国科学家正在探讨如何防止和减少地震的灾害。试图通过人为措施逐步释放岩石因受力积累起来的能量，而不是听其自然的突然释放。也就是人为地引发一些小震来消除大震隐患。目前的途径是对那些有可能引起地震的活动性断裂注水（或水库蓄水），增加岩石的润滑性，使断裂逐渐发生微小活动，逐步释放已积累起来的能量。

## 复习思考题

1. 地震形成的原因何在？
2. 地震震级与烈度有何区别？它们的对应关系如何？
3. 简述全球及我国地震的分布。
4. 地震发生后会产生哪些地质现象？

# 学习任务3　岩浆作用与岩浆岩的识别

**【任务描述】** 壮观绚丽的火山喷发是人们非常熟悉的正在进行的地质作用，也是对人类造成极大灾难的地质灾害。它是由地下深处高温炽热的岩浆喷出地表形成的，还有更多的岩浆侵入到地下一定深度便冷凝成岩浆岩。世界上绝大多数的有色金属、稀有金属和部分非金属矿产都产于其中。调查和研究岩浆岩的成因、特征及其分布，总结地球历史变化发展情况，寻找有关矿床，是地质工作的任务之一。

**【学习目标】** 掌握岩浆活动方式及产状的识别特征；重点掌握岩浆岩的识别特征、分类以及鉴定描述方法，基本能够识别几种常见的岩浆岩。了解内生矿床的类型及特征。为后续课程“岩石鉴定”和“矿床类型识别”打下良好基础。

**【知识点】** 岩浆、岩浆作用、岩浆岩、火山作用；火山喷出物：气态、固态（火山碎屑物）、液态（熔浆）；深成侵入作用：岩基、岩株；浅成侵入作用：岩床、岩盘、岩脉；岩浆岩的识别特征：矿物成分、结构（显晶质结构、隐晶质结构、粒状结构、斑状结构等）、构造（块状构造、流纹状构造、气孔状构造、杏仁状构造等）；岩浆岩的类型：超基性岩、基性岩、中性岩、酸性岩；岩浆岩命名原则，常见岩浆岩；内生矿床的类型及特征：岩浆矿床、伟晶矿床、气化－热液矿床、火山矿床。

**【技能点】** 岩浆岩产状的识别，岩浆岩特征的识别，岩浆岩的鉴定描述命名方法。

岩浆是在上地幔或地壳深处形成的，以硅酸盐为主要成分的炽热、黏稠、含有挥发分的熔融体。它的温度一般在800～1200℃。可以低到650℃，也可高达1400℃。岩浆可以沿着某些地壳薄弱地带或地壳裂隙运移和聚集，侵入地壳或喷出地表，最后冷凝形成岩浆岩。岩浆的形成、运动以及冷凝成岩的全部过程，称为**岩浆作用**。岩浆作用实质上是地球各层圈之间，特别是壳－幔之间、岩石圈－软流圈之间相互作用的结果。岩浆是地球各层圈之间物质和能量交换的载体。岩浆作用是地球内部能量向外释放的另一种表现形式，因此属于内力地质作用。

岩浆作用主要有两种方式，一种是岩浆冲破上覆岩层喷出地表冷凝成岩的全部过程，称为喷出作用或火山作用。喷出地表的岩浆在地表冷凝而成的岩石，称为喷出岩，也称为火山岩。另一种是岩浆上升到地下一定位置，未到达地表便冷凝、结晶形成岩石的全部过程，称为侵入作用。冷凝形成的岩石称为侵入岩。

## 一、火山作用及其产物的识别

### （一）火山构造

火山构造或称火山机构（图4－3－1），包括火山通道、火山锥、火山口等。

**1. 火山通道**

火山通道是岩浆由地下上升的通道。既可以是由多条断裂构成的裂隙通道；也可以是由若干条断裂交会处形成的管状通道，称为火山喉管，现代火山大部分属这种类型。火山通道在火山喷发结束后往往被熔岩或碎屑堵塞，冷凝成管状岩体称为火山岩颈，为次火山岩。最坚硬、最贵重的金刚石常产于其中。

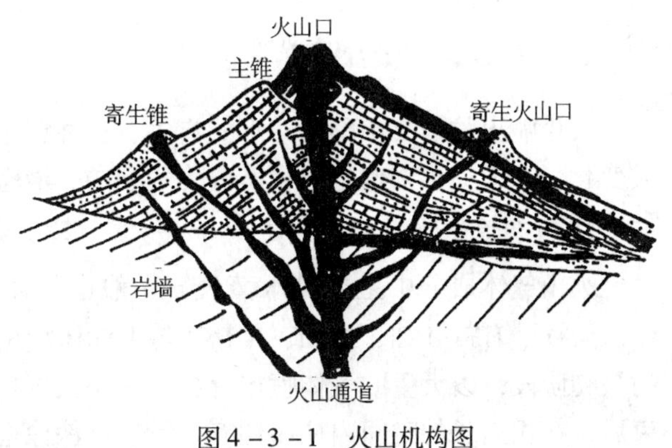


图4－3－1　火山机构图

（据徐邦梁，1998）

**2. 火山锥、火山口**

火山喷出的碎屑物和熔岩，大部分在火山口周围堆积下来，形成锥形高地，称为火山锥；位于火山锥顶部或旁侧的漏斗形喷口，称为火山口。粗大碎屑常堆在火山口周围，细粒碎屑则堆在较远的地方。围绕火山口常因冷却收缩形成环状或放射状裂隙，随后裂隙可被熔岩所填充，形成环状或放射状岩墙群。有的火山锥主要由熔岩构成的，坡度很缓，如同盾状，称为盾状火山。

由于火山多次活动，往往在原来的火山口旁侧或锥坡上出现许多小火山锥，称为寄生火山锥。如意大利西西里岛上的埃特纳火山共有300多个寄生火山锥。

火山如经过多次猛烈喷发，火山口不断碎裂扩大，或由于岩浆冷却收缩，不断塌陷，形成巨大的外形不完整的盆状火山口，称为破火山口。如日本阿苏山破火口南北长23km，东西长16km，好像一个小盆地或小平原，称为火口原。火口原上还往往分布着若干村落。火山口中如积水成湖叫火山口湖，如长白山主峰白头山顶上的天池（海拔2194m，湖面面积10km$^2$，中心深375m，史料记载曾有三次喷发，即1597年、1668年、1702年，图4－3－2）、广东湛江的游览胜地湖光岩，都是有名的火山口湖。

图4－3－2　长白山天池是一个火山口湖

## （二）火山喷出物

火山喷出物与火山的活动形式有关，往往因不同火山或同一火山不同喷发时间而有很大变化。火山喷出物按物质状态分为气态的、液态的和固态的三种。

**1. 气态喷出物（火山气体）**

火山气体成分中主要是水蒸气，一般占气体总体积的60%～90%，此外还有$CO_2$、$H_2S$、$SO_2$、HF、HCl、NaCl、$NH_4Cl$等。气体喷出贯穿于火山活动的整个过程。火山喷发的最初阶段，以大量的气体喷出为特征，是大规模火山喷发即将来临的预兆。火山喷发结束后，在相当长的时间内往往还有少量气体徐徐逸出，出现“冒烟”现象。

火山气体主要是从岩浆中分异出来的，常在火山口、喷气孔及围岩裂隙中形成硫黄、辰砂、钠盐、钾盐等矿产。

**2. 固态喷出物（火山碎屑物）**

当火山猛烈喷发时，由火山口喷射到空中的围岩碎屑和熔岩碎屑，总称为火山碎屑物。按碎屑的粒径大小和形状分为以下几种。

**火山灰**：粒径一般小于2mm的细小火山碎屑物；有些极细的火山灰，可以随风飘扬至很远很远的地方，在广大范围扩散，长期不落。

**火山砾、火山岩块**：粒径为2～50mm的棱角状火山碎屑叫火山砾；大于50mm者称为火山岩块，常为形态不规则的棱角状。

**火山渣**：火山喷发时由被抛到空中的熔浆凝固而成的熔岩碎屑，多气孔，炉渣状，从数厘米到数十厘米。有的能浮于水中称为浮岩。

图4-3-3　纺锤形火山弹（法国）
（据舒良树，2010）

**火山弹**：是熔浆喷向空中发生旋转、扭曲而形成的具有一定形状的块体，大小从数厘米到数米，形状多为纺锤形（图4-3-3）、梨形、扭曲形以及扁平状等。

上述各类火山碎屑物经堆积、胶结、压固等作用可形成各种火山碎屑岩。主要由火山灰组成的称为凝灰岩；主要由火山砾及火山渣组成的称为火山角砾岩；主要由火山岩块、火山弹组成的称为火山集块岩。火山碎屑物常为不同粒径混杂堆积，则用复合命名。如火山角砾凝灰岩，火山岩块角砾岩。前者的主体为凝灰岩，其中含有一定数量的火山渣或火山砾；后者的主体为火山渣或火山砾，其中含有一定数量的火山岩块。

**3. 液态喷出物（熔浆）**

一般是在固态喷出物喷出后，液态喷出物才从火山口喷出（溢出）地表。主要是灼热的熔浆，冷凝后形成熔岩，即火山岩（喷出岩）。

熔浆的流速、冷却速度、产状都与熔浆的成分（$SiO_2$含量）有关：

（1）一般较酸性（$SiO_2 > 52\%$）的熔浆，黏度大，温度低，故流速小，凝固较快。首先是其表层很快凝成一层厚壳，而其下面熔浆却仍在流动，常使上层厚壳分裂成大大小小的岩块，这种熔岩称为块状熔岩。常形成短厚的熔岩锥或馒头状的岩钟。

（2）较基性（$SiO_2 < 52\%$）的熔浆，黏度小，温度高，故流速大，凝固较慢。其表面往往先凝成一层塑性薄壳，而其下部熔浆尚在流动，常使表皮形成波浪起伏状，或皱纹拧成绳索状，称为波状熔岩或绳状熔岩（图4-3-4）。海底喷发的炽热基性熔浆，因与海水接触，使蒸汽压剧增，导致熔浆分裂成大小不等的块体，并在蒸汽包围中向前滚动，形成椭球状或枕状块体，称为枕状熔岩（图4-3-5）。其表层因迅速冷却，多为玻璃质，气孔较多，而内部冷却较慢，结晶程度较好。在地质时代和现在大洋中脊地带，都有这种枕状熔岩发育。

图4-3-4　绳状熔岩（黑龙江省五大连池）
（据舒良树，2010）

图4-3-5　大西洋底玄武岩的枕状构造
（据 R. D. Ballard 等，1977）

基性熔浆往往沿着山坡或沟谷流动，呈狭长带状，前端散开或扩大，有如舌状，长可达数十千米，称为熔岩流。如遇陡坎急剧下流，冷却后形成熔岩瀑布。如果沿地壳裂隙溢出，而地形又比较平缓，熔浆常四处漫溢，覆盖较大的面积，称为熔岩被。当喷发次数多，喷发量大，可以由熔岩构成表面较平缓的台地，称为熔岩台地。如东北长白山区新生代的玄武岩台地，分布面积约5000$km^2$。

## （三）火山喷发类型

火山喷发是最壮观的自然现象之一。按火山喷发形式及喷出物在空间分布的情况不同，可以分为三种基本类型：熔透式喷发、裂隙式喷发和中心式喷发。

### 1. 熔透式喷发

由岩浆直接熔透地壳，并大面积地出露地表的火山作用。这种火山喷发的形式主要发生在地壳形成初期（太古宙），由于地壳较薄，较大规模的地幔柱可以直接熔透地壳。加拿大、苏格兰等地太古宙的超基性熔岩可能就是这样形成的。显生宙以后地壳的厚度已经比太古宙加大了很多，熔透式火山喷发不再容易发生，进入古生代后以裂隙式喷发为主。

### 2. 裂隙式喷发

岩浆沿着地壳中狭长裂隙（深断裂）溢出地表。岩浆喷出口不是圆形，而是沿着数十千米长的裂隙溢出，或者由一系列火山口呈串珠状排列一起喷发。一般没有爆炸现象，溢流出的主要为基性熔浆，冷凝后形成厚度相当稳定、覆盖面积很大的玄武岩熔岩被，火山碎屑物较少。目前，这种喷发方式在陆地上只见于冰岛（图4－3－6），故又称冰岛型火山。但在大洋中脊却非常普遍，当今洋壳就是由洋中脊喷溢出来的基性熔浆冷凝形成的玄武岩组成的。在古生代到新近纪却曾发生过很多次裂隙式喷发活动，如印度德干高原是世界最大的玄武岩熔岩被，面积达50多万平方千米。在二叠纪时我国云、贵、川交界地带也喷发形成了面积广泛的玄武岩，名为峨眉玄武岩。内蒙古、河北的汉诺坝玄武岩覆盖了1000km$^2$之余的地区，熔岩厚度300多米。

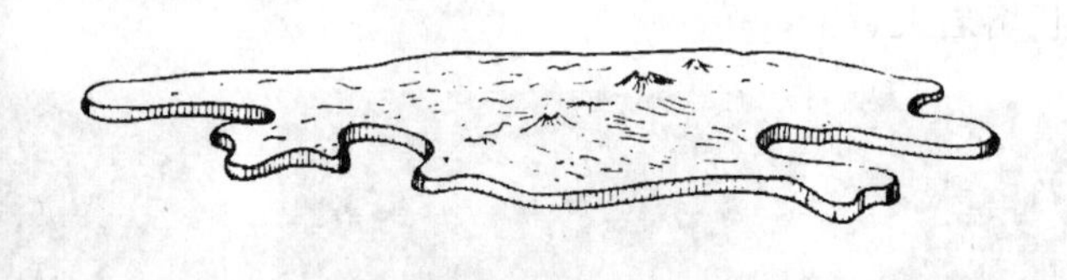

图4－3－6　冰岛裂隙式喷发及其形成的熔岩被

（2010年3月20日，冰岛艾雅法拉火山休眠190年后再次喷发）

### 3. 中心式喷发

岩浆沿着一定的管形通道，从喷发中心喷出地表，熔岩覆盖面积较小。是现代火山活动最主要的类型。按照喷发的激烈程度又可分为：宁静式、爆烈式和过渡式三种。

**宁静式喷发**：以基性熔浆喷发为主，熔浆温度较高，气体较少，火山喷发时，大量的岩浆从火山口涌出，但并不发生猛烈的爆炸，因此少有固体喷发物，常常形成底座很大、坡度平缓的盾形火山锥（图4－3－7），以夏威夷火山为代表，故又称夏威夷式喷发类型。

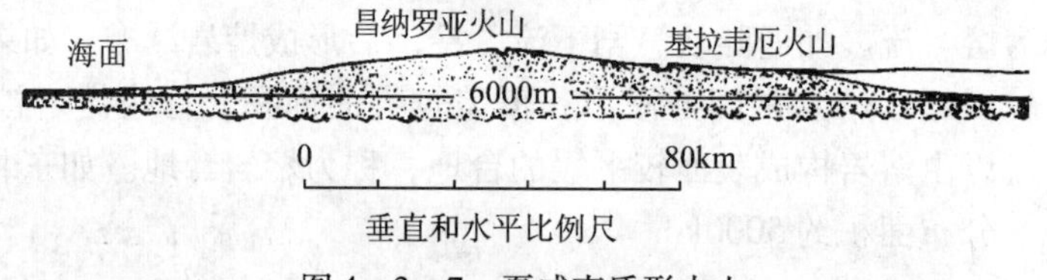


图4－3－7　夏威夷盾形火山

**爆烈式喷发**：大都以中酸性熔浆喷发为主，黏滞性大、含气体多、爆炸力强，经常形成大量的火山碎屑特别是火山灰。火山开始喷发时，先从地面裂缝冒出蒸气，之后喷出巨大的黑色气体烟柱，天色变得昏暗不清，地面震动并伴有轰鸣声；接着大量岩石碎屑及熔岩物质被抛掷到天空，极细的粉尘飘向远方，大部分喷发物降落于火山周围地区；最后从火山口流出灼热的熔浆，沿山坡向下流动；火山喷发停止后还常常喷发气体或形成温泉。这类火山常形成火山锥，往往多次喷发形成喷发旋回。因为火山喷发过程中有时岩浆还未到达地表就已凝固，封闭了火山通道；有时则是前一次火山爆发的残余岩浆阻塞了喉管通道，挡住了下部岩浆及其所携带的各种气体的继续上升。当受热气体的压力继续增大，冲破喉管中阻塞物形成猛烈的爆发式喷发。属于这种喷发的火山很多，如意大利维苏威火山、印度尼西亚喀拉喀托火山、西印度群岛培雷火山，美国圣海伦斯火山以及智利普耶韦火山群（图4－3－8）等。

图4－3－8　智利普耶韦火山喷发情景
（2011年6月5日，据新华网）

最典型的是1902年发生在西印度群岛上的培雷火山爆发，大量的火山灰、水蒸气、毒气笼罩着圣皮埃尔城，高达450～600℃的温度使海水沸腾，圣皮埃尔城约3万居民全部遇难。因此，将爆烈式喷发称为培雷式喷发类型。

维苏威火山是世界有名的火山。公元79年发生强烈的喷发。开始时喷出大量气体，烟柱高达13000m；接着气体夹杂着大量火山碎屑物冲上高空；最后大量熔浆喷出地面形成块状熔岩。灼热的火山灰掩埋了庞贝等三个城市。后来把庞贝城挖掘出来，成为意大利有名的游览胜地之一。

**过渡式喷发：**属于宁静式与爆烈式之间的喷发类型，以中、基性熔浆喷发为主，有时会有较猛烈的喷发，有时则为较宁静的溢流。这种喷发以意大利斯特龙博利火山为代表，又称斯特龙博利式喷发型。

斯特龙博利火山位于意大利西西里岛北部利帕里群岛中，火山锥较陡，熔岩偏基性。一次喷发完了，堵塞在火山管中的熔岩还未完全凝固，其下又聚集了大量气体，冲开火山管中的熔岩，再次爆发，数百年来大约每隔2～3分钟即喷发一次。夜间在150km外可见到闪闪红光，故有“地中海的灯塔”之称。

## （四）现代火山的分布

全世界大约有2000座死火山，518座活火山。现代火山的分布与地震的分布是一致的，主要发生在岩石圈构造活动带上，受板块构造活动边界的控制，有规律地分布在三个带：环太平洋火山带、地中海－印尼火山带、洋中脊火山带（图4－3－9）。

### 1. 环太平洋火山带

位于南、北美洲西岸，直至阿拉斯加半岛南岸，经阿留申群岛察加半岛、日本群岛、

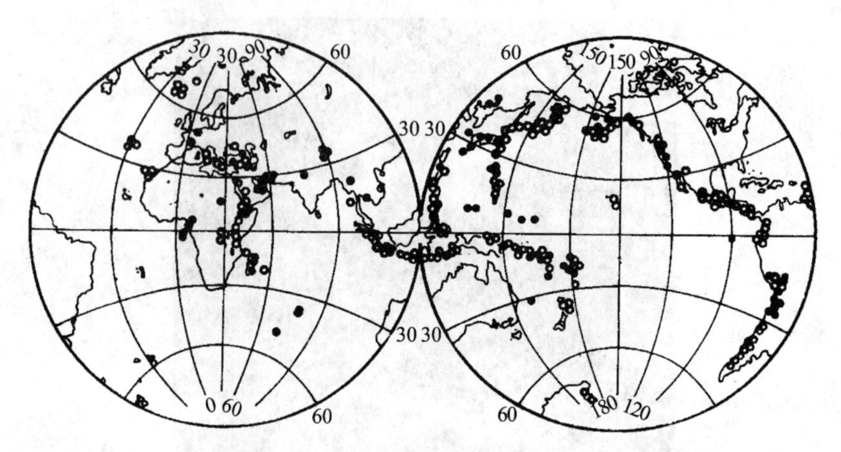


图4-3-9　世界火山分布（白圈表示活火山；黑点表示死火山）

菲律宾群岛到新西兰。现在已知有319座活火山环太平洋分布，占世界活火山总数的62%，因而有火环之称。在环太平洋火山岛弧或火山链的靠近大洋一侧，称为**安山岩线**，在这条线的大陆一侧多喷发中酸性熔浆（安山岩、流纹岩），在大洋一侧以喷发基性熔浆（玄武岩）为主。世界最高的活火山（厄瓜多尔的科托帕克希火山，5896m）和世界最高的死火山（安第斯山中阿根廷的阿空加瓜火山，6964m）以及著名的富士山（3776m）等都分布在这条火山带上。

**2. 阿尔卑斯-喜马拉雅火山带**

又称地中海-印尼火山带，横贯欧亚大陆南部（西起伊比利亚半岛，经意大利、希腊、土耳其、伊朗，东至喜马拉雅山脉，然后向南折至孟加拉湾，与环太平洋火山带相汇合），已知有94座活火山分布于此带上，占世界活火山总数的18%。

**3. 洋中脊火山带**

分布于各大洋的洋脊区。多数火山在水下喷发，少数火山已露出水面，成为火山岛。这一带有活火山60余座，太平洋上有15座，大西洋上有22座，冰岛及扬马延岛上有22座，印度洋上有4座。约占世界活火山总数的12%。

此外，还有一些活火山分布于南极洲、红海沿岸和东非裂谷带等地，约占6%。其中东非裂谷带上共有7座活火山，亦可称为东非火山带，如坦桑尼亚的乞力马扎罗山（5895m）是东非有名的火山。

我国近代火山多属于死火山或休眠火山，活火山极少，据不完全统计，火山锥约有900座。我国东部属于环太平洋火山带范畴，有较多休眠火山分布；西南地区属于阿尔卑斯-喜马拉雅火山带的范围，云南腾冲有8个火山群，新疆南部昆仑山中也有火山分布，都处于休眠状态，但地热资源却非常丰富。

## 二、侵入作用及岩体产状的识别

深部岩浆向上运移，侵入到周围岩石中而未到达地表，便冷凝、结晶形成岩石的过程称为侵入作用。岩浆在侵入过程中冷凝、结晶而形成的岩石称为侵入岩。侵入岩是被周围岩石封闭起来的三维空间的实体，故又称侵入体或岩体。包围侵入体的原有岩石称为围岩。由于后期地壳上升，上覆岩石被风化剥蚀后，地下深处的侵入岩体便可能在地表出露。根据岩浆侵入位置和环境，可以分为深成侵入作用和浅成侵入作用。

## （一）深成侵入作用及其岩体产状

岩浆侵入到地下相当深处（深度 >5km）便冷凝、结晶形成岩石的过程，称为**深成侵入作用**。这种侵入是通过岩浆对围岩的排挤、熔化、捕虏碎块以及变质等方式而逐渐占据空间的。形成的岩石称为**深成岩**。深成岩体由于形成深度大、冷却速度慢，故往往形成成分均匀、结晶良好、颗粒粗大的岩石。岩体一般规模很大。侵入岩的产状，指岩体的形态、大小及其与围岩的关系。深成侵入岩体的主要产状有岩基、岩株等。

**岩基**：出露面积巨大，一般大于 $100km^2$，甚至可超过几万平方千米，愈往深处面积愈大，向下延伸可达地壳深处，但近来采用地球物理方法得到的结果显示，岩基下面部分的面积在变小。常呈不规则的穹隆状（图4－3－10之11），主要由酸性的花岗岩类构成；其长轴方向常平行于褶皱山脉，构成褶皱山脉的核心；围岩常受侵入活动影响产生显著的变质现象；混入岩浆中的围岩碎块可以部分或完全被熔化，部分未熔化的碎块称为**捕虏体**（图4－3－10之12）。我国各大山脉如天山、昆仑山、秦岭、祁连山、大兴安岭以及江南丘陵等地，都有不同时代的岩基出露。

**岩株**：是较小的深成侵入岩体（图4－3－10之10），出露面积不超过 $100km^2$，有的仅几平方千米。平面形状多为浑圆形；主要由中、酸性岩石组成，与围岩呈不协调关系。岩株常常是岩基的分枝部分，也可能是独立的小岩体。这类岩石在我国有广泛的分布。

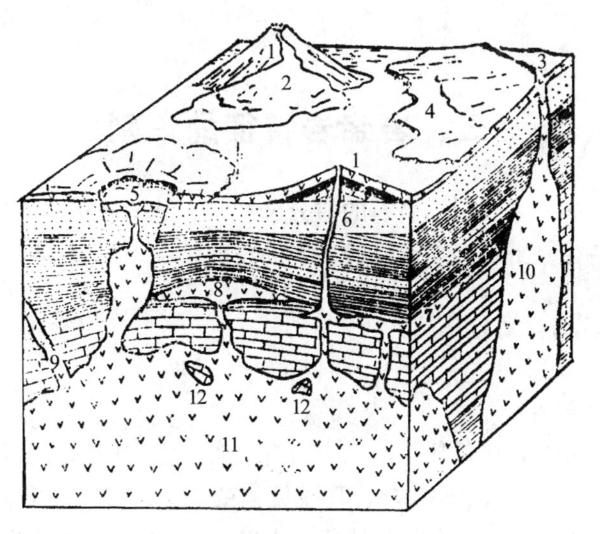


图4－3－10　岩浆岩的产状

（据徐邦梁，1998）

1—火山锥；2—熔岩流；3—火山颈；4—熔岩被；5—破火山口；6—火山岩颈；7—岩床；8—岩盖；9—岩脉；10—岩株；11—岩基；12—捕虏体

### （二）浅成侵入作用及其岩体产状

岩浆侵入到地壳浅处（深度<5km）便冷凝、结晶形成岩石的过程，称为**浅成侵入作用**。这种侵入是岩浆在压力作用下常常沿着围岩的薄弱环节（断裂或层理）侵入，形成的岩石称为**浅成岩**。浅成岩体的规模较小，冷却较快，所以常常形成中、细粒结构或颗粒大小悬殊的斑状结构，以及各种各样的岩体形态。其主要产状有岩床、岩盘、岩脉等。

**岩床**：流动性较大的岩浆侵入到围岩的层面之间形成的板状岩体（图4-3-10之7）。主要是由基性岩构成。岩体的上、下两面与围岩的层面近于平行，厚度较均匀。围岩有时有轻微的变质现象。

**岩盘、岩盖**：一般是由黏性较大的中、酸性岩浆顺岩层层理侵入形成的。岩体中间部分略向下凹，似盆状者，称为岩盆。如果岩体底平顶凸，并与围岩的成层方向吻合，似蘑菇状者，称为岩盖（图4-3-10之8）。

**岩脉、岩墙**：是岩浆沿围岩的裂隙挤入后，冷凝形成的狭长形（板状、脉状）的侵入体，是分布最广、最常见的浅成侵入岩体（图4-3-10之9）。当围岩是成层的岩石时，它切割围岩的成层方向。其规模变化大，宽由数毫米到数十米（或更大），长由数米（或更小）到数十千米。规模较大、产状较稳定的称为岩墙。各种岩类都能形成岩脉和岩墙。

以上所述各种岩体，都可以有两种类型：一种是简单岩体，岩石成分单一，岩石结构比较均匀，只是内部和边缘有些区别而已，这种岩体属于一次侵入活动的产物。另一种是复杂岩体，岩石成分和结构比较复杂，岩体内部有互相穿插关系，这种岩体属于多次侵入活动的产物。

## 三、岩浆岩特征的识别

在地质调查工作中，主要根据岩石的成分、产状、结构、构造等特征识别岩浆岩。因此识别描述岩浆岩特征是野外地质调查最基本的技能之一。

### （一）岩浆岩的成分特征

#### 1. 岩浆岩的化学成分

岩浆岩的化学成分中几乎包括了地壳中所有元素，但它们的含量却相差极为悬殊，其中以O、Si、Al、Fe、Ca、Na、K、Mg、Ti等元素的含量最多，占岩浆岩元素总量的99%以上。通常以氧化物的质量分数来计算，如某种岩浆岩的化学成分分别为：$SiO_2$（59.14%）、$Al_2O_3$（15.34%）、FeO（3.80%）、$Fe_2O_3$（3.08%）、CaO（5.08%）、$Na_2O$（3.84%）、$K_2O$（3.13%）、MgO（3.49%）、$H_2O$（1.15%）、$TiO_2$（1.05%）。

$SiO_2$是岩浆岩中最主要的成分。根据岩浆岩中$SiO_2$的含量，将岩浆岩分为四大类：超基性岩（$SiO_2$<45%）、基性岩（45%~52%）、中性岩（52%~65%）和酸性岩（>65%）。

由超基性岩到酸性岩，$SiO_2$ 含量逐渐增加，K、Na 成分越来越多，而 Mg、Fe、Ca 成分则越来越少；反之亦然。另外，有少数岩石 K、Na 含量特别大即 $K_2O+Na_2O$ 含量偏高，而 $Al_2O_3$ 或 $SiO_2$ 的含量偏低，这类岩石称为碱性岩。

**2. 岩浆岩的矿物成分**

$SiO_2$ 和各种金属元素形成多种硅酸盐矿物，各种硅酸盐矿物又组成各种岩浆岩。因此组成岩浆岩的矿物以硅酸盐矿物为主，其中最多的是钾长石、斜长石、石英、黑云母、角闪石、辉石、橄榄石等，占岩浆岩矿物总量的99%，所以称之为岩浆岩的**造岩矿物**。其中石英、长石颜色较浅，称为**浅色矿物**，因以二氧化硅和钾、钠的铝硅酸盐类为主，又称硅铝（长英质）矿物；黑云母、角闪石、辉石、橄榄石颜色较深，称为**暗色矿物**，因以含铁、镁的硅酸盐类为主，又称为铁镁质矿物（图4－3－11）。

图4－3－11　岩浆岩中的主要造岩矿物

上为斜长石、钾长石、石英；下为黑云母、角闪石、辉石、橄榄石

岩浆在缓慢冷凝过程中，由于物理化学条件不断改变，各种造岩矿物结晶析出有一定的顺序。1922年美国鲍温（N. L. Bowen，1887～1956年）通过实验，证明了在岩浆结晶分异过程中，矿物是按两个系列结晶出来的。一个是连续反应系列，另一个是不连续反应系列。如图4－3－12所示，在连续反应系列中，部分先结晶出来的矿物同剩余岩浆之间发生作用，形成在化学成分上存在连续变化，而其内部结构无根本改变的一系列矿物，即从富钙斜长石（基性斜长石）向富钠斜长石（酸性斜长石）演化的系列；在不连续反应系列中，形成既有化学成分差异，也有内部结构显著改变的一系列矿物，即按橄榄石、辉石、角闪石、黑云母顺序结晶的系列。最后，上述两系列又联合起来形成一个不连续的反应系列，依次结晶出钾长石、白云母和石英，称为**鲍温反应系列**。

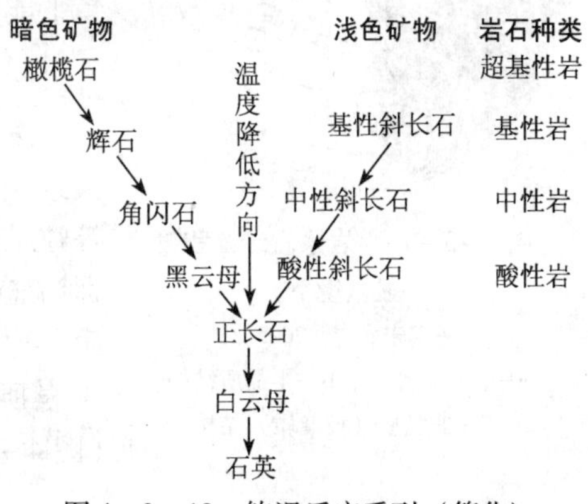


图4－3－12　鲍温反应系列（简化）

图4－3－12中，纵行表示从高温到低温矿物结晶的顺序；横行表示在同一水平位置上的矿物大体是同时结晶，并按共生规律组成一定类型的岩石：首先形成由橄榄石组成的超基性岩，继而形成由辉石与基性斜长石组成的基性

岩，随后形成由角闪石与中长石组成的中性岩，最后形成由石英、黑云母、白云母、钾长石与酸性斜长石组成的酸性岩。鲍温反应系列在一定程度上说明了岩浆中矿物结晶顺序和共生组合规律，并且得到许多地质现象的证实。但是，自然界中的岩浆作用过程，不仅受温度条件控制，而且其他条件如压力、挥发成分、化学成分及其组合比例等都可能影响结晶程序。所以，鲍温反应系列只能代表矿物结晶顺序的一般模式，它不能解释岩浆岩结晶过程的所有复杂现象。

在地质调查工作中，不仅要识别岩浆岩中的矿物成分，还要确定每种矿物的含量，即占岩石中矿物总量的百分比。这是岩浆岩命名的重要依据。

## （二）岩浆岩的结构特征

由于岩浆的成分不同、冷凝成岩时的环境（位置、温度、压力等）不同，所形成的岩浆岩具有不同的岩石特征，即使是同样成分的岩浆所形成的岩石，也具有明显不同的岩石特征。岩石特征的差异主要表现在两个方面，即岩石的结构和构造。是岩浆岩详细分类和鉴别的重要依据。

岩浆岩中矿物的结晶程度、晶粒大小与形态及晶粒间的相互关系，称为**岩浆岩的结构**。

### 1. 结晶程度

岩浆岩的结晶程度主要受岩浆冷凝的速度影响。冷凝缓慢时，矿物全部结晶，晶粒粗大，晶形较完好，称为**全晶质结构**（图4－3－13A），如花岗岩。冷凝快时，矿物部分结晶，部分为玻璃质，称为**半晶质结构**（图4－3－13B），如流纹岩。冷凝速度极快时，岩浆来不及结晶便冷凝成岩，全部为玻璃质，称为**非晶质（玻璃质）结构**（图4－3－13C），如黑曜岩。

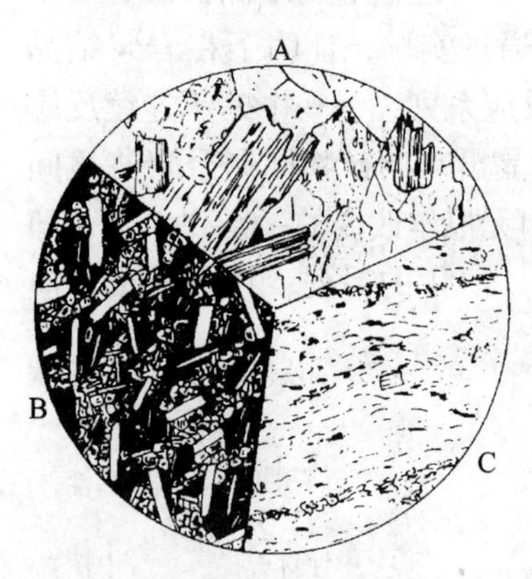


图4－3－13　岩浆岩结晶程度（显微镜下）
（据宋春青，2005）
A—全晶质结构；B—半晶质结构；C—非晶质（玻璃质）结构

### 2. 晶粒大小

按照矿物晶粒的大小，可分为粗粒结构（粒径＞5mm）、中粒结构（粒径5～1mm），细粒结构（粒径1～0.1mm）。这些晶粒大小用肉眼均可以识别，称为**显晶质结构**（图4－3－13）。晶粒细小用肉眼难以识别，在显微镜下能辨别的，称为**隐晶质结构**。

### 3. 晶粒间的相互关系

按矿物颗粒的相对大小可分为等粒结构（矿物颗粒大致相等）及不等粒结构（矿物颗粒大小不等）。在不等粒结构中，如两类颗粒的大小悬殊，其中粗大的晶粒称为**斑晶**；细小者称为**基质**。如果基质为隐晶质或非晶质，称为**斑状结构**（图4－3－14A）。常为喷出岩和浅成岩所具有。如果基质为显晶质，称为**似斑状结构**（图4－3－14B）。常为某些深成岩所具有。

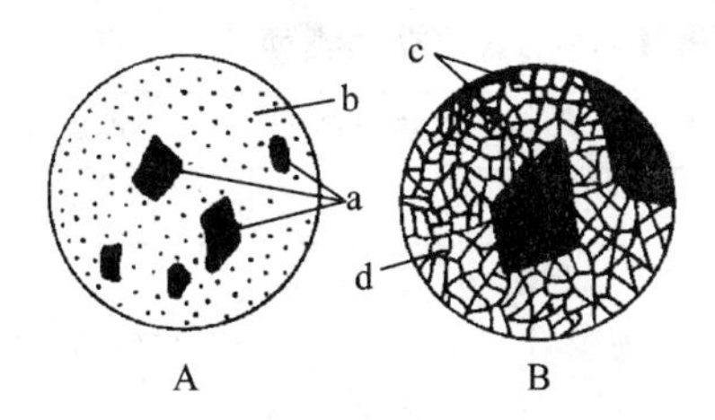


图4-3-14　斑状结构（A）和似斑状结构（B）
（据宋春青，2005）
a—斑晶；b—隐晶质或玻璃质基质；c—斑晶；d—显晶质基质

### （三）岩浆岩的构造特征

岩浆岩中矿物集合体的形态、大小及相互关系，称为**岩浆岩的构造**。是岩石的总体外貌特征。

**块状构造**：岩石中矿物排列无一定方向，岩石为均匀的块体。是最常见的构造。

**流纹构造**：由于岩浆一边冷凝一边流动，岩石中柱状或片状矿物以及拉长的气孔，沿流动方向平行定向排列，形成不同成分和颜色的条带，称为流纹构造，常见于酸性或中性熔岩，如流纹岩。

**气孔构造与杏仁构造**：岩浆喷出地表，压力骤减，大量气体从中迅速逸出留下各种形状的孔洞，称为气孔构造。一般基性熔岩中的气孔较大、较圆；酸性熔岩中的气孔较小、较不规则或呈棱角状。气孔如被其他的矿物质（方解石、石英等）充填，形似一个个杏仁，称为杏仁构造（图4-3-15）。

还有绳状构造和枕状构造，前已述及，详见火山液态喷出物中“绳状熔岩”和“枕状熔岩”。

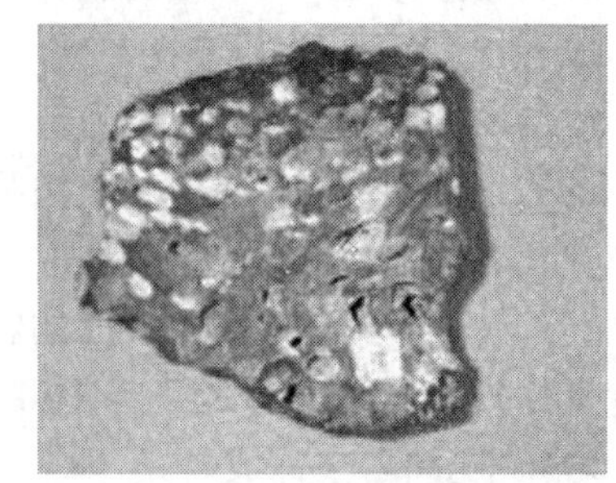

图4-3-15　气孔状-杏仁状构造

## 四、岩浆岩类型的识别

岩浆岩种类很多。基本类型的划分主要是根据岩石的化学成分、矿物成分，以及岩石的产状、结构和构造。具体划分见岩浆岩类型及其特征简表（表4-3-1）。

首先，根据岩浆岩的 $SiO_2$ 含量，可以将岩浆岩分成超基性岩、基性岩、中性岩及酸性岩四大类。每类岩浆岩具有各自特有的矿物组合及其数量关系：①超基性岩全由铁镁质矿物橄榄石及少量辉石组成，不含长石和石英。②基性岩中铁镁质矿物主要是辉石及少量角闪石，长英质矿物主要是富钙的斜长石。③中性岩中铁镁质矿物主要是角闪石及少量黑云母，长英质矿物主要是中性斜长石。④酸性岩中铁镁质矿物只有少量黑云母，长英质矿物主要是富钠斜长石、钾长石、石英和白云母。从基性岩经中性岩到酸性岩，铁镁质矿物含量逐渐减少，长英质矿物含量逐渐增多；岩石的色率越来越小，颜色由深变浅由暗变亮；相对密度由大变小。

表4-3-1　岩浆岩类型及其特征简表

| 岩类 | | 超基性岩 | 基性岩 | 中性岩 | 酸性岩 |
| --- | --- | --- | --- | --- | --- |
| $w\ (SiO_2)/\%$ | | <45 | 45~52 | 53~65 | >65 |
| 主要矿物 | | 橄榄石<br>辉石 | 富钙斜长石<br>辉石<br>角闪石 | 中性斜长石<br>碱性长石<br>角闪石<br>黑云母 | 石英<br>钾长石<br>富钠斜长石<br>黑云母 |
| 色率 | | >75 | 75~35 | 35~20 | <20 |
| 喷出岩 | 岩流、岩被，斑状或隐晶质结构，气孔、杏仁、流纹构造 | 科马提岩<br>金伯利岩 | 玄武岩 | 安山岩<br>粗面岩 | 流纹岩 |
| 浅成岩 | 岩床、岩脉（岩墙）、岩盘，斑状、细粒或隐晶质结构 | 苦橄玢岩 | 辉绿岩 | 闪长玢岩<br>正长斑岩 | 花岗斑岩 |
| 深成岩 | 岩基、岩株，全晶质、粗粒或似斑状结构 | 橄榄岩 | 辉长岩 | 闪长岩<br>正长岩 | 花岗岩 |

然后，根据岩石的产状、结构和构造，进一步划分不同环境下形成的岩浆岩。首先将岩浆岩分为侵入岩和喷出岩，再将侵入岩分为深成侵入岩（深成岩）与浅成侵入岩（浅成岩）。深成岩多具有全晶质结构，颗粒较粗大，有的还具有似斑状结构。浅成岩具有晶质结构，颗粒较细，有时为隐晶质，常具有斑状结构。火山岩一般为隐晶质结构或半晶质结构，极少数为非晶质（如黑曜岩），常具斑状结构。火山熔岩常具有流纹构造、气孔构造及杏仁构造等。

最后，结合上述两方面的特征，给予具体的命名。如按成分划分出酸性岩大类（横坐标），结合产状、结构和构造（纵坐标），又分为流纹岩（喷出岩）、花岗斑岩（浅成岩）、花岗岩（深成岩）。

学习时必须牢固地掌握岩浆岩分类表，表中同一纵列的岩石，成分相同，故属于一个岩类，只是由于产状、结构、构造不同，因而有不同的名称；同一横行的岩石，其产状、结构和构造基本相同，而岩类不同。

岩浆岩分类的标志实际上就是鉴定岩浆岩的方法。在野外辨认岩浆岩时，关键就是要辨别描述岩石的主要特征（矿物组成、产状、结构和构造），然后确定其基本名称，或在表上查对出岩石基本名称。

各种岩浆岩的进一步详细命名，主要是依据岩石中次要矿物的成分、含量。岩石中含量较多、作为区分岩类依据的矿物，称为**主要矿物**。如花岗岩类中的石英和钾长石；玄武岩中的辉石、钙长石。岩石中含量较少、对区分岩类不起主要作用，却是进一步区分岩石种属所依据的矿物，称为**次要矿物**。例如，石英在花岗岩类中为主要矿物，而在闪长岩类中则为次要矿物，当其含量达到5%~20%时，则可参与命名为石英闪长岩。岩石中含量很少（一般不超过1%），对岩石分类不起作用的矿物，称为**副矿物**。它们对于岩石的成因、含矿规律等具有重要的意义，如磁铁矿、磷灰石等。

岩浆岩命名原则：**时代（期次）+颜色+结构、构造+副矿物、次要矿物+岩石基本名称**，如燕山早期肉红色中粗粒黑云母花岗岩，燕山晚期灰黑色杏仁状玄武岩。

## 五、主要岩浆岩的识别

在地质调查工作中，首要任务是观察认识描述岩石的主要特征，然后确定岩石名称。岩浆岩野外观察识别描述的顺序和内容是：岩浆岩体的产状、颜色、矿物组成（主要矿物、次要矿物及含量）、结构、构造、蚀变及矿化、形成时代（期次）。主要岩浆岩的识别描述特征如下。

### （一）超基性岩类（橄榄岩－金伯利岩类）

本类岩石分布很少。几乎全部由铁镁矿物组成，主要矿物为橄榄石和辉石，无长石和石英。岩石颜色较深，相对密度较大（3.2～3.3）。多为小型侵入体。

**橄榄岩：**为深成岩，岩石多呈深绿色或深黑色，主要由橄榄石和辉石组成，有时含角闪石。粒状结构，块状构造。在地表条件下橄榄石极易风化变成蛇纹石，使岩石颜色变浅。如果岩石以橄榄石为主，称为纯橄榄岩，呈黄绿色。如果岩石以辉石为主，称为辉石岩，呈黑色。

**苦橄玢岩：**为浅成岩，极少见。以辉石和橄榄石为主，或含少量富钙斜长石。细粒结构或斑状结构。

**金伯利岩：**斑状结构，斑晶为橄榄石、金云母、石榴子石等，蛇纹石化显著，偶见辉石；基质为细粒及隐晶质。常以岩筒（火山岩颈）、岩脉等形式产出。金刚石常存在于此岩中。我国已在辽宁、山东等省发现多处金伯利岩。

### （二）基性岩类（辉长岩－玄武岩类）

本类岩石在大陆分布广泛，特别是其喷出岩——玄武岩，是其他各类喷出岩总量的5倍以上；而在海洋底几乎全部为玄武岩（上覆海洋沉积物）。主要矿物为富钙斜长石和辉石，次要矿物有橄榄石和角闪石等，有时含有一定量的磁铁矿，一般具有较强的剩余磁性。岩石颜色较深，相对密度较大（2.94）。

**辉长岩：**为基性深成岩。岩石颜色较深，多为黑色或黑灰色。中、粗等粒结构，块状构造。主要矿物为辉石和富钙斜长石，有时有少量橄榄石和角闪石。常以小规模深成岩体产出。

**辉绿岩：**为基性浅成岩。近于黑色，或黑灰、灰绿色。一般为细粒到中粒结构，有时有较大的斜长石斑晶，呈柱状或板状。矿物成分与辉长岩的相当。多呈岩床、岩脉产出。

**玄武岩：**是典型的喷出岩，分布最广，是地球洋壳和月球月海的最主要组成物质，也是地球陆壳和月球月陆的重要组成物质。多呈黑、黑灰等色，风化面黄褐或灰绿色。细粒或隐晶结构，或呈斑状结构，并常有气孔、杏仁等构造。矿物成分同辉长岩的成分。

### （三）中性岩类

本类岩石与基性岩相比，浅色矿物逐渐增多，根据其中长石成分等特点可再分为闪长岩－安山岩类以及正长岩－粗面岩类。

**1. 闪长岩－安山岩类**

本类岩石分布也较广，与基性岩有一个共同的特点，即喷出岩总量远超过与其成分相当的深成岩。$SiO_2$ 含量中等，矿物成分以中性斜长石和角闪石为主，次要矿物有辉石、黑云母等，有时可见少量石英。暗色矿物含量为 30% 左右，岩石颜色较基性岩稍浅，相对密度约为 2.8。

**闪长岩：** 是中性深成岩。主要矿物为中性斜长石和普通角闪石，多为中粒结构、块状构造。基本上无石英；若石英含量为 6% ~10% 时，称为石英闪长岩。一般为灰色、灰绿色。闪长岩呈独立岩体者多呈岩株、岩床或岩墙产出，但大部分是和花岗岩或辉长岩呈过渡关系。

**闪长玢岩：** 是中性浅成岩。具明显斑状结构，基质为细粒或隐晶结构，斑晶为中性斜长石及普通角闪石，偶见黑云母。颜色多为灰及灰绿色。常以岩床、岩墙产出或为闪长岩的边缘相。

**安山岩：** 是中性喷出岩的代表岩石，分布之广仅次于玄武岩，主要分布于环太平洋活动大陆边缘及岛弧地带。安山岩一词来源于南美洲西部的安第斯山名。呈斑状结构，斑晶以中性斜长石及普通角闪石为主，或偶见黑云母及辉石；基质多为隐晶结构。有时斑晶定向排列，有明显流线构造，或具气孔、杏仁构造。新鲜岩石多为灰、灰绿、紫红等色。深色安山岩与玄武岩不易肉眼区分，若斑晶中多角闪石或见有黑云母，可定为安山岩。安山岩常以块状熔岩流等产出。

**2. 正长岩－粗面岩类**

本类岩石分布较少。$SiO_2$ 含量为 55% ~65%，浅色矿物主要为钾长石（60% ~65%）、富钠斜长石（10% ~15%）；暗色矿物主要为普通角闪石及黑云母（共占 20% 以下），基本不含石英。相对密度在 2.7 左右。这类岩石是介于酸性和中性之间的过渡类型，也是中性到碱性之间的过渡类型，故又称为半碱性岩类。

**正长岩：** 属于中性或半碱性深成岩类。主要矿物为钾长石及角闪石、黑云母等。颜色浅淡，一般为肉红色、灰黄色或灰白色。中粒结构，类似花岗岩类。但不见石英颗粒，或微含石英。常以小型岩体产出，有时见于大岩体的边缘部分。

**正长斑岩：** 相当于正长岩的浅成岩相，部分为喷出岩相。斑状结构，斑晶以肉红色或淡黄色正长石为主，或有角闪石斑晶；基质致密，多由正长石微晶组成。岩石颜色多为淡红、灰白等色。常以岩脉等产出。

**粗面岩：** 成分与正长岩相当的喷出岩相。一般为灰白或粉红色。斑状结构，斑晶以正长石为主；基质细粒致密多孔，断口粗糙不平，因此得名。分布不广，多为粗短熔岩流。

### （四）酸性岩类（花岗岩－流纹岩类）

本类岩石无论从体积或面积讲，在岩浆岩中都居首位。其中分布最广的是花岗岩类（中、基性岩类与此相反，喷出岩分布最广）。$SiO_2$ 含量高，呈过饱和状态，故出现大量石英。在矿物组成上，浅色矿物石英、钾长石、富钠斜长石等占绝对优势（90% 左右）；暗色矿物以黑云母为主，其次为角闪石（约共占 10% 左右）。因此岩石颜色浅淡，相对密度亦略小（2.6 ~2.7）。因酸性熔浆黏度较大，温度也较低，冷凝迅速，故其喷出岩中常见玻璃质。

**花岗岩：**是分布最广的深成岩类，其分布面积占所有侵入岩面积的80%以上。主要由钾长石、富钠斜长石、石英组成，并含少量黑云母或角闪石。通常钾长石多于斜长石，石英可达20%以上。如果钾长石与斜长石约略相等，称为石英二长岩。如果斜长石多于钾长石，且暗色矿物增多，称为花岗闪长岩。

钾长石主要为正长石，多呈半自形板状、柱状，肉红或淡黄色；斜长石主要为富钠斜长石，自形程度比正长石好，白、灰白等色；在岩石断口上可见长石的平坦的解理面。石英为不规则他形颗粒，断口不平坦，烟灰色，玻璃光泽。暗色矿物自形程度较高。黑云母呈小六角片状或鳞片状，光泽强，硬度小；普通角闪石多呈柱状，光泽弱，硬度较大。

此类岩石多为肉红色、灰白色、略具黑色斑点。具典型的半自形等粒结构者，称为花岗结构。根据晶粒大小，又可分为粗粒、中粒和细粒花岗岩。有的具似斑状结构，斑晶主要为钾长石，直径可达1cm以上，称为斑状花岗岩。根据暗色矿物种类，又可分别称为黑云母花岗岩、角闪花岗岩等。

**花岗斑岩：**相当于酸性浅成岩类。斑状结构，斑晶为钾长石、富钠斜长石、石英等，基质较细；斑晶含量往往大于基质含量。多分布于花岗岩体的边缘部分，有时成独立岩体出现。

**流纹岩：**是典型的酸性喷出岩类。成分与花岗岩相当。颜色常为灰白、粉红、浅紫等色。斑状结构，斑晶主为钾长石、石英等，基质为隐晶质或部分玻璃质；有时为隐晶无斑结构，常具流纹构造。相当于花岗闪长岩的喷出岩，斑晶以斜长石及石英为主，称为英安岩。

## （五）脉岩类

在岩体边缘或围岩裂隙中，常见有与深成岩体有一定成分和成因联系的岩脉、岩墙等，其构成岩石通称为脉岩类，大体相当于浅成岩类。

**伟晶岩：**是具有伟晶结构的浅色脉岩。其中分布最广、经济意义最大的（常含有稀有元素）是伟晶花岗岩。其主要矿物成分与花岗岩相似，不同之点是暗色矿物含量较少（有时出现黑云母），矿物颗粒非常粗大，粒径可以从数厘米到数米。伟晶岩多以脉体或透镜体产于母岩及其围岩中，并常富集成长石、石英、云母、宝石及各种稀有元素矿床。

**细晶岩：**是具有细粒结构的浅色脉岩。其中分布最广的是花岗细晶岩。主要矿物成分为石英和钾长石，不含或少含暗色矿物。具他形细粒等粒结构，岩石颜色浅淡。多在花岗岩边缘部分呈岩脉产出。

**煌斑岩：**是深色脉岩的总称。主要由暗色矿物黑云母、角闪石、辉石等组成，间有长石。通常为粒状结构，岩石颜色较深，黑或黑褐色。根据矿物成分可分为云煌岩（以黑云母为主）、闪辉煌斑岩（以角闪石、辉石为主）等。

## （六）火山玻璃岩类

指由火山喷发出来的熔岩，迅速冷却来不及结晶而形成的一种玻璃质结构岩石。因酸性熔浆黏度大、温度低，在迅速冷却条件下更容易形成玻璃质，所以火山玻璃岩以酸性为主。

**黑曜岩：**是一种酸性火山玻璃岩。黑色或红黑色，具光滑的及标准的贝壳状断口，边缘微透明。

**浮岩：**是一种多气孔的玻璃质岩石。状似炉渣，颜色浅淡，多为白色、灰白色，相对密度小（相对密度0.3～0.4），可浮于水。典型的浮岩多产于酸性熔岩的上部或火山碎屑中。

## 六、内生矿床一般特征的识别

内生矿床主要是在岩浆作用过程中，在一定条件下，有用组分富集起来所形成的矿床。内生矿床提供了绝大多数的有色金属、稀有金属和部分非金属矿产，在国民经济中起着重要的作用。根据岩浆的发展顺序和冷凝成矿阶段，内生矿床可以分为岩浆矿床、伟晶岩矿床、气化热液矿床和火山矿床。

### （一）岩浆矿床

岩浆矿床是各类岩浆通过各种成矿作用，使分散在岩浆中的有用组分聚集而成的矿床。这类矿床几乎都产于超基性或基性岩浆岩体内，两者具有类似的矿物种类，矿床就是岩浆岩体内有用组分相对富集的地段，母岩即是围岩，二者多呈渐变过渡关系。该类矿产十分丰富，绝大多数的铬、镍、铂族元素以及相当数量的钒、铁、钛、铜、钴、稀土等矿产，都与岩浆成矿作用息息相关。

岩浆矿床又分为早期岩浆矿床（由岩浆分异作用形成，如我国内蒙古产于超基性岩体中的铬铁矿）、晚期岩浆矿床（由残余熔融作用形成，如四川攀枝花钒钛磁铁矿床）和熔离矿床（由岩浆熔离作用形成，如吉林某铜镍硫化矿床）。

### （二）伟晶岩矿床

伟晶岩是在复杂的岩浆－流体体系中形成的，由特别粗大的晶体组成的，呈脉状体产出的岩石。在伟晶岩形成过程中，在挥发组分的影响下，通过岩浆分异或气液交代作用，使有用组分富集而形成的矿床，称为伟晶岩矿床。

伟晶岩矿床中常富集各种稀有和放射性元素，如锂、铍、铌、钽、铷、铯、锆、铀、钍、稀土等，也常富集钨、锡、钼等金属元素以及含挥发成分氟、氯、硼等的矿物，所以说伟晶岩是稀有元素的重要宝库。同时，伟晶岩中常有电气石、绿柱石、黄玉、水晶等，可以用作宝石原料。由于晶体巨大，常形成良好的非金属矿床，如长石矿床、云母矿床等。

我国伟晶岩矿床产地很多，如内蒙古大青山白云母伟晶岩矿床、新疆阿尔泰稀有金属（钽、铌、铯、锂、铍等）伟晶岩矿床等。

### （三）气化－热液矿床

成矿流体（含矿水气和热液）沿断裂运移并填充到岩石裂隙里所形成的矿床，统称为气化－热液矿床。

气化－热液矿床是内生矿床中分布最广、类型较多、矿种复杂、矿产丰富的一类矿床。绝大部分有色金属和分散元素、部分铁和非金属矿产，都来自这一类矿床。下面仅简单介绍两种主要类型：接触交代矿床（矽卡岩矿床）和热液矿床。

**1. 接触交代矿床（矽卡岩矿床）**

接触交代矿床是指在岩浆侵入体与围岩接触地带（主要是中酸性岩体与碳酸盐岩的接触带），由于气水热液的交代作用而形成的矿床，又称为矽卡岩矿床（图4－3－16）。

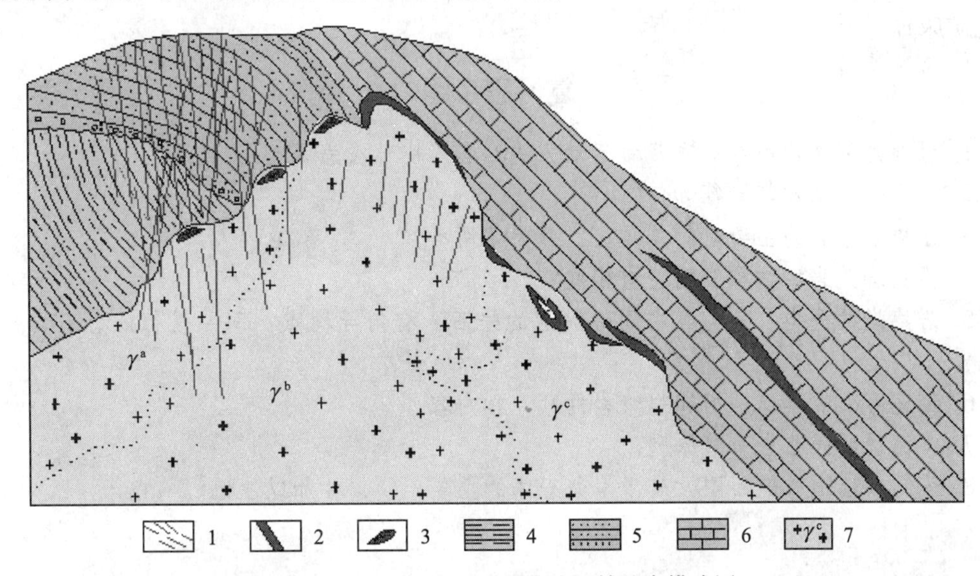


图4－3－16　矽卡岩型及热液型钨矿床模式图

（据裴荣富等）

1—石英脉型黑钨矿矿床；2—矽卡岩型白钨矿矿床；3—云英岩型黑钨矿矿床；4—板岩及角岩；5—砂岩；6—灰岩及大理岩；7—复式花岗岩

此类矿床在我国分布甚广。如矽卡岩型铁矿有：湖北大冶铁矿、河北中关铁矿等；矽卡岩型铜钼矿有：湖北铜绿山铜矿、安徽西马鞍山、江苏铜山等。我国长江中下游的铁矿、铜矿等多属此种成矿类型。此外，如辽宁杨家杖子钼矿，云南个旧的锡矿，湘、闽、滇、粤、桂等省（区）的白钨矿，南岭一带的铍矿，辽宁、吉林等地的硼矿等，也多属于矽卡岩型矿床。

**2. 热液矿床**

岩浆作用的后期，岩浆中的热液会有许多有益组分，沿着岩石中裂隙上升，逐渐冷却充填在裂隙中，或与围岩发生交代作用而形成的矿床（图4－3－16）。根据形成温度，分为高温、中温、低温等三类热液矿床：

**高温热液矿床：**形成温度为300～500℃，常形成钨、锡、钼、铋、铍等矿床。如江西西华山钨矿为高中温热液矿床，为世界罕见的巨大钨矿床。

**中温热液矿床：**形成温度约为200～300℃，为铜、铅、锌等多金属矿、硫铁矿等主要来源。如湖南桃林铅锌矿床。

**低温热液矿床：**形成温度约为50～200℃，辉锑矿、辰砂、雄黄、雌黄等为典型的低温热液矿物，世界上的锑、汞、砷等矿产，几乎全部来源于本类矿床。如湖南冷水江市锡矿山锑矿。

### （四）火山矿床

火山矿床是指在火山活动过程中，产于地表或接近地表（0～1.5km）的矿床。根据成矿作用可以分为火山岩浆矿床（主要为原生金刚石矿以及铁、镍、铜矿）、火山气液矿床（主要形成各种斑岩型矿床，如江西德兴斑岩型铜矿）、火山沉积矿床（海底火山沉积硫化矿床）。

## 复习思考题

1. 什么是岩浆作用？有哪几种活动方式？各形成什么岩类？
2. 火山喷出物及其特征如何？
3. 组成岩浆岩的主要矿物是什么？分为哪两类？
4. 常见岩浆岩的结构、构造有哪些？
5. 岩浆岩的分类。分类表中同一纵列的岩石，有何异同点？同一横行的岩石有何异同点？
6. 简述野外观察识别描述岩浆岩的顺序和内容。
7. 举例说明岩浆岩命名原则。
8. 绘制一幅地质剖面图，表示岩浆岩体的主要产状，并加以注记。

# 学习任务4　变质作用与变质岩的识别

**【任务描述】**食品（药品）超过一定时间就会腐败变质，这是因为在环境因素的影响下，主要由微生物作用所引起的。地壳中越早形成的岩石，越易受到温度、压力及化学活动性流体等因素的影响而发生变质作用，形成新的岩石－变质岩及变质矿床。调查和研究变质岩的成因、特征及其分布，总结地球历史变化发展情况，寻找有关矿床，是地质工作的任务之一。

**【学习目标】**掌握变质作用的概念、影响因素；重点掌握动力变质作用、接触变质作用、区域变质作用、混合岩化作用的识别特征及代表性岩石鉴定描述方法，基本能够识别几种常见的变质岩；初步了解变质矿床的类型及特征。熟练掌握内、外力地质作用的相互关系及岩石的循环。为后续专业课程的学习、理解打下良好基础。

**【知识点】**变质作用、变质岩；变质作用影响因素：温度、压力、化学活动性流体；变质岩的识别特征：矿物成分、结构（变晶结构、变余结构等）、构造（变余构造、变成构造、斑点状构造、板状构造、千枚状构造、片状构造、片麻状构造、块状构造、条带状构造等）；变质作用类型：动力变质作用、接触变质作用、区域变质作用、混合岩化作用；常见变质岩；变质矿床的类型及特征：接触变质矿床、区域变质矿床和混合岩化矿床；内、外力地质作用的相互关系、地质作用与地质现象的因果关系、三大类岩石的循环。

**【技能点】**变质岩的鉴定描述方法，常见变质岩的识别，地质作用与地质现象因果关系的识别。

地球是一个动态行星，自形成以来，内部不断地发生着能量和物质的迁移与变化。在内力地质作用下，地壳中已经形成的岩石，由于地质环境、物理化学条件的改变，在基本保持固体状态下，发生成分、结构构造等变化，而形成新的岩石的过程称为**变质作用**。由变质作用形成的岩石称为**变质岩**。一般把由岩浆岩经变质作用形成的岩石叫**正变质岩**；由沉积岩经变质作用形成的岩石叫**副变质岩**。

变质岩是组成地壳的三大岩类之一，占地壳总体积的27.4%。它在地面的分布范围较小，也不均匀。前寒武纪的岩层绝大部分都是由变质岩组成的，在显生宙的地层中，变质岩主要分布在不同时期的构造带以及岩浆岩体周围。

## 一、变质作用因素

引起变质作用的因素有温度、压力以及化学活动性流体。

### （一）温度

温度是变质作用的最积极的因素。引起岩石变质的温度由150～200℃直到800～900℃。低于这一温度的作用属于沉积岩的固结成岩作用，高于这一温度的作用，将使许多岩石发生熔融，属于岩浆作用范畴。

导致岩石温度升高的主要原因有：①地壳浅部的岩层沉到地下深处，因地热增温而升温；②岩浆侵入围岩，使岩石升温；由于构造运动，岩石受到机械挤压摩擦产生热而升温；③区域性地热流增高使区域范围内岩石升温。温度升高，使岩石中矿物的原子、离子的活动性增强，促使岩石发生一系列化学变化和物理变化。主要引起以下两方面的变质作用。

**重结晶作用**：使非晶质变为结晶质，或由晶粒细小的岩石变为晶粒粗大的岩石。例如，石灰岩可以重结晶成为大理岩；硅质胶结的石英砂岩可以重结晶成为石英岩。重结晶前后岩石的化学成分和矿物成分基本不变。

**新矿物的生成**：由于岩石受热，增大了矿物的溶解度，增强了渗透性、扩散性和交代作用，促进了矿物间的化学反应，重新组合结晶，形成新的矿物。实际上这也是一种重结晶作用。例如，高岭石和其他黏土矿物在500℃高温影响下可形成红柱石和石英：

$$\underset{\text{高岭石}}{Al_4[Si_4O_{10}](OH)_8} \xrightarrow{500℃} \underset{\text{红柱石}}{2Al_2[SiO_4]O} + \underset{\text{石英}}{2SiO_2} + 4H_2O$$

温度升高，硅质石灰岩中的$SiO_2$和$CaCO_3$可重结晶成硅灰石；含水矿物脱水也会形成新的矿物，如蛋白石脱水变为石英。

### （二）压力

根据压力的性质可分为静压力和定向压力。

**静压力**：又称围压，具有均向性，主要来自上覆岩层的压力。当岩石处于地下，就要受到上覆和周围岩石的压力，岩石所处部位越深，所受静压力也越大。静压力能使岩石压缩，使矿物重结晶形成密度大、体积小的新矿物。例如黏土矿物在高温条件下，当压力$<0.5GPa$时，形成密度小（$3.13\sim3.16g/cm^3$）的红柱石；当压力$>0.5GPa$时，形成密度大（$3.53\sim3.65g/cm^3$）的蓝晶石。基性岩中的钙长石（密度$2.76g/cm^3$）和橄榄石（密度$3.3g/cm^3$）在极高压下形成石榴子石（密度$3.5\sim4.3g/cm^3$）：

$$\underset{\text{钙长石}}{Ca[Al_2Si_2O_8]} + \underset{\text{橄榄石}}{(Mg,Fe)_2[SiO_4]} \rightarrow \underset{\text{石榴子石}}{Ca(Mg,Fe)_2Al_2[SiO_4]_3}$$

静压力状态下形成的岩石，矿物分布均匀，一般具有块状等无定向排列构造。

**定向压力**：或称为侧压力、动压力、应力，是由构造运动所产生的具有一定方向的压力。在定向压力作用下，岩石产生塑性变形和脆性碎裂，同时会导致岩石产生重结晶，形成大量片、柱状矿物，如绿泥石、云母、石墨、角闪石及石英等，这些矿物呈垂直应力方向拉长、压扁、平行分布，形成明显的定向排列，使岩石具有片理、片麻理等定向排列构造。这些构造是变质岩重要的鉴别特征。

### （三）化学活动性流体

化学活动性流体的成分以$H_2O$、$CO_2$为主，并含其他一些易挥发、易流动的物质。它们可以来自岩浆和深层热水溶液，也可以是存在于原岩中的流体。在地下温度、压力较高的条件下，具有较强的化学活动性，与周围岩石发生一系列的交代作用，产生组分的迁移（带出或带入），从而使岩石的化学成分和矿物成分发生变化，并形成新的矿物。如流体与橄榄石作用可形成蛇纹石；流体与黑云母作用可形成绿泥石和绢云母。

上述三种变质因素是相互配合共同起作用的，如重结晶作用不仅是在一定温度下而且是在一定压力下进行的。只是在不同条件下起主导作用的因素不同，形成了不同特征、不同类型的变质作用。

## 二、变质岩特征的识别

变质岩与岩浆岩、沉积岩相比，具有两个最显著的特征：一是重结晶明显，具特有的变质矿物；二是具特有的结构和构造，特别是具片理构造，是识别变质岩的重要依据。

### （一）变质岩的矿物特征

变质岩的矿物主要是在其他岩石中也存在的矿物，如石英、长石、云母、角闪石、辉石、方解石等。同时还具有某些特征性矿物，这些矿物只能由变质作用形成，称为变质矿物，如石榴子石、蓝晶石、蓝闪石、绢云母、绿泥石、红柱石、阳起石、透闪石、滑石、硅灰石、矽线石、蛇纹石、石墨等。这些矿物是在特定环境下形成的稳定矿物，是鉴别变质岩的标志矿物。那些常温、常压条件下形成的黏土、蛋白石、玉髓、石膏等沉积矿物在变质岩中一般难以存在。

### （二）变质岩的结构特征

大部分变质岩都是原岩重结晶的岩石，因此，原岩（岩浆岩、沉积岩）的结构经过变质作用全部消失或者部分消失，形成变质岩的结构。变质岩的结构有以下主要类型：

**1. 变晶结构**

变晶结构是原岩发生重结晶而形成的结构，基本上是在固态条件下各种矿物几乎同时重结晶而成，所以矿物颗粒多为他形和半自形。由重结晶作用形成的晶粒称为变晶。按变晶的大小可分为粗粒、中粒、细粒等类。按变晶的相对大小可分为等粒变晶及斑状变晶。前者的变晶颗粒等大（图4－4－1），后者的变晶颗粒有两种，其粒径相差悬殊（图4－4－2）。大的叫变斑晶。变晶的形态各异：由石英、长石等矿物组成者为粒状变晶结构，由云母、绿泥石等矿物组成者为鳞片状变晶结构，由阳起石、硅灰石等矿物组成者为纤维状变晶结构。

**2. 变余结构**

变余结构为变质程度不深时残留的原岩结构。如变余斑状结构、变余砾状结构、变余砂状结构等。

此外，还有其他结构，如交代结构、糜棱结构、碎裂结构等。

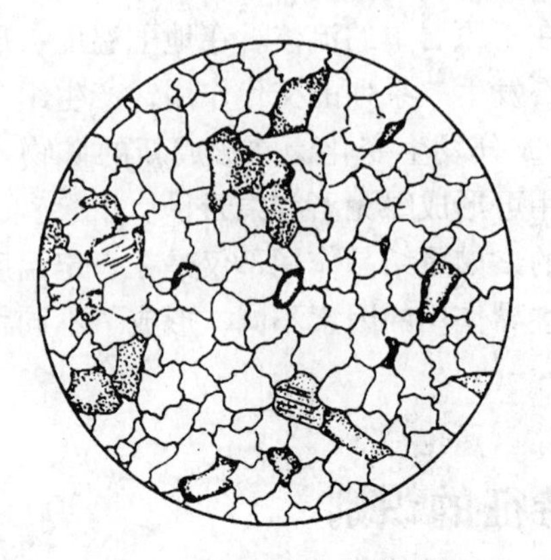

图 4-4-1　等粒变晶结构
（据成都地质学院，1979）
显微镜下的石英岩

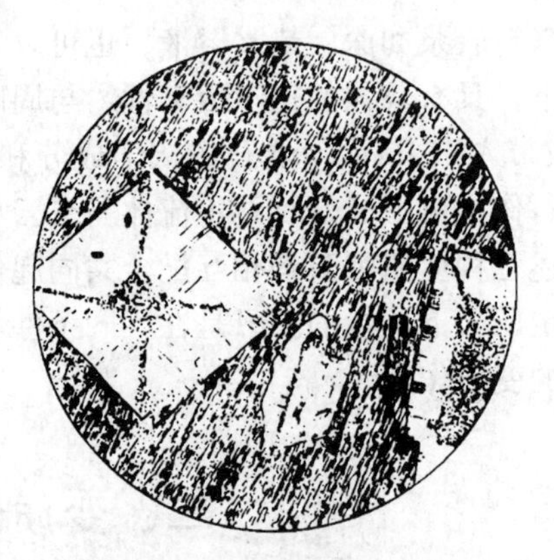

图 4-4-2　斑状变晶结构
显微镜下板岩中的红柱石变斑晶，
基质矿物呈定向排列

## （三）变质岩的构造特征

原岩（岩浆岩、沉积岩）的构造经过变质作用全部消失或部分消失，形成变质岩的构造。

**1. 变成构造**

变成构造是变质作用形成的特有的构造，是鉴别变质岩的重要依据。

**斑点状构造：**是在较浅变质作用下，岩石中部分组分集中，组合形成大小不等、形状各异的斑点。其成分常为碳质、硅质、铁质、云母或红柱石等，基质为隐晶质。如温度进一步升高，斑点即可转变成变斑晶。

**板状构造：**岩石在较轻的定向压力作用下，产生一组平行、密集而平坦的破裂面，沿此面岩石易分裂成薄板，如板岩具此构造。

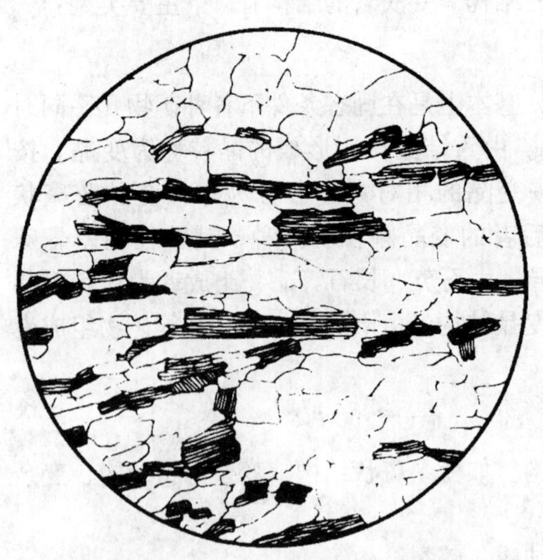

图 4-4-3　片状构造（×10）

**千枚状构造：**由细小片状矿物定向排列所成的构造。它和片状构造相似，但晶粒微细，肉眼难以分辨矿物成分，片理面上常具强烈的丝绢光泽，如各种千枚岩具此构造。

**片状构造：**岩石主要由较粗大的柱状或片状矿物（如云母、绿泥石、滑石、石墨、透闪石等）定向平行排列组成，形成连续的片理构造，片理面常微有波状起伏（图 4-4-3），如各种片岩具此构造。

**片麻状构造：**组成岩石的矿物是以长石和石英为主的粒状矿物，伴随有部分平行定向排列、成断续带状分布的片状、柱状矿物。具有片麻状构造的岩石，其矿物的颗粒较粗。如其中长石特别粗大，好似眼球者，称为眼球状构造。

**块状构造**：矿物均匀分布，无定向排列。它是岩石受到温度和静压力的联合作用而形成。

**条带状构造**：变质岩中由浅色粒状矿物（如长石、石英、方解石等）和暗色片状、柱状或粒状矿物（如角闪石、黑云母、磁铁矿等）定向交替排列所成的构造。它们以一定的宽度呈互层状出现，形成颜色不同的条带。有的条带构造是由原来岩石的层理构造残留而成；但更多的是暗色呈片理构造的部分被浅色岩浆物质顺片理贯入而成。

**2. 变余构造**

当变质程度不深时，变质岩中残留的原岩构造，可据此判断原岩性质。如变余气孔构造、变余杏仁构造、变余层状构造、变余泥裂构造等。

## 三、变质作用类型及其代表性岩石的识别

发生变质作用的地质条件复杂多样，一般根据变质作用发生的地质背景、物理化学环境，将变质作用分为四种类型：接触变质作用、动力变质作用、区域变质作用、混合岩化作用（图4－4－4）。

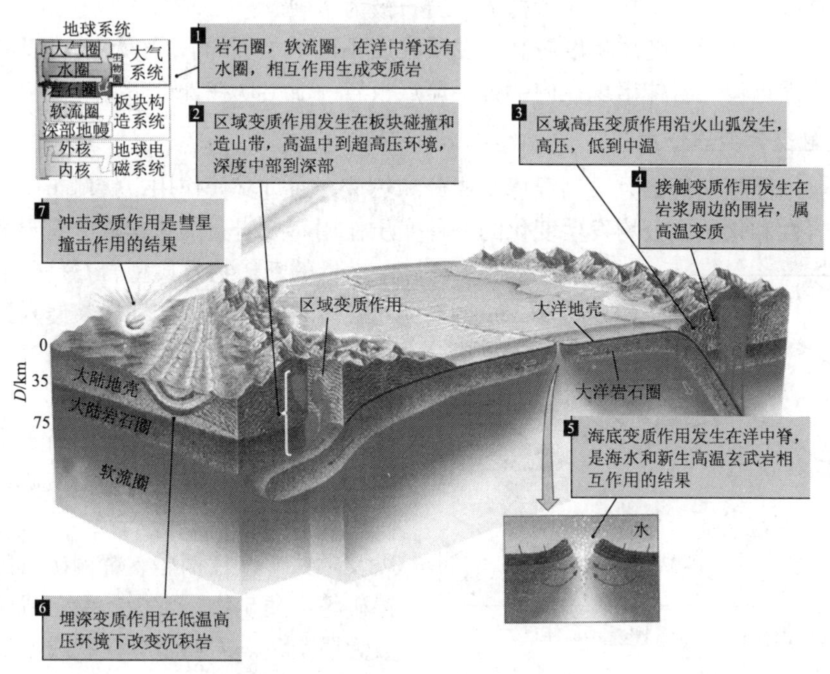


图4－4－4　各类变质作用示意图

（据徐士进，2000）

### （一）接触变质作用

在岩浆侵入体与围岩的接触带上，主要由较高温度和挥发性流体所引起的变质作用称为**接触变质作用**。通常形成于地壳浅部的低压、高温条件下，温度一般在300～800℃，

有时达1000℃；静压力较低，仅为1～3GPa。按引起接触变质的主导因素和作用方式的不同，分为以下两类：

**1. 接触热变质作用**

引起变质的主导因素是温度升高，变质作用的方式主要是重结晶、脱水、脱碳以及变质结晶，形成新矿物，岩石中总的化学成分无显著改变。其代表性的岩石有：

**斑点板岩：**是泥质岩、凝灰岩受到较弱的接触热变质作用形成的岩石。岩石大部分没有重结晶，多为变余泥状结构，具有斑点状构造及板状构造。变质矿物仅见少量绢云母、红柱石、绿泥石等，常呈斑点状。

**角岩：**是泥质岩、粉砂岩、凝灰岩受到较强的接触热变质作用形成的岩石。具有显微粒状变晶结构或斑状变晶结构，块状构造。变斑晶常为红柱石、堇青石等。岩石常呈暗灰至黑色。有红柱石角岩、堇青石角岩、云母角岩等。

**大理岩：**为碳酸盐岩（石灰岩、白云岩）经接触热变质作用形成的岩石。主要由方解石组成，为粒状变晶结构，块状或条带状构造，常有变余层理构造。纯粹的大理岩几乎不含杂质，洁白似玉，称为汉白玉。多数大理岩因含有杂质，显示不同颜色的条带。如蛇纹石大理岩因含蛇纹石而显绿色条带。

**石英岩：**是石英砂岩或硅质岩经接触热变质作用形成的岩石。主要由石英组成，一般呈白色，具有粒状变晶结构，块状构造。岩石极为坚硬。

距离侵入体越近，变质程度越高。变质程度不同的岩石常围绕侵入体呈环带状分布。如角岩往往靠近侵入岩体出现在内部带，斑点板岩一般出现在外部带。

**2. 接触交代变质作用**

指岩浆结晶晚期析出大量高温挥发成分和热液，通过交代作用，接触带附近的侵入体和围岩的岩性和化学成分均发生变化的一种变质作用。故岩石的化学成分有显著变化，产生大量的新矿物。典型岩石是矽卡岩。

**矽卡岩：**是中酸性岩浆侵入到碳酸盐岩中，岩浆结晶晚期析出的高温气水热液，在接触带附近发生交代变质作用形成的变质岩。主要由石榴子石、透辉石、绿帘石、透闪石、阳起石、硅灰石等变质矿物组成，有时还有云母、长石、石英、萤石、方解石，以及磁铁矿、黄铜矿、辉铜矿、闪锌矿、白钨矿等金属矿物。常为暗绿色或暗棕色，少数为浅灰色。岩石常为粒状或不等粒状变晶结构，块状构造。矽卡岩中的金属矿物常富集成为多金属硫化物矿床（图4－4－5）。

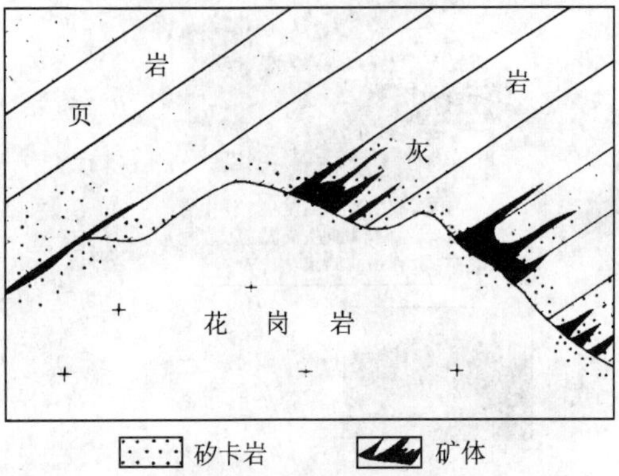

矽卡岩　矿体

图4－4－5　接触交代作用示意图

（据夏邦栋，1995）

## （二）动力变质作用

动力变质作用与构造运动产生的断层及韧性剪切带有关。在强烈的定向压力作用下，岩石发生变形、破碎，并常伴随一定程度的重结晶作用。常沿断裂带呈条带状分布，形成断层角砾岩、碎裂岩、糜棱岩等，是判断断裂存在及其性质的重要标志。代表性的岩石有：

**断层角砾岩：**又称为构造角砾岩。是由构造运动使原岩破碎成角砾，经再胶结而成的岩石。角砾大小不等，具棱角，岩性与断层两侧岩石相同，并被成分相同的微细碎屑及地下水中的物质所胶结。

**碎裂岩：**是岩石在较强的应力作用下，形成较小的岩石碎屑或矿物碎屑，经再胶结而成的岩石。有时具新生的矿物如绢云母、绿泥石等。有时在岩石碎屑中残留一些较大的矿物碎块，形如斑晶，称碎斑结构。

**糜棱岩：**岩石遭受强烈挤压形成粒度极细小的矿物碎屑（一般小于0.5mm），经再胶结而成的岩石。主要矿物为细粒石英、长石及少量新生矿物如绢云母、绿泥石等，有时含少量原岩碎屑，呈碎斑结构。因不同成分、颜色、粒度的矿物定向排列，常显示类似流纹的条带构造。多见于花岗岩、石英砂岩等坚硬岩石的断裂构造带。

## （三）区域变质作用

区域变质作用是在广大范围内，由温度、压力以及化学活动性流体等综合因素引起的变质作用。影响的范围可达数千到数万平方千米以上，影响深度可达30km以上。如古老地台上呈面状分布的大面积区域变质岩基底，以及许多褶皱山系中呈条带状分布的区域变质带。

区域变质作用与强烈的构造运动密切相关。因为构造运动不仅产生了强大的定向压力，而且促进了深部热流和岩浆活动，使壳内温度升高，为岩石的区域变质创造了极为有利的物理、化学条件。

根据近几十年的研究，区域变质作用与岩石的埋藏深度并不是紧密相关，而是与所处的大地构造位置关系密切，往往形成条带状区域变质带。如在活动大陆边缘常形成两个特征完全不同的变质带（图4－4－6）。①高压低温变质带：发生于板块俯冲带上。地温梯

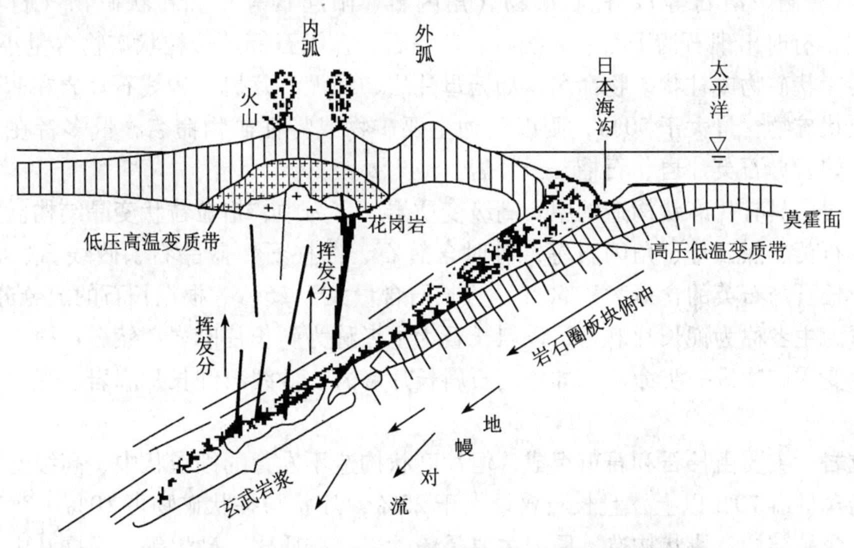


图4－4－6　日本岛弧俯冲带、双变质带示意图

（据叶俊林，1987）

度低，约为7～25℃/km，在地下20～30km深处，温度约为300℃。板块俯冲的挤压力和上覆板块的静压力很高，于是产生高压低温变质带，形成以蓝闪石为特征矿物的变质岩。②低压高温变质带：由于俯冲板块在地幔中熔融消失引起挥发物和岩浆上升，导致岩浆活动，地温梯度高，约25～60℃/km，在地下不到10km处，温度最高可达到600℃。静压力不大，从而出现高温低压变质带，形成以红柱石、矽线石为特征矿物的变质岩。

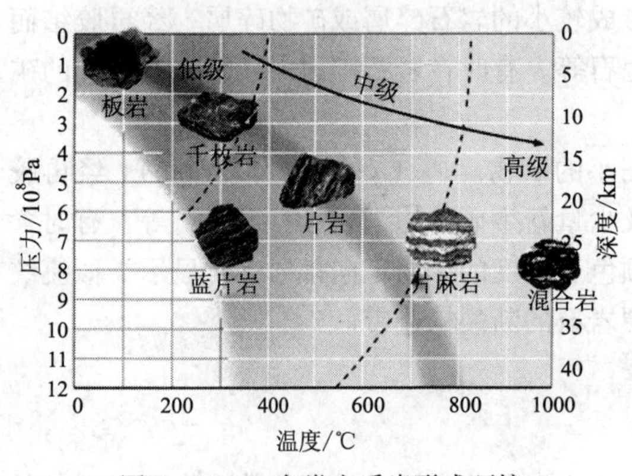


图4－4－7 各类变质岩形成环境

（据徐士进，2000）

因此在同一个区域变质岩发育的地区，常常可以出现变质程度不同的岩石呈明显的条带状分布，称为区域变质带。根据变质程度的强弱，划分为浅变质带（低级变质）、中变质带（中级变质）、深变质带（高级变质）。各级变质作用的代表性岩石有（图4－4－7）：

**板岩**：具有板状构造。是泥质岩、泥质粉砂岩和凝灰岩经低级变质作用形成的。重结晶作用不明显，主要矿物是石英、绢云母及绿泥石等。板岩常具变余泥状结构及显微鳞片变晶结构。板岩常根据颜色定名，如黑色炭质板岩。

**千枚岩**：具千枚状构造。原岩性质与板岩相似，也属低级变质产物。但重结晶程度较高，基本上已全部重结晶。矿物主要是绢云母、绿泥石及石英等。岩石具有显微鳞片变晶结构，片理面上常能见到定向排列的绢云母细小鳞片，呈丝绢光泽。千枚岩可以根据颜色定名，如银灰色千枚岩。

**片岩**：具有片状构造。各级变质作用都可形成，分布极广。原岩已全部重结晶。以鳞片变晶、纤维状变晶及粒状变晶结构为主，有时出现斑状变晶结构。主要由片状矿物（云母、绿泥石、滑石等）、柱状矿物（角闪石、阳起石等）和粒状矿物（石英、长石等）组成，有时出现石榴子石、矽线石、蓝晶石、蓝闪石等。若粒状矿物含量小于50%，则以主要片状矿物或柱状矿物命名，如云母片岩、绿泥石片岩、矽线石片岩和蓝闪石片岩等。若粒状矿物含量大于50%，则以两种主要矿物或特征矿物命名，量多者在后，量少者在前。如云母石英片岩、石榴二云片岩。

**片麻岩**：具有片麻状构造的中、高级变质岩。多为中、粗粒粒状变晶结构。主要矿物有长石、石英、黑云母、角闪石等，有时含辉石、红柱石、蓝晶石、矽线石、石榴子石等。其中长石与石英的含量大于50%，且长石含量大于25%。根据长石的成分分为两类：以钾长石为主者称为钾长片麻岩，以斜长石为主者称为斜长片麻岩。然后再根据暗色矿物或特征性变质矿物进一步命名，如角闪石斜长片麻岩、矽线石钾长片麻岩、黑云母钾长片麻岩等。

**变粒岩**：主要由长石和石英组成，但片麻状构造不发育的细粒状中、高级变质岩。长石和石英含量占70%以上，且长石含量大于25%，片状与柱状矿物占10%～30%。其主要为粒状变晶结构，块状构造。原岩主要是粉砂岩、硅质岩、砂岩等。根据其中片状矿物或柱状矿物可进一步命名，如黑云母变粒岩、角闪石变粒岩等。

**麻粒岩：**变质程度很深的高级变质岩，主要由长石、辉石、石榴子石、石英等粒状矿物组成，以长石为主，一般不含黑云母、角闪石等矿物。具粒状变晶结构，块状构造。粒状矿物有时被压扁而定向，浅色矿物与暗色矿物的条带有时粗略交互而显示微弱的片麻状构造。

另外，大理岩、石英岩也可由各级区域变质作用形成。

### （四）混合岩化作用

混合岩化作用是由变质作用向岩浆作用过渡的超深变质作用。当区域变质作用进一步发展，由于地壳内部热流量增大和动力作用的增强，产生深部热液和岩石熔融形成的酸性重熔岩浆，沿着已形成的区域变质岩的裂隙或片理渗透、扩散、贯入，发生一系列化学反应，形成新的岩石，称为混合岩。

**混合岩：**由两部分组成，一部分是区域变质岩，称为**基体**，一般是变质程度较高的各种片岩、片麻岩，颜色常较深；另一部分是侵入的熔体或热液中沉淀的物质，称为**脉体**，其成分是石英、长石，颜色常较浅。脉体与基体的相对含量和空间分布关系是混合岩分类命名的主要依据。如脉体呈眼球状沿基体的片理分布，则称为眼球状混合岩（图4－4－8）；如脉体呈条带状贯入到基体中则称为条带状混合岩；如脉体呈肠状盘曲在基体中则称为肠状混合岩（图4－4－9）。

图4－4－8　眼球状混合岩
（黄体兰提供）

图4－4－9　肠状混合岩
（江西武功山，彭亚明提供）

当熔体或热液彻底交代原来岩石时，原来岩石的宏观特征完全消失，岩石的成分和特征与花岗岩类相当，称为混合花岗岩。此时混合岩化作用也就转变成为花岗岩化作用，是地壳深熔型花岗岩形成的一种重要途径。

## 四、变质矿床的一般特征

在变质岩地区遭受变质作用改造过的矿床和由变质作用形成的矿床统称为**变质矿床**。若岩石中的某些组分，经变质作用后成为工业价值的矿床，或由于变质作用改变了工业用途的矿床，称为**变成矿床**。如富含铝的岩石经变质后形成的刚玉矿床，煤经过接触变质后形成的石墨矿床等。若原来已经是矿床，受到变质作用后，矿石的成分、结构构造及矿体的形态、产状、品味和规模等方面发生了变化，但其工业用途未改变的矿床，称为**受变质**

矿床。如由赤铁矿－蛋白石组成的沉积铁矿床，受变质后形成由磁铁矿－石英组成的变质铁矿床等。无论是变成矿床，还是受变质矿床都属于变质矿床。在变质矿床中经常赋存铁、铜、铅、锌、金、铀、锰、铬、镍、钴、铌、钽、白云母、硼、磷、石墨、菱镁矿、刚玉、蓝晶石、红柱石、矽线石、石棉等矿产，并占有世界储量的很大比重，如铁矿为70%、铜为60%、锰为63%等。

按变质成矿作用的类型，可将变质矿床划分为接触变质矿床、区域变质矿床和混合岩化矿床。

### （一）接触变质矿床

接触变质矿床是由于岩浆的侵入引起围岩温度增高，产生重结晶作用而成的矿床。在变质成矿过程中几乎无外来物质的加入和原有物质的带出。在围绕侵入体的围岩中，产生变质晕，一般分为显著重结晶带、过渡带和原岩带。围岩的原岩成分，是形成不同矿床的物质基础。主要的矿床有：煤变质后形成石墨矿床、高铝的岩石变质后形成红柱石矿床、石灰岩重结晶变成大理岩矿床。这些矿床均为变成矿床。

### （二）区域变质矿床

区域变质矿床是在广大地区内，由于区域构造运动影响，在相当深处，在较高温和较高压以及有岩浆活动的条件下，原来的岩石或矿石被改造产生有用矿物富集，形成的矿床。

区域变质矿床主要形成于早前寒武纪地质区盾或地块中，少数产于寒武纪以后的区域构造带中，矿床均赋存于一定的含矿建造中。矿床规模大，矿体形状多呈层状、透镜状。矿产的种类多，主要有铁、铬、镍、铂、金、铀及铜、铅、锌、银等金属矿产和磷、硼、菱镁矿、石墨、石棉等非金属矿产。在国民经济中具有极大的工业价值。主要的矿床有：区域受变质铁矿床（又称沉积变质铁矿床）、区域受变质磷矿床、区域变成石墨矿床。

### （三）混合岩化矿床

在混合岩化过程中，由于广泛而强烈的热液交代作用，交代重结晶作用，使成矿物质产生迁移和富集，形成的矿床。这类矿床的特征是：受原岩含矿建造控制，含矿物质主要来源于含矿建造；矿体一般位于混合岩内部，矿体形状一般不规则，多为透镜状，受混合岩化作用形成时的构造控制；矿石多属交代形成矿石，具交代结构特征及混合岩所具有的条带状、角砾状、肠状等构造。

混合岩化矿床的主要矿产有：铁、铜、铀、稀土元素等金属矿产及硼、白云母、磷灰石、刚玉、石墨等非金属矿产。

## 五、地质作用的相互关系及岩石的循环

### （一）内、外力地质作用的相互关系

内、外力地质作用是相互联系，共同对地球进行破坏和改造的（图4－4－10）。

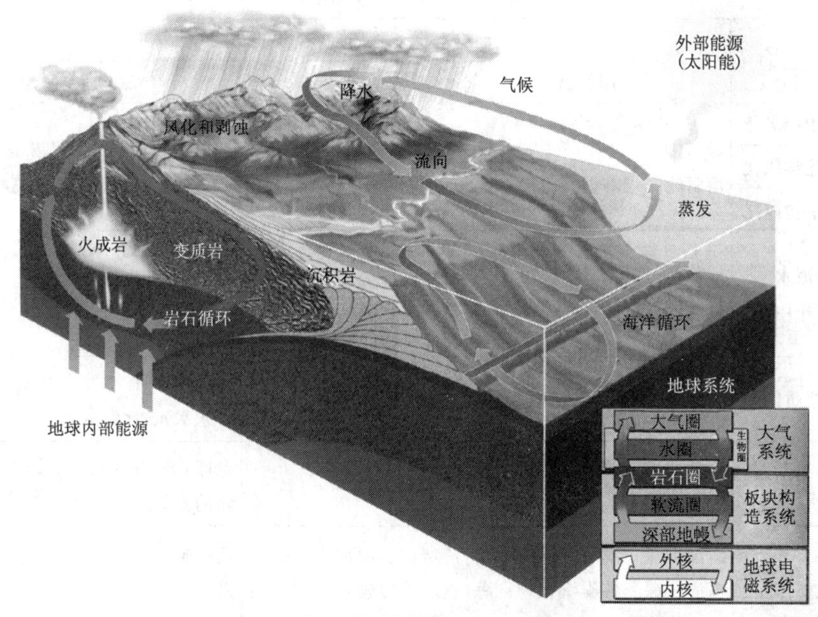


图4-4-10　各种地质作用的相互关系

（据徐士进，2000）

源于内能的内力地质作用主要在地下深处进行，但也常常波及地表。它使壳幔物质-能量交换、岩石圈发生变形、变质或重熔，以致形成新的岩石，或者使岩石圈分裂、漂移、融合，使海陆变迁、大地构造格局发生重大变化。

主要源于外能的外力地质作用，一般在地表或靠近地表附近进行，也可能延伸至地下相当深处。它使地表物质不断发生变化和迁移，使地表形态不断遭受破坏和改造。

自地球各圈层形成以来，进行着的各种地质作用既是相对独立的，又是相互依存的，是对立的又是统一的。例如，内力地质作用形成高山和盆地，而外力地质作用则把高山削低，把盆地填平。高山上的矿物岩石受到风化、侵蚀，而被破坏的物质又被搬运到湖海中堆积下来形成新的岩石。构造运动又使其上升为高山遭受风化剥蚀。又如，地壳表层的大部分沉积岩都属于浅海沉积形成的，而浅海水深一般不超过200m。但有些地区的浅海相沉积岩层总厚度超过万米，如果不是地壳不断下降是难以设想的。

地质作用对地球既产生破坏作用，同时也产生建造作用。因而各种地质体无不留有内外力地质作用的烙印。通过对保留在岩石中的各种地质现象（矿物、岩石、化石、褶皱、断裂、矿产等）观察识别，分析每种地质现象是由何种地质作用形成的（表4-4-1），反演各类地质作用的形成过程，分析恢复古地理、古气候，建立地层年代系统，恢复该地区地质构造演化史，总结地球历史变化发展情况，是野外地质调查工作最基本的技能和任务。

## （二）岩石的循环

地壳中三大类岩石形成于不同的环境和地质作用类型。由于地球的物质和能量系统在不断地运动着，地质作用始终在不断地进行着，已经形成的各类岩石，随着环境的变化、

**表4-4-1 地质作用与地质现象因果关系对应表**

| 地质作用（类型） | | | 地质现象（产物） | | |
|---|---|---|---|---|---|
| | | | 作用产物 | 地史遗迹 | 矿产资源、灾害 |
| 外力地质作用 | 风化作用 | 物理风化 | 碎屑物；溶解物、难溶物 | 风化壳 | 残坡积、残余、淋积矿床：砂矿、铁矿、铝土矿、稀土矿、高岭土矿等 |
| | | 化学风化 | | | |
| | | 生物风化 | | | |
| | 地面流水地质作用 | | 瀑布、曲流等地貌；坡积物、洪积物、冲积物；陆相生物遗体 | 砾岩、砂岩、泥质岩等沉积岩；陆相化石 | 沉积砂矿床：金、金刚石、锆石矿等 |
| | 地下水地质作用 | | 岩溶地貌、丹霞地貌 | 钟乳石、石笋、石柱等碳酸盐岩 | 水资源（地热发电、温泉、饮用水、矿泉水）、旅游资源等 |
| | 冰川地质作用 | | 冰蚀地貌、冰碛地貌；冰碛物、纹泥 | 冰碛岩 | 全球85%淡水资源，影响全球气候变化的重要因素 |
| | 海洋地质作用 | | 海蚀地貌；滨海、浅海、半深海、深海各类沉积物；海洋生物遗体 | 碎屑岩、泥质岩、碳酸盐岩等陆地上约90%的沉积岩；海相化石 | 沉积矿床：砂矿（金、金刚石）、盐类矿、铁、锰、铝、硅、磷、煤、石油、天然气、建筑材料等 |
| | 湖泊地质作用 | | 湖泊各类沉积物；陆相生物遗体 | 砂岩、泥质岩、碳酸盐岩等沉积岩；陆相化石 | 石油、天然气、盐类矿、铁锰矿、建筑材料等 |
| | 沼泽地质作用 | | 泥沙、泥炭；陆相生物遗体 | 砂岩、泥质岩等；陆相化石 | 煤矿、泥炭 |
| | 风的地质作用 | | 风蚀地貌、风积地貌：砾漠、沙漠、黄土 | | 沙尘暴、荒漠化灾害 |
| | 重力地质作用 | | 崩塌、滑坡、泥石流 | | 发生数量最多的地质灾害 |
| | 成岩作用 | | 所有沉积岩 | | 各类沉积矿床 |
| 内力地质作用 | 构造运动 | | 褶皱、断裂（节理、断层）、不整合面；海陆变迁 | | 所有地质作用的主导，多种矿床的导矿构造、储矿构造 |
| | 地震地质作用 | | 山崩（摇）地裂（动）、喷沙冒水、海啸 | | 对人类危害最大的地质灾害 |
| | 岩浆作用 | | 火山地貌；酸性岩浆岩：花岗岩、花岗斑岩、流纹岩；中性岩浆岩：闪长岩、安山岩；基性岩浆岩：辉长岩、辉绿岩、玄武岩；超基性岩浆岩：橄榄岩、金伯利岩；脉岩：伟晶岩、细晶岩、浮岩等 | | 岩浆矿床：铬、镍、铂、钒、铁等；伟晶岩矿床：稀有、稀土、放射性矿床等；气化-热液矿床：钨、锡、钼、铜、铅、锌、锑、汞、砷、金、银等；火山矿床：金刚石、铜、钼、铅、锌、金、银等 |
| | 变质作用 | | 接触变质岩：角岩、大理岩、石英岩、矽卡岩；动力变质岩：构造角砾岩、糜棱岩；区域变质岩：板岩、千枚岩、片岩、片麻岩、变粒岩、大理岩、石英岩；混合岩化变质岩：混合岩等 | | 接触变质矿床：石墨、红柱石、大理石等；区域变质矿床：铁、镍、金、铀、银、磷、石墨等；混合岩化矿床：铁、铜、稀土 |

（据谢文伟，2013）

地质作用类型和方式的改变，就会转变为其他类型的岩石。例如，出露于地表的岩浆岩、变质岩、沉积岩，在风化、剥蚀、搬运、沉积、成岩等作用下转变成沉积岩；沉积岩、岩浆岩下降到地下深处，在变质作用下转变成变质岩；变质岩在深度变质作用下又可熔融，经岩浆作用转变成为岩浆岩。因此，三大类岩石不断转化，循环往复。图4－4－11表示了三者的转化关系以及各种地质作用进行的方向。

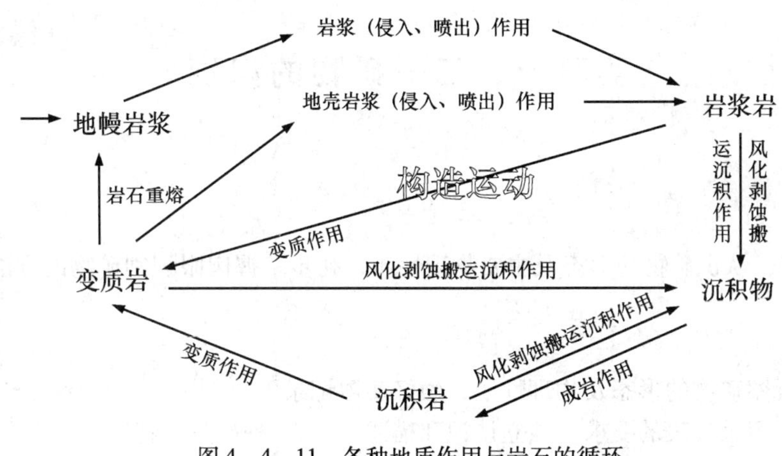


图4－4－11　各种地质作用与岩石的循环
（据谢文伟，2007）

需要特别说明的是：①三大类岩石的循环是一个复杂的过程，并不完全是相互直接转化。如沉积岩一般先经过深度变质作用才能重熔，再转变为岩浆岩。②构造运动是各种地质作用的主导因素，岩石的循环是各种地质作用综合作用的结果。如果没有构造运动，地下岩浆就失去了动力源和上升通道，也就无法形成岩浆岩；在地下形成的岩浆岩与变质岩就不能上升遭受破坏，也就不能转变成沉积岩；沉积岩与岩浆岩也不能沉入地下遭受变质，进而重熔转变为岩浆岩。

在地球形成与演化的几十亿年中，就是在这种内、外力地质作用的相互配合下，旧的岩石在消亡，新的岩石在产生，循环往复，永不间断。这是地球各圈层物质－能量交换的具体体现，也是识别各种地质作用，总结地球历史的最直接、最重要的依据。

## 复习思考题

1. 变质作用的因素有哪些？它们是如何使岩石变质的？
2. 变质岩有哪些特有矿物（变质矿物）？
3. 举例说明变质岩具有哪些结构和构造。
4. 变质作用有哪些类型？各列出1～2种代表岩石。
5. 图示三大类岩石的形成与演化关系。说明构造运动起着哪些作用。
6. 充分理解地质作用与地质现象的因果关系，说明表4－4－1中作用产物与地史遗迹的区别。

# 附录　实习课内容提要

## 实习一、二　矿物的识别

### 【实习目的】

通过实习，认识矿物的形态及主要物理性质，初步掌握肉眼识别矿物的方法。

### 【实习要求】

1. 认真观察矿物的形态及物理性质，做好实习记录。
2. 按照实习报告表的要求，独立认识和描述15~20种矿物的特征。

### 【实习内容】

**1. 矿物的形态**

(1) *单体形态*

1) 一向伸长型：针状（如石棉）、柱状（如角闪石）或棒状（如电气石）等；

2) 二向伸长型：片状（如云母、石墨）、板状（如长石）等；

3) 三向等长型：等轴状、粒状（如石榴子石、黄铁矿）等。

(2) *集合体形态*

1) 晶质矿物集合体的形态；

2) 非晶质矿物的形态。

**2. 矿物的物理性质**

(1) *矿物的光学性质*

1) 颜色；

2) 条痕；

3) 光泽。

(2) *矿物的力学性质*

1) 硬度；

2) 解理和断口。

(3) *矿物的其他物理性质*

1) 密度；

2) 磁性。

**3. 常见矿物的识别**

认识和描述15~20种常见矿物，初步掌握它们的特征及鉴别方法。

**课堂作业**：指出下列两种矿物间的主要区别：方铅矿与闪锌矿；方铅矿与磁铁矿；黄

铁矿与黄铜矿；方解石与萤石；斜长石与方解石；斜长石与正长石；石英与斜长石；石英与方解石；角闪石与辉石。

**矿物实习报告表**

| 矿物名称 | 形态 | 颜色 | 条痕 | 光泽 | 硬度 | 解理和断口 | 其他特征 |
|---|---|---|---|---|---|---|---|
| | | | | | | | |
| | | | | | | | |

# 实习三　参观认识古生物（化石）

## 【实习目的及要求】

通过参观地质博物馆（陈列室），初步认识地壳历史中各代主要化石、地层标本，理解生物演化规律及其在地质学中的研究价值。可根据馆藏进行系统参观学习。

# 实习四　风化壳的识别

## 【实习目的】

通过野外实地观察、认识风化作用产生的地质现象，理解风化作用过程。初步掌握野外观察分析地质现象及地质素描的方法。

## 【实习要求】

1. 观察校园附近的风化壳剖面并画素描图；填表说明它们的特点；
2. 分析该风化壳形成过程及风化类型，扼要回答有关问题。

## 【实习内容】

观察分析风化壳各层岩石特点，并将观察结果填入表格中。在老师指导下画出风化壳剖面素描图。

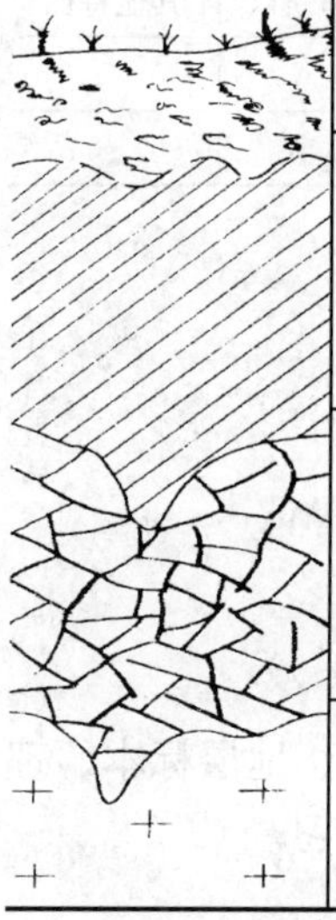

| 风化壳剖面 | 分层编号 | 分层名称 | 岩石特征 | | |
| --- | --- | --- | --- | --- | --- |
| | | | 颜色<br>(深、浅) | 结构<br>(疏松、致密) | 矿物成分 |
| | Ⅳ | | | | |
| | Ⅲ | | | | |
| | Ⅱ | | | | |
| | Ⅰ | | | | |

# 实习五　地面流水地质作用及产物的识别

## 【实习目的及要求】

通过现场教学（或教师提供的图片、录像），观察认识地面流水的种类及产生的地质现象；初步掌握冲沟、河谷的特征及河床、河漫滩（二元结构）的沉积物特征；观察分析河流阶地的形成和类型。加深对地面流水地质作用的理解和感性认识。有条件的话，尽可能到实地对河流进行观察分析。

# 实习六　沉积岩的识别

## 【实习目的】

观察认识沉积岩的一般特征，初步掌握岩石的肉眼鉴定描述方法，基本能够识别几种常见的沉积岩。

## 【实习要求】

1. 观察常见沉积岩的矿物成分、颜色、结构和构造及其描述方法。

2. 认识几种常见的沉积岩，并将观察结果填写在实习报告表中。

## 【实习内容】

1. 沉积岩的颜色

2. 沉积岩的构造

（1）层理

（2）层面构造（波痕、泥裂等）

3. 沉积岩的结构

（1）碎屑结构（砾状结构、砂状结构、粉砂状结构）

（2）泥质结构

（3）化学结构

（4）生物结构

4. 沉积岩的矿物成分

5. 常见沉积岩

**沉积岩实习报告表**

| 岩石名称 | 颜色 | 结构 | 碎屑物特征 | | 矿物成分 | 胶结物成分 | 其他特点 |
|---|---|---|---|---|---|---|---|
| | | | 大小 | 形状、分选性、磨圆度 | | | |
| | | | | | | | |
| | | | | | | | |

# 实习七　地质构造与阅读地质图

## 【实习目的】

1. 通过构造模块认识褶皱、断层的类型，以及在平面上、剖面上的表现特征，建立各种产状的岩层、褶皱、断层和角度不整合的立体概念。

2. 通过阅读一幅地质图，掌握地质图读图步骤与方法。

## 【实习内容】

1. 观察下列各种模型，并将观察结果填入实习报告

（1）三种基本产状的岩层在平面、剖面上的特点。

（2）熟悉褶皱要素及背斜和向斜在平面及剖面上的表现。

（3）熟悉断层要素及各种断层在平面、剖面上的表现。

（4）观察角度不整合在平面、剖面上的表现。

2. 阅读地质图

（1）教师用一幅1:20万或1:5万地质图讲解地质图的内容及读图方法。

（2）根据实习用的地质简图，初步掌握水平岩层、倾斜岩层、平行不整合、角度不整合、褶皱、断层在地质图上的表现特征。并将上述地质构造的分布及表现特征加以分析，写出简要的读图报告。

# 实习八　岩浆岩的识别

## 【实习目的】

通过对岩浆岩特征的认识，加深对岩浆作用的理解。初步掌握岩浆岩的肉眼鉴定描述方法，基本能够识别几种常见的岩浆岩。

## 【实习要求】

1. 观察认识岩浆岩的矿物成分、结构和构造，进一步理解掌握岩浆岩的分类，初步掌握肉眼识别岩浆岩的一般方法。

2. 认识几种常见的岩浆岩，并将观察结果填写在实习报告表格中。

## 【实习内容】

1. 岩浆岩的矿物成分
2. 岩浆岩的结构
3. 岩浆岩的构造
4. 常见岩浆岩

岩浆岩实习报告表

| 岩石名称 | 颜色 | 主要矿物成分 | 结构 | 构造 |
| --- | --- | --- | --- | --- |
| | | | | |
| | | | | |

# 实习九　变质岩的识别

## 【实习目的】

通过对变质岩特征的认识，加深对变质作用的理解。初步掌握变质岩的肉眼鉴定描述方法，基本能够识别几种常见的变质岩。

## 【实习要求】

1. 观察认识常见变质岩的矿物成分、结构和构造等鉴别特征，进一步理解掌握变质作用类型，初步掌握肉眼识别变质岩的一般方法。

2. 认识几种常见的变质岩，并将观察结果填写在实习报告表格中。

## 【实习内容】

1. 变质岩的矿物成分
2. 变质岩的结构
3. 变质岩的构造
4. 常见变质岩

**变质岩实习报告表**

| 岩石名称 | 颜色 | 主要矿物成分 | 结构 | 构造 | 类型 |
|---|---|---|---|---|---|
| | | | | | |
| | | | | | |

## 主要参考文献

白良顺等编译．1984. 地质历史与板块构造．北京：地质出版社．

北京大学等．1979. 地貌学．北京：地质出版社

北京大学，南京大学，武汉地质学院．1982. 地震地质学．北京：地震出版社．

柴东浩，陈廷愚．2000. 新地球观．太原：山西科学技术出版社．

陈武，季寿元．1985. 矿物学导论．北京：地质出版社．

成都地质学院普通地质学教研室编．1978. 动力地质学原理．北京：地质出版社．

成都地质学院岩石教研室编．1979. 岩石学简明教程．北京：地质出版社．

程裕淇．1994. 中国区域地质概论．北京：地质出版社．

戴塔根等．1999. 环境地质学．长沙：中南大学出版社．

杜蔚章主编．1985. 地史学．北京：地质出版社．

杜远生，童金南主编．1998. 古生物地史学概论．武汉：中国地质大学出版社．

费金深．1979. 冰川的故事．上海：科学普及出版社．

傅承义．1976. 地球十讲．北京：科学出版社．

傅英祺，叶鹏遥等．1981. 古生物地史学简明教程．北京：地质出版社．

盖保民．1996. 地球演化．北京：中国科学技术出版社．

戈定夷等编．1989. 矿物学简明教程．北京：地质出版社．

汉布林 W. K. 著，殷维汉等译．1980. 地球动力系统．北京：地质出版社．

贺同兴，卢良兆等．1980. 变质岩岩石学．北京：地质出版社．

胡文耕等．1978. 生命的起源．北京：科学出版社．

黄定华主编．2004. 普通地质学．北京：高等教育出版社．

黄汲清．1994. 中国主要地质构造单位（九十寿辰版）．北京：地质出版社．

金性春．1984. 板块构造学基础．上海：上海科技出版社．

蓝淇锋，宋姚生，丁民雄等．1979. 野外地质素描．北京：地质出版社．

李方正，蔡瑞凤主编．1993. 岩石学（第二版）．北京：地质出版社．

李善邦．1981. 中国地震．北京：地震出版社．

李尚宽．1982. 透视与地质素描．北京：地质出版社．

李叔达主编．1983. 动力地质学原理．北京：地质出版社．

刘宝珺编．1980. 沉积岩石学．北京：地质出版社．

刘本培，蔡运龙主编．2000. 地球科学导论．北京：高等教育出版社．

刘本培主编．1986. 地史学教程．北京：地质出版社．

刘东生等．1985. 黄土与环境．北京：科学出版社．

刘肇昌．1985. 板块构造学．成都：四川科学技术出版社．

马杏垣等．1981. 地质构造形迹图册．北京：地质出版社．

闵茂中等．1994. 环境地质学．南京：南京大学出版社．

潘懋，李铁锋编著．2003. 环境地质学．北京：高等教育出版社．

潘钟祥主编．1986. 石油地质学．北京：地质出版社．
邱家骧主编．1985. 岩浆岩岩石学．北京：地质出版社．
舒良树主编．2010. 普通地质学（第三版・彩色版）. 北京：地质出版社．
宋春青，邱维理，张振春编著．2005. 地质学基础（第四版）. 北京：高等教育出版社．
宋春青，张振春编著．1996. 地质学基础（第三版）. 北京：高等教育出版社．
孙鼐，彭亚鸣主编．1985. 火成岩岩石学．北京：地质出版社．
王鸿祯，李光岑．1990. 国际地层时代对比表．北京：地质出版社．
王鸿祯，刘本培．1980. 地史学教程．北京：地质出版社．
卫管一，张长俊编．1995. 岩石学简明教程（第二版）. 北京：地质出版社．
吴泰然，何国琦等编著．2003. 普通地质学．北京：北京大学出版社．
武汉地质学院煤田教研室编．1979. 煤田地质学（上册）. 北京：地质出版社．
巫建华等．2008. 大地构造学概论与中国大地构造学纲要．北京：地质出版社．
夏邦栋主编．1995. 普通地质学（第二版）. 北京：地质出版社．
夏法．1997. 环境地质学与城市地质学基础．广州：中山大学出版社．
夏树芳主编．1991. 历史地质学．北京：地质出版社．
谢文伟等主编．2007. 普通地质学．北京：地质出版社．
徐邦梁．1998. 普通地质学（第二版）. 北京：地质出版社．
徐成彦，赵不亿主编．1988. 普通地质学．北京：地质出版社．
徐开礼，朱志澄主编．1984. 构造地质学．北京：地质出版社．
徐士进．2000. 地球科学——多媒体电子教材．北京：高等教育出版社．
徐秀登．1990. 基础地质学教程．北京：高等教育出版社．
杨志峰，刘静玲等．2004. 环境科学概论．北京：高等教育出版社．
姚凤良，郑明华主编．1983. 矿床学基础教程．北京：地质出版社．
叶俊林等编．1987. 地质学基础．北京：地质出版社．
俞鸿年，卢华复主编．1986. 构造地质学原理．北京：地质出版社．
袁见齐主编．1985. 矿床学．北京：地质出版社．
张宝政，陈琦主编．1983. 地质学原理．北京：地质出版社．
张厚福编．1978. 石油的成因．北京：石油工业出版社．
《中国地貌图集》编辑组．1985. 中国地貌图集．北京：测绘出版社．
《中国自然地理》编委会．1980. 中国自然地理（地貌）. 北京：科学出版社．
长春地院，成都地院合编．1984. 地质学基础．北京：地质出版社．
赵懿英，方一亭主编．1990. 现代地质学讲座．南京：南京大学出版社．
K. D. 康迪．1986. 板块构造与板块演化．北京：科学出版社．
Maruyama S. 1994. Plume Tectonics. Journal of the Geological Society of Japan，100（1）：24－49.